高等院校信息技术规划教材

计算机硬件
组装与维护教程

周 奇 编著

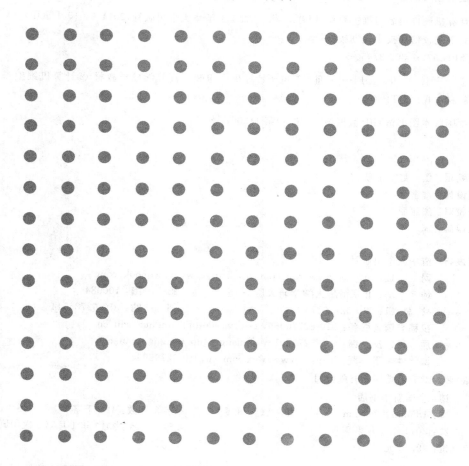

清华大学出版社
北京

内 容 简 介

本书根据高等职业技术教育的教学特点,结合教学改革和应用实践编写而成,以目前主流或最新的硬件系统,对计算机硬件组装与维护应用进行了详细的讲解。

本书由 8 个项目组成,主要内容包括计算机系统与构成,计算机硬件组装,BIOS 设置,磁盘系统管理,操作系统的安装,驱动和常用软件的安装,主要配件的选购与测试,系统优化、维护与维修。

本书在内容安排上循序渐进,以实际项目为载体,语言通俗易懂,突出应用和实践,着重全面培养学生的综合能力。

本书可供高职高专院校计算机相关专业教学使用,也可作为社会上相关的培训班教材,还可以供计算机组装维修人员自学参考。

图书在版编目(CIP)数据

计算机硬件组装与维护教程/周奇编著. —北京:清华大学出版社,2014(2019.1重印)

高等院校信息技术规划教材

ISBN 978-7-302-37050-5

Ⅰ. ①计… Ⅱ. ①周… Ⅲ. ①电子计算机-组装-高等学校-教材 ②计算机维护-高等学校-教材 Ⅳ. ①TP30

中国版本图书馆 CIP 数据核字(2014)第 143061 号

责任编辑:焦　虹　战晓雷
封面设计:常雪影
责任校对:焦丽丽
责任印制:宋　林

出版发行:清华大学出版社
　　　网　　址:http://www.tup.com.cn,http://www.wqbook.com
　　　地　　址:北京清华大学学研大厦 A 座　　　邮　　编:100084
　　　社 总 机:010-62770175　　　邮　　购:010-62786544
　　　投稿与读者服务:010-62776969,c-service@tup.tsinghua.edu.cn
　　　质 量 反 馈:010-62772015,zhiliang@tup.tsinghua.edu.cn
　　　课 件 下 载:http://www.tup.com.cn,010-62795954
印 装 者:北京富博印刷有限公司
经　　销:全国新华书店
开　　本:185mm×260mm　　印　张:18.5　　字　　数:426 千字
版　　次:2014 年 9 月第 1 版　　印　　次:2019 年 1 月第 5 次印刷
定　　价:39.80 元

产品编号:058945-02

前言

foreword

随着计算机技术的普及和应用,计算机应用已渗透到了社会各行各业,个人计算机已进入单位和家庭,日益日常化和生活化。在选购个计算机时,可供人们选择的主机有品牌机、组装机和笔记本,其中,品牌机和笔记本虽然具有一定的优势,但是它们价格偏高、硬件升级难、个别硬件配置偏低等缺点也比较明显。因此,许多计算机硬件爱好者都想自己动手组装一台计算机,这样不但可以节省开支,满足自己对硬件设备的特殊要求,还能增长知识,并且充满了乐趣,而在计算机出现问题时,还可以自己进行维护和维修。此外,计算机已成为人们日常工作和生活的重要工具,所以计算机组装和维护技术这门课也成为了高等院校计算机相关专业的一门基础课或选修课。

计算机 IT 技术发展得到了普遍的重视。计算机硬件组装与维护知识的教育教学方法的研究成果层出不穷,传统的教学方法和教学模式不断被更新和替代。项目案例教学以培养学生操作技能为目标,以生动、真实、直观的效果为特色,在高等职业技术教育计算机及相关学科的教学中取得了良好的效果。

本书是依据高等职业技术教育人才培养的基本要求而编写的一本实践性很强的教材。全书以项目案例规划教学内容和知识点,力求学以致用,提高学生的学习兴趣和学习积极性。本书结合项目案例介绍详细的操作步骤,不仅可以让学生掌握基本的理论知识,更重要的是让学生学会理论知识的应用,实现知识能力向职业行为能力的转化。每个项目划分为模块,每个模块由任务布置、任务实现和归纳总结三个部分组成。其目的是强化训练,培养学生的实践能力和创新能力。

本书在传统教材上做了优化处理,在项目七"主要配件的选购与测试"中增加了测试内容。计算机配件和其他 IT 硬件是更新最快的科技产品。其硬件产品更新快,所以其型号多而且很复杂,让用户难以区分其好坏。为了解决这些麻烦,可以用一些专门测试软件,自己动手测试计算机硬件性能。通过测试硬件性能,可以了解计算机系统存在的瓶颈,合理配置计算机或方便以后升级等,也可以根据测试给出的结果,合理优化硬件。

全书共分为 8 个项目:认识计算机系统与构成,计算机硬件组装,主板 BIOS 设置,磁盘系统管理,操作系统的安装,驱动程序和常用软件的安装,主要配件的选购与测试,系统优化、维护与维修。

本书课程的总学时为 64～72 学时,各学校可以根据本校的教学大纲和实验条件对教授内容、授课学时与实验课时进行适当调整。

本书涉及的所有数据、程序、开发案例以及开发手册等相关资料均可在清华大学出版社网站(www.tup.com.cn)上下载,作者的电子邮件地址是 zhoudake77@163.com,欢迎交流。

由于作者时间及水平所限,书中难免存在疏漏或不妥之处,恳请读者批评指正。

编者

2014 年 4 月

目录

Contents

项目一

project 1

认识计算机系统与构成

项 目 描 述

在当今时代,计算机已渗透到各个领域和各行行业,可以说,我们的生活离不开计算机,很多人认为计算机很神秘,实际上虽然计算机设计复杂,工作原理深奥,元件众多,普通用户不易掌握,但其使用方法却与电视机一样简单。因为在使用过程中,根本无须考虑那些深奥的东西,只需发出一些指令,计算机就会按指令给出结果,就像用遥控器选择电视频道一样。因此,要掌握计算机知识并不像想象的那么难。

本项目主要解决计算机的基本知识,包括计算机系统的组成、分类、信息的表示法和组装计算机的基本常识等,掌握了这些知识对今后的学习很有帮助。

项 目 知 识 结 构 图

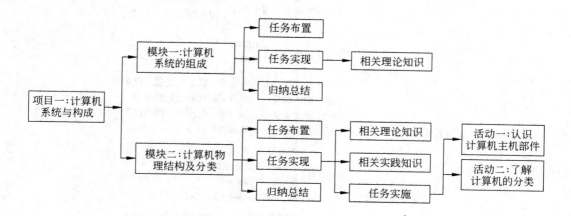

模块一　计算机系统的组成

任务布置

技能训练目标

能够说出计算机硬件系统的组成部分,能够说出计算机软件系统的组成部分,并能分清计算机系统组成结构与层次。

知识教学目标

了解计算机系统组成的基本原理和简单识记;理解计算机硬件和软件系统的组成。

任务实现

相关理论知识

1. 计算机系统组成

计算机系统由两大部分组成,即硬件系统和软件系统,它们构成了一个完整的计算机系统。我们使用的计算机实际上就是通过操作软件驱动硬件来工作的。计算机硬件和软件既相互依存,又互为补充。

计算机软件是计算机硬件设备上运行的各种程序及其相关资料的总称。没有软件的计算机通常称为裸机,而裸机是无法工作的。因此,如果将硬件比喻为"唱片机",是系统的物质基础,则软件就是"唱片的曲目",是系统的灵魂,没有软件,硬件就不能正常工作,二者缺一不可。计算机系统的组成如图 1.1 所示。

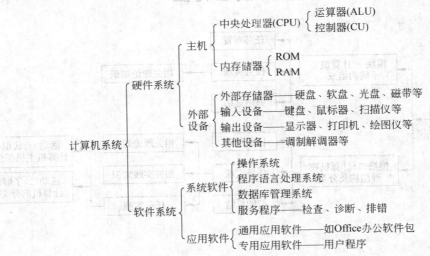

图 1.1　计算机系统的组成

计算机硬件的性能决定了计算机软件的运行速度和显示效果等,而计算机软件则决定了计算机可进行的工作。可以这样说,硬件是计算机系统的躯体,软件是计算机的头脑和灵魂，只有将这两者有效地结合起来，计算机系统才能成为有生命、有活力的系统。

2. 计算机硬件系统

目前，计算机硬件系统基本上采用的还是计算机的经典结构——冯·诺依曼结构，即由运算器（calculator，也叫算术逻辑部件（ALU））、控制器（controller）、存储器（memory）、输入设备（input device）和输出设备（output device）五大部件组成，其中运算器和控制器构成了计算机的核心部件——中央处理器（Center Process Unit，CPU）。图 1.2 给出了计算机各功能部件的关系图，图中的双向箭头线代表"数据信息"的流向，包括原始数据、中间数据、处理结果、程序指令等，单向箭头线代表"控制信息"的流向。所有的数据或指令由控制器发出，按程序的要求向各部分发送控制信息，使各部分协调工作（注意箭头的方向性）。

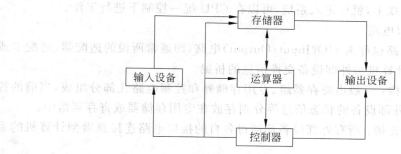

图 1.2　计算机硬件系统基本组成

1）运算器

运算器是一个"信息加工厂"，数据的运算和处理工作就是在运算器中进行的。这里的"运算"，不仅指加、减、乘、除等基本算术运算，还包括若干基本逻辑运算。在控制器的控制下，运算器对取自存储器或寄存器的数据进行算术或逻辑运算，其结果暂存在内部寄存器或传到存储器。

2）控制器

控制器是整个计算机的指挥中心，通过提取程序中的控制信息，经过分析后，按要求发出操作控制信号，使各部分协调一致地工作。它每次从存储器读取一条指令，经分析译码，产生一串操作命令，发向各个部件，控制各部件动作，实现该指令的功能；然后再读取下一条指令，继续分析、执行，直至程序结束，从而使整个机器能连续、有序地工作。

运算器和控制器结合在一起构成中央处理器，也就人们是常说的计算机"心脏"——CPU，它是计算机的核心部件。

3）存储器

存储器是计算机的记忆装置，它的主要功能是存放程序和数据，程序是计算机操作的依据，数据是计算机操作的对象。它分为内存储器与外存储器两种。

4）输入输出设备

输入设备的主要作用是把程序和数据等信息转换成计算机所适用的编码，并按顺序送往内存，常见的输入设备有键盘、鼠标和扫描仪等。输出设备的主要作用是把计算机处理的数据、计算结果等内部信息按人们要求的形式输出。常见的输出设备有显示器、打印机、绘图仪和音箱等。

5）系统总线

系统总线是 CPU 与其他部件之间传送数据、地址和控制信息的公共通道。根据传送内容的不同,分为如下 3 组,每组都由多根线组成。

（1）数据总线(Data Bus,DB)：用于 CPU 与主存储器、CPU 与 I/O 接口之间传送数据。数据总线的宽度（根数）等于计算机的字长。

（2）地址总线(Address Bus,AB)：用于 CPU 访问主存储器或外部设备时传送相关的地址,此地址总线的宽度决定 CPU 的寻址能力。

（3）控制总线(Control Bus,CB)：用于传送 CPU 对主存储器和外部设备的控制信号。这种结构使得各部件之间的关系都成为单一面向总线的关系。即任何一个部件只要按照标准挂接到总线上,就可进入系统,可以在 CPU 统一控制下进行工作。

6）输入输出接口电路

输入输出接口电路也称为 I/O(Input/Output)电路,即通常所说的适配器、适配卡或接口卡。它是微型计算机与外部设备交换信息的桥梁。

（1）接口电路结构：一般由寄存器组、专用存储器和控制电路几部分组成,当前的控制指令、通信数据及外部设备的状态信息等分别存放在专用存储器或寄存器组中。

（2）接口电路的连接：所有外部设备都通过各自的接口电路连接到微型计算机的系统总线上去。

（3）通信方式：分为并行通信和串行通信。并行通信是将数据各位同时传送,串行通信则是将数据各位依次传送。

3. 计算机软件系统

计算机之所以能发挥其强大的功能,除了与硬件系统相关外,还与软件系统有着密切的关系。计算机软件是指挥计算机自动运行的程序系统、相关的数据及文档。软件是管理和使用计算机的技术,起着充分发挥硬件功能的作用。

计算机软件可分为系统软件和应用软件两大类。

1）系统软件

系统软件是由计算机厂家或第三方厂家提供,一般包括操作系统、语言处理程序、计算机语言、数据库系统以及其他服务程序等。

（1）操作系统：是管理计算机软、硬件资源的一个平台。简单地说,操作系统就是一些程序,这些程序能够被硬件读懂,使计算机变成具有"思维"能力、能和人类沟通的机器。操作系统是应用程序和硬件沟通的桥梁。没有任何软件支持的计算机称为"裸机"。现在的计算机系统是经过若干层软件支撑的计算机,操作系统位于各种软件的最底层,是与计算机硬件关系最为密切的系统软件。操作系统在计算机系统中的作用大致可以分为两方面：对内,操作系统管理计算机系统的各种资源,扩充硬件的功能;对外,操作系统提供良好的人机界面,方便用户使用计算机。它在整个计算机系统中具有承上启下的作用。目前计算机配置的操作系统主要为 Windows、UNIX、Linux 和 OS/2 等。

（2）语言处理程序：对于不同的系统,机器语言并不一致,所以任何语言编制的程序最后都需要转换成机器语言，才能被计算机执行。语言处理程序的任务就是将各种高级语言的源程序翻译成机器语言表示的目标程序。语言处理程序按处理方式不同可分为解释程序与编译程序两大类。前者对源程序的处理采用边解释边执行的方法，并不形成目标程序，称作对源程序的解释执行；后者必须先将源程序翻译成目标程序才能执行，称作对源程序的编译执行。

（3）数据库系统：数据处理在计算机应用中占有很大比例，对于大量的数据如何存储、利用和管理，如何使多个用户共享同一数据资源，是数据处理中必须解决的问题，为此 20 世纪 60 年代末开发出了数据库系统，使数据处理成为计算机应用中的一个重要领域。数据库系统主要由数据库（Data Base，DB）和数据库管理系统（Data Base Management System，DBMS）组成。数据库是按一定方式组织起来的相关数据的集合。数据库系统与信息管理系统密切相关，是建立信息管理系统的主要软件工具。

（4）服务性程序：是一类辅助性程序，主要用于检查、诊断计算机的各种故障。

（5）计算机语言：是面向计算机的人工语言，它是进行程序设计的工具，又被称为程序设计语言。程序设计语言一般可分为机器语言、汇编语言和高级语言。

① 机器语言：是最初级且依赖于硬件的计算机语言，是用二进制代码表示的，能让计算机直接识别和执行的一种机器指令的集合。它是计算机的设计者通过计算机的硬件结构赋予计算机的操作功能。机器语言具有灵活、直接执行和速度快等特点。用机器语言编写程序，编程人员首先要熟记所用计算机的全部指令代码和代码的含义。编写程序时，程序员需处理每条指令和每条数据的存储分配和输入输出，还需记住编程过程中每步所使用的工作单元处在何种状态。这是一件十分烦琐的工作，编写程序花费的时间往往是实际运行时间的几十倍甚至几百倍。而且，编出的程序全是由 0 和 1 组成的指令代码，直观性差，还容易出错。现在，大多数程序员已经不再学习机器语言了。

② 汇编语言：为了克服机器语言难读、难编、难记和易出错的缺点，人们就用与代码指令含义相近的英文缩写词、字母和数字等符号来取代指令代码（如用 ADD 表示运算符号＋的机器代码），于是就产生了汇编语言。所以说，汇编语言是一种用助记符表示的、面向机器的计算机语言。汇编语言也称符号语言。由于汇编语言采用助记符号来编写程序，比用机器语言的二进制代码编程要方便些，因而在一定程度上简化了编程过程。汇编语言的特点是用符号代替了机器指令代码，而且助记符与指令代码一一对应，基本保留了机器语言的灵活性。汇编语言像机器指令一样，是硬件操作的控制信息，因而仍然是面向机器的语言，使用时比较烦琐费时，通用性也差。汇编语言虽然是低级语言，但是用来编制系统软件和过程控制软件时，其目标程序占用内存空间少，运行速度快，有着高级语言不可替代的作用。

③ 高级语言：是人工设计的语言，因为是对具体的算法进行描述，所以又称算法语言。它是面向问题的程序设计语言，且独立于计算机的硬件，其表达方式接近于被描述的问题，易于被人们理解和掌握。用高级语言编写程序，可简化程序编制和测试，其通用性和可移植性好。目前，计算机高级语言很多，据统计已经有好几百种，但被广泛应用的却仅有几种，它们有各自的特点和使用范围。例如，BASIC 语言是一类普及性的会话语言，ORTRAN 语言多用于科学及工程计算机同，COBOL 语言多用于商业事务处理和金

融业，Pascal 语言能很好地体现结构化程序设计思想，C 语言常用于软件的开发；PROLOG 语言多用于人工智能，当前流行的是面向对象的程序设计语言 C++ 和用于网络环境的程序设计语言 Java 等。在计算机上，高级语言程序不能被直接执行，必须将它们翻译成具体的机器语言程序才能执行。

2）应用软件

为解决计算机各类问题而编写的程序称为应用软件，它用于计算机的各个领域，如各种科学计算的软件和软件包、各种管理软件、各种辅助软件和过程控制软件等。

由于计算机的应用日益普及，应用软件的种类和数量在不断增加，功能不断齐全，使用更加方便，通用性越来越强，人们只要简单掌握一些基本操作方法就可以利用这些软件进行日常工作的处理。常见的应用软件可以分为以下几种。

（1）数据处理软件：是对数据进行存储、分析、综合、排序、归并、检索、传递等操作的软件，用户可以根据自己对数据的分析、处理的特殊要求编制程序。数据处理软件提供与多种高级语言的接口，用户在高级语言编制的程序中可以调用数据库中的数据。

（2）字处理软件：主要用于编辑各类文件，对文字进行排版、存储、传送及打印等。字处理软件可以方便地起草文件、通知、信函等，在办公自动化方面有着重要的作用。目前常用的字处理软件有美国微软公司的 Office 和中国金山公司的 WPS 等。

（3）表处理软件：主要用于对文字和数据的表格进行编辑、计算、存储和打印等，并具有数据分析统计、绘图等功能，常用的表处理软件有 Lotus 1-2-3 和 Excel。

（4）专家系统：是利用某个领域的专家知识来解决某些问题的计算机系统。专家系统由知识库、推理求解以及人机接口 3 部分组成。用户通过人机接口进行咨询，求解系统利用知识库中的推理求解后做出答复。目前，在教学、医疗、气象、石油和地质等领域有多种专家系统投入了使用。

归纳总结

本模块主要介绍了计算机系统的软系统和硬系统的组成，请注意两个方面的问题，一是本节所讲的计算机硬件系统不是大家认为的主机、显示器等硬件设置，这个知识点在模块二中讲解，二是本模块没有相关实践知识和任务实施活动内容。

模块二 微型计算机的物理结构及计算机整机的分类

任务布置

技能训练目标

能够说出计算机物理结构的组成部分，能够说出计算机整机的分类名。

知识教学目标

了解计算机物理各组成部分的简单功能，掌握物理组成部分成部分名的识记；掌握计算机信息的基本表示；了解计算机分类方法及相关要求。

任务实现

相关理论知识

1. 计算机信息表示

计算机处理的对象是数据,在计算机中它以什么样的形式表示和存在,又如何来确定它们的大小和单位,这是本节要解释的问题。

下面从计算机数的表示、字符的表示以及计算机存储容量的基本单位这 3 个方面了解计算机数据的表示。

1) 计算机中数的表示

在计算机内部,任何信息都以二进制代码来表示。也就是说,计算机在处理数据时,被处理的数据在计算机内部都是以二进制代码表示的(即 0 和 1 两个基本符号组成的基二码,称为二进制码)。

一个数在计算机中的表示形式称为机器数,机器数所对应的原来的数值称为真值。机器数有不同的表示法,常用的有 3 种:原码、补码和反码。

(1) 原码:用机器数的最高位作为符号位,其余位表示数的绝对值。用 0 表示正,用 1 表示负。

(2) 补码:正数的补码与原码相同,负数的补码是该数的原码符号位不变,其他位按位求反,再在最低位加 1。

(3) 反码:正数的反码和原码相同,负数的反码是对该数的原码除符号位外的各位求反。

计算机中的逻辑集成电路由成千上万个电子开关元件组成,这些开关元件的状态只有两种:闭合和断开。计算机就是利用这些开关元件闭合和断开的不同组合来表示各种不同的信息,一般是用 1 表示闭合状态,用 0 表示断开状态。

所以计算机的信息是用基二码表示的二进制数,其编码、计数和算术运算规则简单,容易用开关电路实现。当数据处理后输出时,计算机自动将其转换成人们熟悉的形式。计算机处理文字信息时,所有的文字和符号以规定的二进制代码进行操作;当文字信息处理完毕后,计算机再自动将其转换成相应的文字和符号输出。在处理图形图像时,计算机将模拟图像转换成数字图像(图像数字化),以数字点阵方式存储。

2) 计算机的字符表示

字符又称符号数据,它包括字母和符号等,计算机除能够处理数值信息外,还能够处理大量的字符信息。计算机在处理数据时,被处理的数据都是以二进制代码表示的。当数据处理完毕进行输出时,计算机自动将其转换成人们熟悉的形式,即字符。各种数字、字母和符号等必须用二进制数表示才能被计算机接受。因此,必须使用二进制代码对字符进行编码,即所谓字符编码。一个编码就是一串二进制位 0 和 1 的组合。

计算机只能进行算术运算和逻辑运算,不能直接处理汉字,甚至连英文也不能直接处理。计算机系统处理、存储文字和符号信息均使用统一的内码,所以也称为机器内码。由于计算机系统能处理二进制数据,所以在计算机中,信息只能用二进制数据表示,计算机将对信息的处理转化为对数据的处理。人们将表示文字信息或符号信息的数码称为编码。

很多国家对构成信息的数字、字符和符号规定了自己的标准编码,美国制定了信息交换标准代码 ASCII(American Standard Code for Information Interchange)码,国际标准化组织制定了 ISO 646《信息处理交换用的七位编码字符集》,我国制定了与 ISO 646 相应的国家标准《信息处理交换用的七位编码字符集》,这几种代码表基本相同。

但上述的标准编码只适用于西文字符信息处理系统,不适应汉字信息处理系统。我国在 1980 年制定了适合我国国情的信息交换用的汉字编码,简称国标码。国标码是机器内部用的汉字编码。

(1) ASCII 码。

目前,国际上使用的字母、符号和数字的信息编码系统种类很多,但被广泛使用的字符编码系统还是美国标准信息交换码 ASCII 码。它是用 7 位(第 8 位为 0)二进制代码编制的字符编码,共有 128 个字符,其中有 10 个十进制数码,52 个英文大、小写字母,34 个专用符号及一些控制符。

确定某个字符的 ASCII 码的方法是:先找到某个字符,再确定其所处位置的行和列,将高位码值和低位码值合在一起就是该字符的 ASCII 码,如字母 A 的 ASCII 码值是 1000001(高位补 0),数字 8 的 ASCII 码值是 0111000,为便于书写和记忆,常用十六进制数来表示。

(2) 汉字编码。

汉字也是一种字符,计算机在处理汉字时,汉字字符也是以二进制代码的形式表示的。由于汉字的特殊性,在汉字的输入、存储、处理和输出过程中所使用的汉字代码是不一样的,即也要对汉字进行编码。一般有以下几种,即用于汉字输入的输入码,用于计算机内部汉字存储和处理的内部码,还有用于汉字显示的显示字形点阵码(也用于打印)。

① 汉字输入码:在计算机系统中使用汉字,首先要解决的是如何输入汉字的问题。

汉字输入码又称为外部码,简称为外码,是和某种汉字编码输入方案相对应的汉字代码。目前汉字编码有数百种方案,大致可归纳为拼音码、字形码、数字码和混合码 4 种。拼音码是一种以汉语拼音为基础的输入方法;字形码是根据汉字结构特征或笔画形状进行的编码,如五笔字型码;数字码是用数字作为汉字输入的编码,如区位码、电报码等;混合码是以字音和字形相结合的汉字编码,如音形码等。一般根据个人的喜好选择汉字输入法。

② 汉字内部码:简称内码,即把一个汉字表示为两个字节的二进制码,这种编码称为机内码。它是汉字信息处理系统中对汉字的存储和处理采用的统一编码,即无论用何种外码输入汉字,计算机都会自动将它转换为能够被识别的代码进行存储(即外码有多个,内码只有一个)。汉字机内码用两个字节表示,第一个字节表示区编号,第二个字节表示位编号。

③ 字形点阵码:也称汉字字模点阵码。用于在输出时产生汉字的字形,通常采用点阵形式,点阵形式是将汉字笔画以点的形式描绘出来,每一个点用一个二进制数表示,笔画经过的地方为 1,没有笔画经过的地方为 0,点的多少决定汉字的字形。在显示打印输

出时,根据字形和字体的不同,汉字字形点阵码也不一样,常用点阵规格有 16×16、32×32、40×40、48×48。一个汉字的点阵字形称为该字的字模。国标一级和二级汉字按一定的规则排列成的汉字字模库称为汉字库。

当人们通过输入码,借助键盘或其他设备将汉字输入计算机后,汉字系统会通过输入管理模块进行查找或计算,将输入码转换成机内码存入计算机存储器中,当需要显示或打印输出时,借助机内码在字模库中找出汉字的字形点阵码打印出来。

3) 计算机存储容量的基本单位

计算机中各种信息是以数据的形式存储在计算机存储器中。表示这些数据的大小和存储器容量的基本单位如下。

(1) 位/比特(b):指一个二进制位。它是计算机中信息存储的最小单位,用 b 表示。二进制数序列中的一个 0 或一个 1 就是一个比特。

(2) 字节(B):字节是计算机中最常用、最基本的存储单位,用 B 表示。作为一个单元来处理的一串二进制数位,可以是 4 位、6 位或 8 位。通常使用的是 8 位,即 1 个字节=8 个二进制位,前面提到了字符 A 由 8 个二进制位 01000001 构成,即是 1 个字节,而汉字是由两个字节构成的。

(3) 字(word):在计算机中存储、传送或操作时,作为一个单元的一组字符或一组二进制位。

(4) 字长:一个字中所包含的二进制位数。对于 CPU 来说是指其能够直接处理的二进制数据的位数。

计算机的存储容量是以字节作为基本单位的,除了字节外,还有千字节(KB)、兆字节(MB)、吉字节(GB)、太字节(TB),它们之间的关系如下:

$$1B=8b$$
$$1KB=1024B$$
$$1MB=1024KB$$
$$1GB=1024MB$$
$$1TB=1024GB$$

目前市场流行的微型计算机的内存通常使用兆字节和吉字节来描述容量,如 256MB、512MB、1GB、2GB 等,硬盘通常使用吉字节来描述容量,如 80GB、120GB、250GB 等。

2. 计算机整机的分类

按照不同的需要,计算机可以分为不同的种类。

按处理方式分类,可以把计算机分为模拟计算机、数字计算机以及数字模拟混合计算机。模拟计算机主要用于处理模拟信息,如工业控制中的温度、压力等。模拟计算机的运算部件是一些电子电路,其运算速度极快,但精度不高,使用也不够方便。数字计算机采用二进制运算,其特点是解题精度高,便于存储信息,是通用性很强的计算工具,既能胜任科学计算和数字处理,也能进行过程控制和 CAD/CAM 等工作。混合计算机是取数字、模拟计算机之长,既能高速运算,又便于存储信息,但这类计算机造价昂贵。目前使用的多数属于数字计算机。

　　按结构形式分类,计算机可以分为个人台式计算机(又称桌面机、PC)和便携式计算机(又称笔记本计算机)。而主流计算机一般都是指台式机而言。按生产厂商分类,计算机可以分为品牌机和组装机(或兼容机)。著名的品牌机厂商主要有 IBM、DELL、HP、康柏、联想、方正、长城、同方等。品牌机与兼容机最大的差别是:品牌机的很多配件是厂商自己生产(或者 OEM)、装配出来的,他们具有良好的售后服务,并且注册有相应的商标,因此,在同等配置下,品牌机比组装机的价格要贵很多。组装机则是由用户或经销商将CPU、主板、硬盘、显卡等配件组装起来的计算机,具有配置自由、升级性好、价格低廉等优点。

　　以 CPU 为标志,按档次来分,有第 1 代计算机、第 2 代计算机、第 3 代计算机、第 4 代计算机、第 5 代计算机和第 6 代计算机。

　　按计算机功能分类,一般可分为专用计算与通用计算机。专用计算机功能单一,可靠性高,结构简单,适应性差。但在特定用途下最有效、最经济、最快速,是其他计算机无法替代的。如军事系统、银行系统属专用计算机。通用计算机功能齐全,适应性强,目前人们所使用的大都是通用计算机。

　　按照计算机规模,并参考其运算速度、输入输出能力、存储能力等因素划分,通常将计算机分为巨型机、大型机、小型机、微型机等几类。其中,巨型机运算速度快,存储量大,主要用于尖端科学研究领域。大型机有比较完善的指令系统和丰富的外部设备,主要用于计算机网络和大型计算中心。小型机较之大型机成本较低,维护也较容易,可用于科学计算和数据处理,也可用于生产过程自动控制和数据采集及分析处理等。微型机采用微处理器、半导体存储器和输入输出接口等芯片组成,使得它较之小型机体积更小,价格更低,灵活性更好,使用更加方便。目前许多微型机的性能已超过以前的大中型机。

　　按计算机工作模式分类,可将其分为服务器和工作站两类。服务器是一种可供网络用户共享的、高性能的计算机。服务器一般具有大容量的存储设备和丰富的外部设备,其上运行网络操作系统,要求较高的运行速度,因此,很多服务器都配置了双 CPU。工作站就是普通的微型计算机,它的独到之处就是易于联网。一般来说,服务器和工作站是相对于网络来说的。一台没有连入网络的普通计算机不能称为工作站。

　　按计算机特殊形式分类,计算机又可以分为台式机、笔记本计算机、一体化计算机、准系统、瘦客户机和移动 PC 几种,下面简单介绍这几种计算机的区别。

任务实施

活动一:认识计算机主机部件

　　计算机是由人们制造的各个部件组合在一起的。因此一台完整的微型计算机硬件系统是由主机和外部设备组成的。其中主机包括主板、CPU、存储器、显卡、机箱、电源、硬盘驱动器、光盘驱动器和声卡等部件。而外部设备包括显示器、键盘、鼠标、扫描仪、打印机和音箱等一些可选设备。下面简单地介绍其中一些最主要的硬件。

1. 主板

　　主机板又称为系统主板(system board),或简称主板,CPU 就安装在主板上。主板上有内存槽(bank)、扩展槽(slot)、各种跳线(jumper)和一些辅助电路。它担负着操控和调度 CPU、内存、显卡和硬盘等周边子系统并使它们协同工作的重要任务,因此它对于个人计算机的重要程度丝毫不亚于 CPU,如图 1.3 所示。

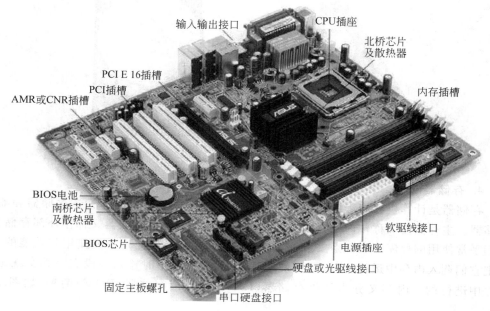

图 1.3　主板示例

2. CPU

CPU 是 Center Processing Unit 的缩写,即中央处理器,也称微处理器。它决定计算机系统的整体性能。可以说它是计算机的"心脏",因为所有的指令和程序都在这里执行,它在很小的硅片上集成了数百万计的晶体管,计算机的性能和执行指令的速度很大程度上取决于它。CPU 从最初发展至今,按照其处理信息的字长,可以分为 4 位、8 位、16 位、32 位和 64 位等几种。人们通常简单地称呼其型号,如 486、Pentium、Pentium Ⅲ、Pentium 4 或 I3、I5、I7 等,如图 1.4 所示。

图 1.4　酷睿 i5 760

3. 硬盘

磁盘存储器是当前各种机型的主要外存设备,分为机械和固态两种。机械类的硬盘以铝合金或塑料为基体,两面涂有一层磁性胶体材料(固态后面章节再讲)。通过电子方法可以控制磁盘表面的磁化,以达到记录信息(0 和 1)的目的。磁盘的读、写是通过磁盘驱动器完成的。磁盘驱动器是一个电子机械设备,它的主要部件包括:一个安装磁盘片的转轴,一个旋转磁盘的驱动电机,一个或多个读写头,一个定位读写头在磁盘位置的电动机,以及控制读、写操作并与主机进行数据传输的控制电路。硬盘驱动器(包括硬盘片本身)完全密封在一个保护箱体内。硬盘以其容量大、存取速度快而成为各种机型的主要外存设备。一般的计算机可配置不同数量的硬盘,且都有扩充硬盘的余地。目前一块硬盘的容量已从过去的几十 MB、几百 MB,发展到目前的一百多 GB(1GB＝1024MB),如图 1.5 所示。

图 1.5　硬盘

4. 存储器

存储器是计算机存储程序和数据的部件。存储器按其用途可分为主存储器和辅助存储器。主存储器又称作内部存储器,就是常说的内存;辅助存储器又称作外部存储器。人们平常使用的程序一般都是安装在硬盘等外存上的,但仅此是不能使用其功能的,必须把它们调入内存中运行,才能真正使用其功能。例如,平时输入一段文字其实就是在内存中进行的。内存又分为随机存储器(RAM)和只读存储器(ROM)两种,如图 1.6所示。

图 1.6　内存

(1) 只读存储器(ROM):是只能从中读取信息而无法写入或改变信息的内存,即使在突然断电的情况下其中的信息也不会消失,其中的信息是计算机厂商预先写入的。

(2) 随机存储器(RAM):随机存储器的内容既可以读取又可以改变。在计算机工作时所需要的系统程序、应用程序和其他数据都会临时存放在这里,但如果断电,其中的信息也会消失。

5. 显卡

显示适配器简称显卡,它是显示器和主机通信的控制电路和接口。它由视频存储器、字符发生器、显示系统 BIOS、控制电路和接口等部分组成。显卡一般是一块独立的电路板,但在 all-in-one(一体化)结构中,显卡是直接集成到主板上的。显卡负责将 CPU送来的影像数据处理成显示器可以理解的格式,再送到屏幕上形成图像。显卡是用户从计算机获取信息的最重要渠道,因此显卡也是计算机中不可缺少的一部分,如图 1.7所示。

图 1.7　显卡

6. 机箱和电源

机箱作为计算机主机的保护和装置工具,提供电源、主板、各种扩展卡、软盘驱动器、硬盘驱动器等存储器设备的安置空间。它保护内部各种设备,能够防尘、防压、防攻击,并且还能发挥防电磁干扰和屏蔽电磁辐射的作用。

而电源是计算机的供电来源,个人计算机的电源是根据其相应的电源标准设计和生产的,在计算机高速发展的这十多年间,PC 电源标准也随之不断地发生变化。

我们知道市电是 220V/50Hz 的交流电,而计算机系统中各配件使用的都是低压直流电,因此市交流电进入计算机的电源后,首先要经过扼流线圈和电容滤除高频杂波和干扰信号,然后经过整流和滤波得到高压直流电,再进入电源最核心的部分——开关电路。而开关电路主要负责将直流电转换为高频脉动直流电,再送高频开关变压器降压,然后滤除高频交流部分,这样才得到计算机需要的较为“纯净”的低压直流电。因为计算机电源最核心的部分是开关电路,因此计算机电源通常就被称为开关电源,如图 1.8 所示。

7. 光盘驱动器

光盘驱动器主要有 CD-ROM 和 DVD-ROM。由于光盘驱动器可以读取无数的光盘,而现在很多的软件、数据资料、电视剧、音乐等都存储在光盘里,所以,光盘驱动器已成为计算机的标准配置。由于 CD-ROM 的容量最大只能达到 650MB,而 DVD-ROM 可以达到几个 GB,所以现在计算机基本都以 DVD-ROM 为主,如图 1.9 所示。

图 1.8　机箱和电源

图 1.9　光驱

8. 声卡

根据多媒体计算机(MPC)的规格,声卡是多媒体计算机中最基本的组成部分,是实现声波与数字信号相互转换的硬件电路。声卡把来自话筒、磁盘、光盘的原始声音和信号加以转换,输出到耳机、扬声器、扩音机和录音机等设备,或通过音乐设备数字接口使乐器发出美妙的声音。声卡一般都集成在主板上,现在也有 USB 口的声卡,更方便进行操作实现,如图 1.10 所示。

图 1.10　声卡

9. 显示器

显示器是计算机最重要的输出设备,在使用计算机时,所有工作的结果、编辑文件、程序都是通过显示器与使用者实现交互的。在进行计算机操作时,面对的就是显示器,显示器的好坏直接影响到使用者的健康。目前市场上的显示器主要有阴极射线管(CRT)显示器和液晶显示器(LCD)。

10. 键盘和鼠标

键盘是最常用的输入设备之一,通过键盘,可以将文字、数字、标点符号等输入到计算机中,从而向计算机发出命令,输入数据等。键盘经历了 83 键、84 键和 101/102 键等几代。

鼠标也是一种常用的输入设备,它是随着采用图形界面的操作系统的出现而出现的。鼠标是计算机外部设备中最便宜的一个部件,它的好坏也与人们的健康有关,但常常被人们忽视。目前常用的鼠标为三键光电鼠标。

活动二:了解计算机的分类认识

1. 台式机

一般个人使用的计算机主要分为台式个人计算机和便携式个人计算机(也就是笔记本计算机)。早期的个人计算机都是台式的(至今台式机仍然是主要的形式)。台式机按照主机箱的放置形式,可分为卧式和立式两种(其中卧式的机箱目前几乎已经被淘汰)。

图 1.11　台式机

台式计算机需要放置在桌面上,它的主机、键盘和显示器都是独立的,如图 1.11 所示。

台式机的主机、键盘、鼠标和显示器等通过电缆和插头连接在一起。台式机的特点是体积较大,但价格比较便宜,部件标准化程度高,系统扩充和维修比较便宜。台式机是目前使用最多的结构形式,适合在相对固定的场所使用。台式机是用户可以自己动手组装的机型。至于选择卧式还是立式,用户可以根据自己的爱好和环境来定,两者的性能并没有什么差别。

2．一体化计算机

一体化计算机是将主机、显示器、音箱合为一体的计算机,有的还把计算机和电视的功能结合在一起,这样可以节省空间,使得多种功能合一,非常方便。同时还可以录制电视节目,然后利用计算机的功能进行处理,制作出拥有自己个性的影片。

一体化计算机在早期因为价格昂贵和散热问题不理想,曾经销声匿迹了一段时间,但随着硬件产品成本的降低,各种硬件的使用已经没有明显的界限了,尤其液晶显示器对市场产生了很大冲击,笔记本计算机部件也得到了广泛应用,如今一体化计算机是"台式液晶+笔记本的基本部件+台式新型外围设备"。

一体化计算机的液晶屏可以克服笔记本计算机由于自身原因屏幕无法扩大的缺陷,具备台式机所具有的宽敞、可调和舒适性;大量的移动器件如 CPU、硬盘等已经实现低功耗;随着散热技术的成熟和无线技术的普及(主要是无线鼠标和无线键盘),而在价格上低于笔记本计算机,且与台式机相差不大,因此,一体化计算机定位于台式机与笔记本计算机中间,有可能争得一定的市场。当然,一体化计算机也有一些缺点,比如整合度比较高,维修难度较大,可扩展性稍差等。一体化计算机外观如图 1.12 所示。

图 1.12　一体化机

3．准系统

普通用户要购买台式计算机不外乎两种选择,要么选择品牌计算机,要么选择组装计算机(也称兼容机)。前者整体的稳定性好,在外观的设计上也比较统一协调,不过缺点是配置不灵活,而且很难进行升级。而兼容机的硬件配置虽然比较灵活,不过却由于各个部件是临时组装的,在部件的磨合上显得不够稳定。那么要在外观、体积、配置 3 个因素上找到平衡,选择准系统就是一个解决办法。准系统也叫 Barebone 或 Mini PC,它是一种不完整的桌面计算机系统,通常只包含主板、机箱、显示器、电源、鼠标和键盘等价格波动较小的配件(其价格一般是 1000～4000 元),购买准系统后,根据实际应用需要,配上影响计算机性能的主要硬件(如 CPU、内存、硬盘和显卡)即可使用。

准系统很大程度上为计算机爱好者提供了自己选择配件的弹性(一般情况用户可以根据自己的资金情况以及使用要求搭配 CPU、硬盘、内存等设备)。准系统在外观的设计上都比较精美,而且人性化设计方面也不逊色于品牌计算机。同时由于准系统的生产厂家的产品线一般都比较全面,往往从机箱到各个板卡都是自主研发及设计的,所以用户可以享受到品牌计算机的待遇。由于具有品牌机的外观和兼容机的灵活性,所以准系统也受到一些消费者的欢迎。准系统的外观如图 1.13 所示。

图 1.13　准系统

目前,准系统在性能上并不比台式机逊色,只有在扩展性上比较不足,不过任何事物都有优缺点,选购准系统的用户看中的是它小巧的身材而不是良好的扩展能力。购买准系统时需要注意以下一些方面。

（1）外观。随着家居环境越来越现代化，计算机的外观也成了消费者选购计算机时的考虑因素之一，传统计算机那种呆板的形象已经不能适应现代家居的要求了。

（2）体型。随着液晶显示器的普及，机箱已经成计算机中最笨重的部件，所以小巧的体积也是准系统的重要标准之一。

（3）性能。在性能和散热效果上能达到一定平衡的准系统，才适合消费者的使用，毕竟大家都喜欢高性能的计算机。

（4）散热。准系统的体积一般都比较小，所以经过特殊设计的散热系统比较重要。

（5）扩展性。由于机箱的内部空间十分狭小，所以可扩展性也是一个值得关注的环节，建议在选购时，尽量选择具有两个 PCI 插槽以及 AGP 插槽的准系统。

4. 瘦客户机

瘦客户机是指采用专业嵌入式处理器、小型本地闪存、精简版操作系统的，基于个人计算机工业标准设计的小型行业专用商用计算机。它的配置包含专业的低功耗、高运算功能的嵌入式处理器，用于存储操作系统的不可移除的本地闪存以及本地系统内存、网络适配器、显卡和其他外设的标配输入输出选件。瘦客户机没有可移除的部件，可以提供比普通 PC 更加安全可靠的使用环境，功耗更低。瘦客户机一般采用 Linux 精简型操作系统或 Microsoft Windows Embedded 操作系统家族，包括 Linux Embedded、Microsoft Windows CE. NET 和 Microsoft Windows XP Embedded 操作系统等。

瘦客户机是面向行业单位（如制造行业、物流行业、教育行业、钢铁行业、医疗卫生行业、能源行业及娱乐休闲业）提供高安全性、高可管理性、简单易用、低成本的解决方案。瘦客户机的外观如图 1.14 所示。

5. 移动 PC

所谓移动 PC，就是具有笔记本计算机的外形和大小，同时完全具备台式机的规格和整体性能优势的便携式台式计算机。它只需要连接一条电源线就能长时间连续工作，而其轻薄的外形又冲破了传统台式计算机的空间限制，极大地节省了办公空间，同时又能像笔记本计算机那样实现工作的空间转移。

简单地说，移动 PC 就是采用了台式机的计算机配件，取消了笔记本计算机必备的 PCMCIA 槽和电池，产品外观和笔记本计算机非常相似的一类 PC。这类产品既具有笔记本计算机轻薄、可移动的特点，同时又具有台式机性能突出、价格便宜的特点，可以看做二者的组合产物。移动 PC 还具有简便的可维修性以及很好的散热性和兼容性。移动 PC 最早被称为"便携台式机"，它的推出为笨重的台式机和昂贵的笔记本计算机找到了最佳的平衡方案。移动 PC 的外观如图 1.15 所示。从图中可看出，它的外观与普通的笔记本计算机没有多大的区别。

图 1.14　瘦客户机

图 1.15　移动 PC

归纳总结

本模块首先介绍子计算机的组成部件,使读者对它们有一个初步的认识和了解,然后对计算机的分类进行了介绍。

思考练习

一、选择题(可多选)

1. 通常人们所说的一个完整的计算机系统应包括_____。

　　A. 运算器、存储器和控制器　　　　　C. 系统软件和应用软件

　　B. 主机和它的外围设备　　　　　　　D. 计算机硬件系统和软件系统

2. 下面的设备中,属于输出设备的是_____。

　　A. 键盘　　　　　B. 鼠标　　　　　C. 扫描仪　　　　　D. 打印机

3. 计算机内部的各种算术运算和逻辑运算功能主要由_____来实现。

　　A. CPU　　　　　B. 主板　　　　　C. 内存　　　　　D. 显卡

二、判断题

1. 计算机系统由硬件系统和软件系统两大部分组成。(　　)

2. 按处理方式分,可以把计算机分为模拟计算机、数字计算机以及数字模拟混合计算机。(　　)

3. 计算机软件可分为系统软件和应用软件两大类。(　　)

4. 在计算机内部,任何信息都以八进制代码来表示。(　　)

三、综合题

1. 计算机系统的内部硬件由哪几个单元结构组成?

2. 试说出 3 款比较著名的品牌机名称。

3. 到当地的电子市场去看看,了解一下最新的计算机硬件。

4. 打开一个计算机的机箱,看看计算机的内部硬件组成。

5. 什么是移动 PC? 它与笔记本计算机最大的区别是什么?

6. 瘦客户机与一体化计算机有什么不同?

项目二

project 2

计算机硬件组装

项 目 描 述

　　对于接触计算机较少的人来说,可能会觉得"装机"是一件很神秘的事情。

　　其实只要亲自动手装过一次后,就会发现原来"装机"也不过如此。一台计算机分主机和外设两大部分,装机时,难度较大也是重点的是安装主机部分,而各种外设的安装则相对简单,在安装好主机之后,再逐个连接起来就可以了。主机是计算机中最重要的部件,它是由 CPU、主板、内存条、显卡、硬盘、光驱、声卡和网卡等构成的,在安装时,需要把这些硬件与主板连接在一起,并安装到机箱的内部。本章通过大量的装机图片向用户介绍组装计算机的全部过程,相信读者很快就能学会装机的操作。

项目知识结构图

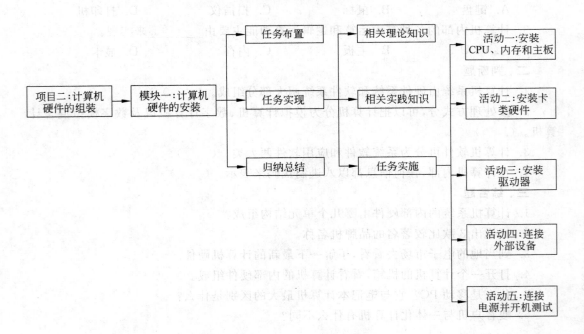

模块一 计算机硬件的安装

任务布置

技能训练目标

掌握组装计算机的基本操作,能够在安装完成后进行整体优化与测试,并能初步掌握一些维修计算机的基本知识,并在多次实践后能够独立安装计算机。

知识教学目标

掌握硬件选购的基本原则,了解计算机选购的一些误区,掌握计算机组装的基本流程,掌握常用装机工具和准备工作。

任务实现

相关理论知识

多数计算机用户只掌握软件的使用,对于计算机硬件的了解并不多。因此在装机时,一般不懂得如何购买计算机配件。购买计算机切忌着急,这种着急的心理会使人头脑发热,不去仔细思考,从而被奸商利用,结果上当受骗。下面简单介绍购买硬件时的注意事项。

1. 硬件选购的基本原则

装机要有自己的打算,不要盲目攀比,应按实际需要购买配件。因为计算机的配件发展太迅速了,不要一味追求"新"和"时髦"。遵循够用就好的原则,按自己的需求给自己量身定制一台计算机,既省钱,又满足了自己学习娱乐的需求。

如选购机箱时,一要注意内部结构合理,便于安装;二要注意美观,颜色与其他配件相配。而电源关系到整个计算机的稳定运行,其输出功率不应小于250W,有的处理器还要求使用300W的电源,应根据需要选择。总之,应根据实际情况,即个人用途和经济情况确定计算机的档次。攒机的原则:够用就行,省钱最好。

购买时要注意最好在要购买的某产品的代理公司购买,如果是地区或省市的总代理就更好了。这样既可以使产品质量和售后服务有保障,还可以拿到比同类产品低的价格。

由于不同的公司有不同的进货渠道,所以,即使有的公司不是某产品在该地区的总代理,它也能以低价(和代理公司的价格差不多)进到货。

在购买时最好去大公司,大公司的售后一般不会太差,并且一般不会破产。最后就是结账时开收据,让商家写清楚硬件的型号和其他细节,还要写上价格。此外还应检查硬件上贴的标签,商家都是凭标签上的日期进行保修服务的。

2. 硬件选购的一些误区

对于购机者,最常见的误区有如下几个。

误区一:CPU高频率就高性能。

很多人都认为频率高的 CPU 性能强,这不算错误的观点,只是并不准确。比较准确的说法是,相同核心、相同缓存、相同外频的情况下,主频高的那款 CPU 的性能较强。而对于同类产品(如赛扬 D 系列 2.4GHz 和 2.66GHz)只是倍频高一点,外频都是一样的,而外频对处理器性能的影响比倍频大,因此选择低倍频的性价比高;并且外频相同的处理器,倍频越低超频性能越好。

误区二:双核的性能是单核的两倍。

很多人以为双核的性能是单核的两倍,这个说法更不准确。不同情况下双核带来的性能提升是不同的。双核 CPU 的性能提升是建立在运行任务能分配给 2 个核心的前提下,否则结果就是一个核心处理,一个核心闲置,而事实上计算机很少会同时运行多个大量使用 CPU 资源的程序,能支持双核的程序也比较有限,所以与单核相比,双核的性能提升并不是很多。多数游戏都是不支持双核的。

误区三:AMD 处理器发热量大。

很多人都以为 AMD 处理器发热量大,这个观点只适用于早期的 AMD 处理器,事实是现在的 AMD 的发热是较小的,发热大的是奔腾 D 和赛扬 D。还有人认为 AMD 处理器不如 Intel 处理器稳定,这个观点也是无稽之谈,两家处理器供应商都是世界级的大厂,都生产服务器用处理器,在稳定性上都是差不多的。

误区四:DDRⅡ的性能是 DDR 的两倍。

实际上Ⅱ只是代数的区别,主要的性能还是看频率和时序。一般来说,DDRⅡ 667 的性能会比 DDR 400 好些,但并不会好很多。这个与时序有点关系,DDRⅡ 的时序比较慢。但是 DDRⅡ的频率能做得很高,这弥补了时序上的不足。

误区五:组建内存双通道性能好一倍。

有人认为组建双通道带宽大了一倍,所以性能好一倍。但实际上组建双通道的性能提升只有 5%～10%,因为并不是所有的程序都要那么大带宽,有的程序需要的是比较大的内存容量,也有的需要的是比较快的内存速度。

误区六:集成显卡就等于低能。

这是一个较常见的误区,集成显卡自从产生以来好像就受到 DIY 的不屑一顾。因为多数的 DIY 爱好者是游戏迷,集成显卡显然不能满足游戏发烧友的要求,而对于普通的应用,比如一般的办公应用、上网、听歌、看视频、编程及 2D 作图等,集成显卡完全能胜任,并且其性价比更高。

误区七:品牌崇拜。

品牌崇拜是一种不正确的行为,因为计算机品牌分为一线、二线、三线等,每个品牌为了适合不同的市场需求,都会有高、中、低系列,低端的做工用料甚至不及二线或三线品牌,而价格却不低,所以大家不要盲目崇拜品牌。

误区八:计算机今后要升级。

这是一个误区,因为计算机的发展太快了,如今的计算机两年内就会被淘汰,所以不要考虑将来的升级,只要稍微有点扩展性就行。例如前几年装机时,Intel 的 CPU 接口类型是 LGA 775,经过这几年 CPU 都变成 1150 口了,就算是 LGA 775,也不支持现在的主板。

误区九：SATA3 SAT2 接口的硬盘速度比 SATA 快得多。

这是一个误区，因为虽然从接口的速度上来说，SAT3 SATA 2、SATA、IDE 三者的速度相差很多，但是硬盘的真正瓶颈在于内部速度，硬盘作为一个机械存储设备，其性能的提升和存储密度以及转速有很大关系，除了突发速度以外，大量数据的读/写时，不同接口的速度并没有太大差别。

误区十：显存大的显卡性能强。

很多人都是这么以为的。但实际上显卡的性能定位应该从显示芯片的频率、显卡的核心、显存频率、显存容量、核心的制造工艺等多方面来考虑，仅仅是显存大并不能说明显卡的性能就好。

相关实践知识

要组装一台高性能的计算机，首先要懂得合理搭配硬件，比如说该用多大的内存，用什么芯片的主板，用什么型号的显卡等。要做到合理的配置，不仅需要对各种配件有充分的了解，经验也很重要。在组装计算机时，除了具备相关硬件知识外，还需要掌握操作系统和一些常用工具软件的作用和操作，因为有些硬件故障需要用软件来判断其原因。

1. 进行装机前的硬件检查

需要安装的计算机硬件一般有机箱、电源、键盘、鼠标、主板、CPU、内存、硬盘、显卡、显卡器、光驱等。为了确认无误，在装机前再次进行以下检查。

（1）检测 CPU 是否为盒装正品（Intel 处理器主要看侧面序列号贴纸，如果发现该贴纸有两层则肯定不是盒装正品。注意保留好序列号贴纸，保修时需出示）。

（2）检查主板（主要查看主板包装盒内配件、光盘和数据线是否齐全，主板上处理器和显卡插槽处贴纸是否有被动过的痕迹）。

（3）检查内存（检查金手指部分是否有多次插拔而造成的划痕，即时拨打厂商查询电话，查询该内存是否为盒装正品）。

（4）检查硬盘、光驱（查看螺丝孔是否有磨损的痕迹，检查编号）。

（5）检查显卡、声卡和网卡等配件（检查金手指部分是否有多次插拔而造成的划痕，仔细核对产品编号，注意显卡型号应与配置单中完全一致，并查看显卡、声卡附赠的附件是否齐备）。

（6）检查显示器包装（查看显示器外箱是否有二次封装的痕迹，注意查看纸箱封条，并查看显示器附赠的配件是否齐备）。

（7）检查机箱电源（如果是机箱附带的电源，应检查电源型号是否有误）。如果与配置单有出入，应尽快找商家更换（电源品牌型号众多，注意核对，保证机箱中附带的电源为原装）。

2. 计算机组装的基本流程

组装计算机时，可以按照下述步骤（当然不是一成不变，也可以按照哪个操作方便就先进行哪个操作的原则）有条不紊地进行。

（1）机箱的安装，主要是对机箱进行拆封，并且将电源安装在机箱里。

（2）进行主板跳线，根据 CPU 的外频和位频进行跳线，跳线时可以参考主板说明书。

（3）CPU 的安装，在主板 CPU 插槽中插入安装所需的 CPU，并且安装上散热风扇。

（4）内存条的安装，将内存条插入主板内存插槽中。

（5）主板的安装，将主板安装在机箱底板上。

（6）显卡的安装，根据显卡总线选择合适的插槽。

（7）声卡的安装，现在市场主流声卡多为 PCI 插槽的声卡。

（8）驱动器的安装，主要针对硬盘、光驱和软驱进行安装。

（9）机箱与主板间的连线，即各种指示灯、电源开关线、PC 喇叭的连接，以及硬盘、光驱、软驱电源线和数据线的连接。

（10）盖上机箱盖（理论上在安装完主机后，已可以盖上机箱盖，但为了此后出问题时方便检查，最好先不加盖，等系统安装完毕后再盖）。

（11）输入设备的安装，连接键盘、鼠标与主机。

（12）输出设备的安装，即显示器的安装。

（13）再重新检查各个接线，准备进行测试。

（14）给计算机加电，若显示器能够正常显示，表明初装已经正确，此时进入 BIOS 进行系统初始设置。

（15）对硬盘进行分区和格式化。

（16）安装操作系统，如 Windows 98 或者 Windows XP 系统。

（17）安装操作系统后，安装驱动程序，如显卡、声卡、网卡等。

（18）进行 72 小时的烤机，也可以使用测试软件进行测试。如果硬件有问题，或硬件是假冒伪劣，会在测试和烤机过程中被发现。

3．装机工具和准备环境

下面介绍一些准备工具和准备工作。

1）准备好安装的工具

如果是专业的装机人员，需要准备的工具就比较多，但普通用户装机不必要准备全套的安装工具，只需准备以下的一些常用装机工具即可。

（1）标准螺丝刀。用于拆卸小器件（如电池等）和拆装部件，拆装固定螺丝。

规格：φ4.5＊75mm 十字螺丝刀 1 只；

　　　φ3＊100mm 十字螺丝刀 1 只；

　　　φ3＊75mm 一字螺丝刀 1 只。

在装机时，要用两种螺丝刀工具：一种是十字形的，通常称为"梅花改锥"；另一种是一字形的，通常称为"平口改锥"。尽量选用带磁性的螺丝刀，因为在计算机内部，各个部件的安排比较紧凑，且螺丝较小，使用具有磁性的工具，操作起来就比较方便。但螺丝刀上的磁性不能过大，避免对部分硬件造成损坏。磁性的强弱以螺丝刀能吸住螺丝而不脱离为宜。

（2）钟表螺丝刀一套（这个是可选工具）。可用来拆装部件，拆装固定螺丝。

规格：＃1、＃0、＃00 十字螺丝刀各 1 只；

　　　2.4、2.8、2.3 一字螺丝刀各 1 只。

（3）镊子。由于主板部件之间的空隙很小，对一些较小的连线接口就需要镊子帮助。例如设置主机板、硬盘等跳线时，无法直接用手设置跳线，这就需要借助镊子进行设置。

（4）尖嘴钳。用于处理变形挡片。

规格：6英寸钳。

（5）零件盒：具有多个格子和用于盛放螺丝的托盘。把螺丝、小部件分门别类放置，对维修有很大的帮助。

2）安装的准备环境

安装计算机对室内环境有一定的要求。

准备好电源插头。计算机的插座必须是独立的，不要与其他家用电器设备共用一个插座，以防止这些设备干扰计算机。

如果有条件，先用万能表测量电源的电压，要求大约为220～240V。若电源波动范围较大，应使用UPS电源或稳压电器。

在炎夏时，如果室温过高，如超过30℃，最好避免开机，以防止温度过高。保持室内整洁，打扫房间时，使用吸尘器，防止灰尘进入计算机的机箱内部。为了在冬季干燥季节防止静电，可在地面洒上一些水，保持室内的相对湿度。

4. 装机时的注意事项

装机的首要任务是注意防静电，其次是配件要轻拿轻放，固定配件时应稳固。

为防止人体所带静电对电子器件造成损伤，在组装硬件前，要先消除身上的静电。比如用手摸一摸自来水管等接地设备或洗手；如果有条件，可佩戴防静电腕带或手套。在装机过程中，由于不断的摩擦也会发生静电，所以在隔一段时间后又要再次释放身上的静电。那么什么是静电？静电是指不同物体表面由于摩擦、感应、接触分离等原因导致的静态电荷积累。静电电压通常很高。静电对备件的危害主要有以下两种情况。

（1）静电吸附灰尘，降低元件绝缘电阻（缩短寿命）。

（2）静电放电破坏，使元件受损不能工作（完全破坏）。

因此，在组装（或维修）过程中，建立防静电工作环境是很有必要的。对各个部件要轻拿轻放，不要碰撞，尤其是硬盘。安装主板一定要稳固，同时要防止主板变形，否则会对主板的电子线路造成永久性损伤。

任务实施

活动一：安装 CPU、内存和主板

目前，CPU 分为两大类：一类是 Intel 系列的 CPU，其插槽类型主要是 Socket 755 或者以上型号接口；另一类是 AMD 系列的 CPU，其插槽类型主要是 Socket 940 或以上型号接口。安装时，要先确认 CPU 接口类型与主板上的接口相对应。同样，内存条也需要与主板上的接口相对应才能安装。目前，常用的内存是 DDR（184 线）和 DDR Ⅱ，在安装前要确认是否可以安装。

1. 在主板上安装 CPU

虽然不同的 CPU 对应的主板不相同，但是安装的方法大同小异，都是先把主板中

CPU 插槽的手柄拉起,把 CPU 放下去,然后再把手柄压下去。下面以 Intel 的 Socket 755 类型 CPU 的安装为例进行介绍。

（1）拿出准备安装的主板,然后在主板上找到 CPU 的插槽,如图 2.1 所示。

（2）用手轻轻地把 CPU 插槽侧面的手柄拉起,拉起时要稍向外用力,拉起到最高的位置,如图 2.2 所示。

（3）用手轻轻把 CPU 正面的压盖拉起,拉起到最高的位置,如图 2.3 所示。

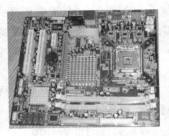

图 2.1　找到 CPU 的插槽

图 2.2　拉起 CPU 插槽侧面的手柄

图 2.3　拉起 CPU 正面的压盖

（4）拿出需要安装的 CPU,如图 2.4 所示。

（5）找到 CPU 针脚的一处缺口,把 CPU 缺口对着主板 CPU 插槽上的缺口,这里演示的 CPU 为 Socket 755 接口型号,CPU 没有针脚,如图 2.5 所示。

图 2.4　准备安装的 CPU

图 2.5　把 CPU 缺口对着 CPU 插槽的缺口

（6）把 CPU 轻轻地放入插槽中,如图 2.6 所示。安装时一定要对准,这是有方向性的,否则会损坏 CPU 或主板。

（7）用手轻轻把 CPU 压盖压下,直到压盖恢复原位。再轻轻把 CPU 插槽侧面的手柄压下,直到恢复原位,如图 2.7 所示。记住,是先把压盖压下再将手柄压下。

图 2.6 把 CPU 装到主板的 CPU 插槽中

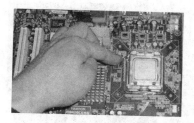

图 2.7 压下 CPU 插槽侧面的手柄

（8）接着在 CPU 的表面涂上散热硅胶，以便处理器与散热器有良好的接触，如图 2.8 所示。但涂抹时不能涂到 CPU 以外和 CPU 表面的孔中，以免发生短路。

（9）打开散热器的包装，可以看到，这种 CPU 配置的散热器与一般的散热器不一样，它多出一个垫板，如图 2.9 所示。垫板安放在主板的底部，散热器安装在 CPU 的上面。

图 2.8 在 CPU 的表面涂上散热硅胶

图 2.9 CPU 风扇和垫板

（10）把主板底面翻转过来，然后再把垫板对准主板上的 4 个固定孔，如图 2.10 所示。

（11）把主板翻回到正面，再把散热器对准主板上的 4 个固定孔轻轻压下去，压下的同时要对准垫板的 4 个孔，如图 2.11 所示。

图 2.10 把垫板对准主板上的 4 个孔

图 2.11 把散热器对准主板上的 4 个固定孔

（12）拧紧 4 根螺丝，即可把散热器牢牢地固定在主板和 CPU 的上面，如图 2.12 所示。

（13）参看主板说明书，找到散热器的电源接头和主板上的电源插槽，然后把电源接头插到插槽上，如图 2.13 所示。至此，Intel 系列的 CPU 就安装好了。

图 2.12　拧紧螺丝固定散热器

图 2.13　连接散热器的电源

2. 在主板上安装内存条

在安装内存条之前,首先要确认主板是否支持选用的内存,如果强行安装会损坏内存或主板。下面以 DDR Ⅱ 内存为例,介绍其安装方法。

(1) 拿出准备安装的内存条,并在主板上找到内存插槽,如图 2.14 所示。

(2) 掰开内存插槽两边的固定卡子,将内存条的凹口对准内存插槽凸起的部分,均匀用力将内存条压入内存插槽内,如图 2.15 所示。压下前要注意,内存插脚的两边是不对称的,要看清楚了再按下去。

图 2.14　主板上的内存插槽

图 2.15　将内存条压入内存插槽

(3) 当往下压内存条时,插槽两边的固定卡子会自动卡住内存条,如果能听到固定卡子复位所发出"咔"的声响,表明内存条已经完全安装到位。如果有多条内存条,可以使用同样的方法进行安装,如图 2.16 所示。

提示:目前大部分的主板都支持双通道内存技术。在安装双通道内存时,如果主板上有 4 个内存插槽,分别是 A1、A2、B1 和 B2,那么相同牌子、相同容量、相同型号的内存条就需要安装在 A1 与 B1 或 A2 与 B2 插槽中,如图 2.17 所示。

图 2.16　安装多条内存条

图 2.17　双通道内存插槽

3. 把电源安装到机箱上

把电源安装到机箱上的步骤如下。

（1）打开机箱的外包装，会看见很多附件，如螺丝、挡片等，如图 2.18 所示。

（2）用手或螺丝刀拧下机箱板盖上的螺丝，如图 2.19 所示。

图 2.18　打开机箱的外包装

图 2.19　拧下机箱板盖上的螺丝

（3）取下机箱两个侧面的盖子，如图 2.20 所示。

（4）拿出准备要安装的电源，如图 2.21 所示。

图 2.20　取下机箱两个侧面的盖子

图 2.21　拿出准备要安装的电源

（5）把电源放进机箱尾部上端相应的位置，如图 2.22 所示。

（6）从外面用螺丝固定电源，拧紧电源 4 个角上的螺丝，如图 2.23 所示。

（7）安装时要注意方向性，否则无法固定螺丝，电源安装好的效果如图 2.24 所示。

图 2.22　安装电源

图 2.23　拧紧螺丝

图 2.24　安装好的电源

4. 连接机箱信号线和 USB 扩展线

1）把机箱信号线连接到主板上

在组装计算机的过程中，把机箱信号线连接到主板（即机箱面板上开机、重启和硬盘指示灯等接头)是比较有难度的工作,下面具体介绍这个操作。

(1) 在机箱内找到 5 组信号线的连接线头,它们分别是电源开关、电源指示灯、硬盘指示灯、重启开关和 PC 喇叭,如图 2.25 所示。

(2) 在主板上,一般会标有相应的安装方法,也可以参阅主板的说明书,找到信号线连接的详细说明,连接方法会根据不同的主板而有所不同,假设有一块主板的连接示意图如图 2.26 所示。

图 2.25　机箱内的信号线

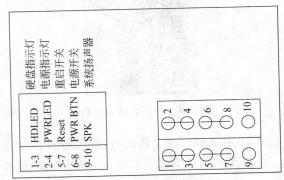

图 2.26　某主板信号线连接示意图

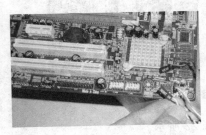

图 2.27　找出 Reset SW 连接线

(3) 找出 Reset SW 连接线(不同的机箱可能名称不一样,它是两芯接头,并且线头上有文字标注,如图 2.27 所示),把它连接到主板的 Reset 插针(即 5-7 插针)上,该接头无正负之分。Reset SW 的一端连接到机箱面板的 Reset 开关,按下该开关时产生短路,松开时又恢复开路,瞬间的短路就可以使计算机重新启动。

(4) PWR SW 是连接到机箱上的总电源的开关。找到标注有 PWR SW 字样的连接线后,把它插到主板上标为 PWR BTN 插针(即 6-8)中。该接头是一个两芯的接头,和 Reset 接头一样,按下时就短路,松开时就开路,按一下计算机的总电源就开通,再按一下就关闭。

(5) 找出标注有 POWER LED 字样的连接线,把它插到主板上标为 PWR LED 的插针(即 2-4)中,该插针 1 线通常为绿色,连接时绿线对应第 1 针。POWER LED 是电源指示灯的接线,启动计算机后电源指示灯会一直亮着。

(6) 接着找到标注有 SPEAKER 的连接线,然后把它插到主板上标为 SPK 的插针(即 9-10)中。SPEAKER 是系统扬声器的接线,该接头 1 线通常为红色,在连接时注意红线对应 1 的位置,即该接头具有方向性,必须按照正负连接。

(7) 找到标注有 H.D.D LED 字样的连接线,把它插到在主板上的 HD LED 插针(即 1-3)上。该接头为两芯接头,一线为红色,另一线为白色,一般红色(深颜色)表示为正,白色表示为负。在连接时红线要对应第 1 针。H.D.D LED 是硬盘指示灯的接线,计算机读、写硬盘时,硬盘指示灯会亮(对 SCSI 硬盘不起作用)。

连接信号线的工作比较烦琐,需要有一定的耐心,而且要细心操作,插针的位置如果在主板上标记不清,最好参看主板的说明书。连接信号线后的效果如图 2.28 所示。

图 2.28 安装完成各种信号连接线

2) 连接 USB 扩展线和前置音频面板接头

目前的主板都支持扩展 USB(以前的主板只提供两个 USB 接口,目前的主板一般提供 4～6 个 USB 接口,除了在输入输出接口中提供的两个外,另外的 2～4 个 USB 接口一般使用扩展连接的方法连接到机箱的前面)和音频输出接到机箱的前端面板,这样方便连接 USB 设备和音频设备。相应地,大部分的机箱也具有这样的一组扩展线。下面介绍如何连接 USB 扩展线。

(1) 在机箱上找到 USB 扩展线,线上一般标注有＋5V(或 VCC)、－D(或 Port－)、＋D(或 Port＋)和 Ground 等字样(不同的机箱标注方式不一样),如图 2.29 所示。

(2) 在主板上找到一排 USB 扩展线的插针,并且参照主板说明书,找到其相应插针,如图 2.30 所示(不同的主板标注的方式不一样)。扩展的 USB 接口一般有两个,所以其扩展线也有两组。

图 2.29 找到 USB 扩展接线

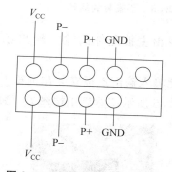

图 2.30 扩展 USB 插针示意图

(3) 将两组 USB 扩展线插入主板相应的插针中,VCC、Port－(－D)、Port＋(＋D)和 Ground 分别对应插 VCC、P－、P＋和 GND,如图 2.31 所示。不明确的地方可以参看主板的说明书。

此外,有的机箱还需要安装前置音频,不过该功能可以装,也可以不装,它只是方便插耳机用。如果需要安装,那么有了前面安装信号线和 USB 扩展线的经验,也很容易做到。先在机箱引出线中找到前置音频引出线,参见主板说明书,在主板上找到相应的插针,如图 2.32 所示,然后把接头连接到相应的插针上即可。

5. 把主板安装到机箱内

完成了前面的安装后,就可以把主板安装到机箱中了,其操作步骤如下。

(1) 在安装主板之前,先找到机箱配件的螺丝,如图 2.33 所示。

(2) 把螺丝旋入机箱底板上的相应位置,如图 2.34 所示。

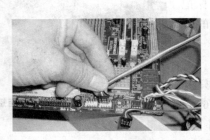

图 2.31　将 USB 扩展线插入主板相应的插针中

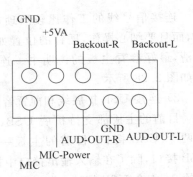

图 2.32　前置音频插针示意图

图 2.33　要安装的螺丝

图 2.34　把螺丝旋入机箱底板上相应的位置

（3）找出主板配件的输入输出挡板，同时整理机箱的输入输出位置，如图 2.35 所示。

（4）把输入输出挡板安装在机箱上的相应位置，安装时只需卡到位即可，不需要拧螺丝，如图 2.36 所示。然后用螺丝刀整理好输入输出挡板，让输入输出孔都打开。

图 2.35　输入输出挡板

图 2.36　安装输入输出挡板

（5）把主板安装到机箱的底板上（如图 2.37 所示），并调整主板上的输入输出接口与机箱上的输入输出孔对齐，在机箱的后面可以看到是否对齐。

（6）用螺丝对着主板的固定孔安装（一般需要安装 6 个螺丝，最好在每颗螺丝中垫上一块绝缘垫片），拧紧螺丝以固定主板，如图 2.38 所示。

提示：以前的主板一般都会要求用户设置 CPU 主频、外频、电压等跳线，所以在安装主板之前，一般要先设置主板跳线。但目前绝大多数主板都能够自动识别 CPU 的类型，并自动配置电压、倍频等，所以需要进行跳线设置的只是外频，主板的外频要根据 CPU 进行设置。在安装前，请参看主板说明书进行跳线的设置。

图 2.37 把主板安装到机箱

图 2.38 用螺丝固定主板

（7）接着是连接电源线，目前的主板一般需要连接两条电源线，一条是主板供电电源线，它由原来的 20 针增加到 24 针，另一条是给 CPU 供电的电源线（4 针）。从电源输出中找到主板供电电源接头，再在主板上找到电源的接口，把电源接头插入该接口中，让两个塑料卡子互相卡紧，如图 2.39 所示。

（8）从机箱电源输出中找到一个特殊供电电源接头，再在主板上找到相应的电源接口，把电源插头插在该电源插座上，如图 2.40 所示。

图 2.39 把电源接头插入主板上相应的接口

图 2.40 安装特殊供电电源接头

活动二：安装卡类硬件

一般说来，显卡、声卡和网卡等统称为卡类硬件，这些卡类硬件是联系计算机内部系统与外部其他设备的数据链，如显卡、声卡和网卡分别与外部的显示器、音箱和局域网的网线连接。不过目前大部分的主板都集成了声卡这一设备，因此无须安装外置的 PCI 声卡。

使用时注意在 BIOS 中启用板载声卡（该功能默认是启用的）即可。显卡、声卡和网卡的安装方法都是一样的，只要在安装前确认该卡是否与主板上的接口类型兼容即可。下面以安装显卡为例进行介绍。目前主流显卡是 PCI Express 接口的显卡，但还有部分 AGP 接口的显卡。它们的安装方法都一样。

（1）用螺丝刀拧下机箱后面扩展卡的保护盖螺丝，如图 2.41 所示。

（2）取下该保护盖（根据机箱的不同，有的机箱没有保护盖），如图 2.42 所示。

（3）在主板上找到唯一的 PCI E 或 AGP 插槽，并将主板上与机箱后面对应的 PCI E 或 AGP 插槽的挡板取下，如图 2.43 所示。

图 2.41　用螺丝刀拧下保护盖的螺丝

图 2.42　取下扩展卡保护盖

图 2.43　取下机箱后面对应的挡板

　　(4) 将显卡对准主板的 AGP 插槽插下,直至整个显卡接口全部插入插槽中,在插入的过程中,要用力适中并要插到底部,保证卡和插槽接触良好,如图 2.44 所示。

　　(5) 找出机箱配备的螺丝,把螺丝放在显卡与机箱的固定孔上,然后用螺线刀固定显卡,如图 2.45 所示。

　　(6) 把扩展卡的保护盖安装回去,并拧紧螺丝,固定保护盖,如图 2.46 所示。

图 2.44　将显卡插入 AGP 插槽中

图 2.45　固定显卡

图 2.46　固定扩展卡的保护盖

　　提示:如果主板集成了声卡,但又想安装外置的 PCI 声卡,一般还需要在 BIOS 中屏蔽板载声卡,具体设置方法可以参考后面的有关章节。

活动三:安装驱动器

　　驱动器是指计算机的存储设备,一般是指硬盘、光驱(或 DVD 光驱、刻录机)。下面介绍它们的安装方法。

1. 安装硬盘驱动器

　　目前的硬盘除了最常用的 IDE 接口以外,还有串口硬盘,因为串口硬盘有很多优点,所以有可能会逐渐取代 IDE 接口硬盘。

　　1) 安装 IDE 硬盘

　　(1) 在安装 IDE 接口硬盘之前,先要进行跳线。一般的跳线设置有单硬盘(Spare)、主盘(Master)和从盘(Slave)3 种模式。在硬盘的背面找到跳线说明。不同品牌和型号的硬盘的跳线指示信息也不同,一般在硬盘的表面或侧面标示有跳线指示信息。

　　(2) 参照硬盘跳线说明,将硬盘跳线设置为主盘位置(新买的硬盘一般是在主盘的位置,所以一般不需要做这个设置),如图 2.47 所示。

提示：使用单硬盘时一般不用设置跳线，只有在使用一条数据线连接双硬盘时，才需要将一个硬盘设为主盘，另一个硬盘设为从盘。

（3）找出硬盘和光驱的数据线，如图 2.48 所示。此时需要注意，数据线的第一针上通常有红色标记，印有字母或花边。此外，硬盘数据线是 80 针，而光驱数据线是 40 针，虽然它们可以互换使用，但互换后其数据传输速度效果会不一样。

（4）在机箱内找到硬盘驱动器舱，再将硬盘安装到驱动器舱内，如图 2.49 所示。

图 2.47　进行硬盘跳线设置　　　图 2.48　硬盘和光驱的　　　图 2.49　将硬盘安装到驱动
　　　　　　　　　　　　　　　　　　　　　数据线　　　　　　　　　　　　器舱内

（5）让硬盘侧面的螺丝孔与驱动器舱上的螺丝孔对齐，然后用螺丝将硬盘固定在驱动器舱中，如图 2.50 所示。

（6）辨认数据线的方向，把硬盘数据线的一端插入主板上的 IDE 接口中，如图 2.51 所示。

图 2.50　用螺丝刀固定硬盘　　　　图 2.51　把硬盘数据线的一端插入主板上
　　　　　　　　　　　　　　　　　　　　　　　的 IDE 接口中

提示：在安装时必须使硬盘数据线接头的第一针与 IDE0 接口的第一针方向对应。通常在主板或 IDE 接口上会标有一个三角形标记来指示接口的第一针的位置（或具有"防插反"设计）。一般主板都有两个 IDE 接口（分别标称为 IDE0 和 IDE1，在安装时一般要把 IDE0 与硬盘连接），每条 IDE 数据线可以连接两个 IDE 设备，因此，一台计算机可以连接 4 个 IDE 设备。

（7）将数据线插入硬盘的 IDE 接口中，如图 2.52 所示。方向不对是无法插入 IDE

接口中的,因为数据线具有"防插反"设计。硬盘或主板的 IDE 接口上有一个缺口,与数据线接头上的凸起互相配合,这就是"防插反"设计,而且硬盘接口的第一针是靠近电源接口的一边的,只要记住这个原则,就不会插错。

图 2.52 连接硬盘数据线　　　　图 2.53 将电源引出线插入到硬盘的电源接口中

(8) 从电源引出线中选择一根电源线,并辨认其方向,将电源引出线插入到硬盘的电源接口中,如图 2.53 所示。电源引出线与硬盘的电源接口同样有方向性,只能从一个方向插入,否则是无法插进去的。

2) 安装串口硬盘

串口(serial ATA)硬盘与 IDE 接口不同,它的数据传输是通过一根四线电缆与设备相连接来代替传统的硬盘数据排线,电缆的第 1 针供电,第 2 针接地,第 3 针作为数据发送端,第 4 针充当数据接收端,由于串行 ATA 使用点对点传输协议,所以不存在主/从盘的问题。串口硬盘的安装方法与 IDE 硬盘类似,只是它们的数据线不一样,在连接时略有不同,方法如下。

(1) 将数据线的一端连接到串口硬盘的接口,如图 2.54 所示。

(2) 将数据线的另一端连接到主板串口接口,如图 2.55 所示。

图 2.54 将数据线的一端连接到串口硬盘　　　图 2.55 将数据线的另一端连接到主板

(3) 在电源引出线中,将电源线与电源接头和硬盘上的电源接口连接,但是,以前的电源不提供直接连接到串口硬盘的接口,需要使用一种转接头,即用转接头一端连接到电源的一般接口,然后将转接头的另一端连接到串口硬盘的电源接口,如图 2.56 所示。

2. 安装光驱(刻录机或 DVD 驱动器)

CD-ROM、DVD-ROM 和刻录机的外观与安装方法基本一样。下面以安装 DVD 驱动器为例,介绍其操作方法。

(1) 从机箱的面板上取下一个五寸槽口的塑料挡板,如图 2.57 所示。操作时,用手从机箱内部往外推挡板即可。

图 2.56　连接串口硬盘电源线

（2）取下一块挡板后，把 DVD 驱动器从拆开的槽口放进去，如图 2.58 所示。

（3）在机箱的两侧用两颗螺丝初步固定驱动器，如图 2.59 所示。如需要再安装其他驱动器（如刻录机），只需再拆开一个机箱的塑料挡板，然后使用同样的方法进行安装即可。

图 2.57　取下一块挡板　　**图 2.58　把光驱从前面放进去**　　**图 2.59　用螺丝固定 DVD 驱动器**

（4）拿出光驱的数据线，将数据线的尾端插入 DVD 驱动器的 IDE 接口中，如图 2.60 所示。

（5）将数据线连接到主板上的另一个 IDE 接口上（假设硬盘已经占用一个 IDE 接口），如图 2.61 所示。

（6）从电源的引出线中选择一根电源接头，并将它插入 DVD 驱动器的电源线接口中，如图 2.62 所示。操作时并没有固定的先后步骤，一般是哪个操作方便就先进行哪个操作，如连接驱动器数据线或电源线时，为了方便操作，也可以等全部驱动器安装完成后再连接数据线和电源线，这样可以防止数据线阻碍其他部件的安装操作。

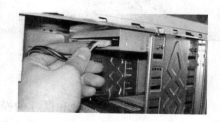

图 2.60　把数据线插入 DVD　　**图 2.61　将光驱数据线**　　**图 2.62　连接 DVD 驱动**
驱动器接口中　　　　　　　**连接到主板上**　　　　　　　**器的电源线**

提示：声卡还配备有一条音频线，可以将音频线的一端接到光驱上，另一端接到声卡上，以便在用光驱播放 CD 时用到，但因为现在一般不会用光驱直接播放 CD 音乐，所以现在很少需要连接这条线。

活动四：连接外部设备

安装完主机，接着是连接各种外部设备，包括连接显示器、键盘、鼠标、有源音箱、打印机、扫描仪和摄像头等。

1. 安装显示器

默认情况下，显示器背面有一根引出线，它是显示器的数据线。安装时需要将数据线连接到显卡的信号线接口上。再把电源线的一端连接到显示器，另一端连接到市交流电插座上即可。下面介绍连接显示器的具体操作。

（1）准备好要安装的显示器及其数据线和电源线，如图 2.63 所示。

（2）将电源线和数据线分别插入显示器后面的两个接口中，如图 2.64 所示。

图 2.63　要安装的显示器及其附件　　　　　图 2.64　插入电源线

（3）把显示器的信号线接到安装在主板上的显卡的输出接口中，并拧紧螺丝，因为数据线具有方向性，所以连接的时候要和插孔的方向保持一致，如图 2.65 所示。

（4）把显示器的电源线连接到主机电源上，但是，有的电源只有一个插口，因此需要将电源连接到市交流电源插座上，如图 2.66 所示。液晶显示器与一般的 CRT 显示器连接方式一样。不同的时候数据线接口有可能不同，但插入方式一样。

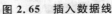

图 2.65　插入数据线　　　　　图 2.66　连接显示器的电源

2. 安装键盘和鼠标

下面先介绍连接键盘和鼠标的操作。

（1）准备好键盘和鼠标，如果是 PS/2 接口的键盘（或鼠标），则需要插入主板的 PS/2 接口中，如图 2.67 所示。插入时需要注意，键盘和鼠标的 PS/2 插孔是有区别的，键盘接口的 PS/2 插孔是靠向主机箱边缘的那个插孔，鼠标的 PS/2 插孔紧靠在键盘插孔旁边。

此外,还可以用颜色来区分它们,键盘的 PS/2 插孔一般是浅蓝色(与键盘的接头颜色一致),而鼠标的 PS/2 插孔一般为浅绿色(与鼠标的接头颜色一致)。

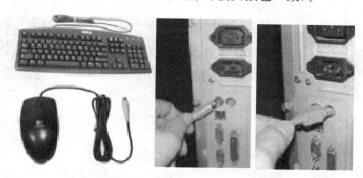

图 2.67 连接 PS/2 键盘和鼠标

(2)如里是 USB 接口的键盘或鼠标,则需要把这两种设备连接到主机上的 USB 接口中,图 2.68 所示的是连接 USB 接口鼠标的示意图。

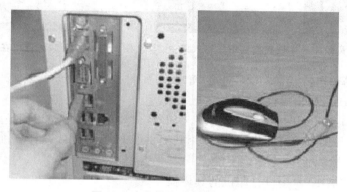

图 2.68 连接 USB 接口的鼠标

3. 连接音箱

音箱分为有源音箱和无源音箱,无源音箱是指不需要使用交流电的音箱,这种音箱功率小,效果不如有源音箱好,比如耳机就属于无源音箱的一种(它的连接非常简单,只需把音频线连接在声卡的 Speaker Out 接口中即可,如果有麦克风的话,则会有两条连接线,红线一般为麦克风,需要插入 MIC 接口)。下面介绍有源音箱的连接方法。

(1)准备好要安装的音箱,连接音箱的操作都是在音箱的背面进行的。下面先看一下音箱背面,左边的是主音箱,右边的是副音箱,如图 2.69 所示。

(2)先连接主、副音箱。在副音箱上,掰开卡子,将连接线插进接口中,然后再合上卡子,固定音频线,如图 2.70 所示。

(3)在主音箱上,掰开卡子,将音频线插进接口中,再合上卡子,如图 2.71 所示。

(4)找出音箱的音频线,将音频线一端(有红、白两个插头的一端)连接在音箱的输入口中(红线插红插孔,白线插白插孔),如图 2.72 所示。

(5)将音频线的另一端连接在声卡的 Speaker Out 接口中,如图 2.73 所示。

图 2.69　要安装的音箱

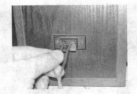

图 2.70　连接副音箱

图 2.71　连接主音箱

图 2.72　将音频线一端连接在音箱的输入口中　　图 2.73　将音频线连接在声卡输出接口中

（6）把音箱的电源线插到交流电的插座上，如图 2.74 所示。

4．连接打印机和扫描仪

打印机接口有 SCSI 接口、EPP 接口、USB 接口 3 种。一般使用的是 EPP 和 USB 两种。如果是 USB 接口的打印机，可以使用其提供的 USB 数据线与计算机的 USB 接口相连接，然后连接电源即可。

下面介绍安装 EPP 接口打印机的具体操作。

（1）找出打印机的电源线和数据线，如图 2.75 所示。

（2）把数据线的一端插入计算机的打印机端口中，并拧紧螺丝，如图 2.76 所示。

图 2.74　连接电源

图 2.75　打印机的电源线和
　　　　　数据线

图 2.76　把数据线连接
　　　　　到主机

（3）在打印机的背面找到打印机的电源接口和数据线接口。把数据线的另一端插入打印机的数据线端口中，并拧紧螺丝，如图 2.77 所示。

（4）将电源线插入打印机的电源接口中，如图 2.78 所示。

（5）把电源线的另一端插入交流电的插座。

提示：目前，一般常用的是 USB 接口的扫描仪，安装时，只需将 USB 线插入扫描仪的 USB 接口中，将电源线插入扫描仪的电源线接口中，将数据线的另一端连接到计算机的 USB 接口中，再将连接到扫描仪的电源线接到交流电的插座即可。此外，数码相机和摄像头的连接方法也很简单，它不需要连接电源线，只需把数码相机或摄像头的数据线与计算机的 USB 接口连接即可。

活动五：连接电源并开机测试

所有的设备都已经安装完毕，就可以连接电源并开机测试了。

（1）把电源线一端连接到交流电的插座上。

（2）把另一端连接到机箱的电源插口中，如图 2.79 所示。

图 2.77　把数据线插入打印机　　　图 2.78　连接打印机的电源线　　　图 2.79　连接到机箱的电源

（3）再重新检查所有连接的地方，看有没有漏接，以降低出错的概率。

（4）按下计算机的 POWER 开关，可以看到电源指示灯亮起，硬盘指示灯闪动，显示器开始出现开机画面，并且进行自检，到此硬件组装就成功了。

在打开主机电源开关时，如果没有一点反应，更没有任何警告声音，可按以下顺序检查（更多的维修方法参见后面的有关章节）。

（1）确认市交流电能正常使用，电压是否正常。

（2）确认已经给主机电源供电。

（3）检查主板供电插头是否安装好。

（4）检查主板上的 POWER SW 接线是否连接正确，同时检测机箱前面板的开机键、重启键、电源指示灯和硬盘指示灯是否有反应。

（5）检查 CPU 是否安装正确，CPU 散热器是否转动。

（6）检查内存安装是否正确。

（7）确认显卡安装正确。

（8）确认显示器信号线连接正确，显示器是否供电。

（9）用替换法检查显卡是否有问题（在另一台正常的计算机中使用该显卡）。

（10）用替换法检查显示器是否有问题。

归纳总结

本项目通过对"计算机硬件的组装"模块的讲解,用"安装 CPU、内存和主板"、"安装卡类硬件"、"安装驱动器"和"连接电源并开机测试"等任务来实现了计算机硬件组装的全过程。其中,相关理论知识和实践知识都非常重要,请读者注意学习、理解和应用。

思 考 练 习

一、选择题

1. 下面关于各组信号线的说法中正确的是_____。

    A. Reset 是重启开关   B. H. D. D LED 是键盘锁开关

    C. POWER LED 是电源开关   D. Power SW 是电源指示灯

2. 以下表述计算机组装的基本流程正确的是_____。(   )

    A. 安装显卡、硬盘、主板、CPU 和内存等

    B. 安装网卡、主板、CPU、内存和硬盘等

    C. 安装显卡、网卡、硬盘、主板、CPU 和内存等

    D. 安装硬盘、主板、CPU、内存、显卡和网卡等

二、判断题

1. 安装外置的 PCI 声卡时,一般还需要在 BIOS 中屏蔽板载声卡。(   )

2. 安装数码要机和摄像头时,只需把它们的数据线与 USB 接口连接即可。(   )

三、综合题

1. 说说安装一台计算机需要的最基本的配件有哪些。

2. 在组装计算机前为什么要释放静电?如何释放静电?

3. 打开计算机的机箱,把其中的所有硬件列出一个清单。

4. 在计算机中安装一些外设,如打印机、扫描仪和摄像头等。

5. 拆下你的计算机的键盘和鼠标,查看它们的接口类型是什么,然后重新连接。

6. 拆下各个驱动器的数据线和电源线,然后重新安装上去。

7. 在老师的指导下,把显卡拆下来,然后重新安装上去。

8. 在老师的指导下,把内存条拆下来,然后重新安装上去。

9. 在老师的指导下,把 CPU 拆下来,并辨别 CPU 的厂商,然后重新安装上去。

10. 把显示器的数据线和电源线拆下来,然后重新安装上去。

项目三

project 3

主板 BIOS 设置

项 目 描 述

计算机硬件组装成功后,在安装操作系统之前,一般要在主板的 BIOS 中配置当前的硬件参数。一块主板的性能优越与否,很大程度上取决于主板上的 BIOS 管理功能是否先进以及 BIOS 设置是否恰当。

BIOS(Basic Input/Output System,基本输入输出系统)是计算机中最基础、最重要的程序。该程序放在一个需要供电的 COMS RAM 芯片中。准确地说,BIOS 是硬件与软件程序之间的一个"转换器"(或者说是一个接口,它本身也是一个程序),负责解决硬件的即时需求,并按软件对硬件的操作要求作出反应。

项目知识结构图

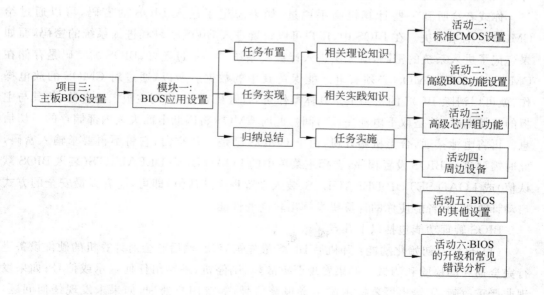

模块一　BIOS 应用设置

任务布置

技能训练目标
掌握并能进行常用的 BIOS 设置操作。

知识教学目标
了解 BIOS 的基础知识;掌握理解 BIOS 参数含意及错误分析。

任务实现

相关理论知识

1. BIOS 的功能和作用

可能有的用户会听到 BIOS 和 CMOS 两个术语,其实它们指的是同一个意思,但不是同一个概念。下面先来了解 BIOS 和 CMOS 两个概念。

CMOS 全称是 Complementary Metal Oxide Semiconductor,意即"互补金属氧化物半导体",它是计算机主板上的一块可读/写的 RAM 芯片,用来保存当前系统的硬件配置情况和用户对某些参数的设定。CMOS 芯片由主板上的充电电池供电,即使系统断电,参数也不会丢失。CMOS 芯片只有保存数据的功能,而对 CMOS 中各项参数的修改要通过 BIOS 程序来实现。准确地说,BIOS 是用来完成系统参数设置与修改的工具(即软件),CMOS 是设定系统参数的存放场所(即硬件)。

你或者会听到一些计算机高手说过,如果忘记了进入 BIOS 的密码,可以通过给 CMOS 放电来解决。在 BIOS 中,用户可以设置进入 BIOS 密码和进入系统的密码,而如果忘记了进入系统的密码,就无法进入计算机系统了。不过还好,BIOS 的密码是存储在 CMOS 中的,而 CMOS 必须有电才能保持其中的数据。所以,通过对 CMOS 的放电操作,就可以清除 BIOS 的密码了。具体操作是,打开机箱盖,找到主板上的电池,将其与主板的连接断开(就是取下电池一段时间),此时 CMOS 将因断电而失去内部储存的一切信息。再将电池接通,合上机箱开机,由于 CMOS 已是一片空白,它将不再要求输入密码,此时需要进入 BIOS 设置程序,选择主菜单中的 LOAD BIOS DEFAULTS(装入 BIOS 默认值)或 LOAD SETUP DEFAULTS(装入设置程序默认值)即可,前者以最安全的方式启动计算机,后者能使你的计算机发挥出较高的性能。

BIOS 管理功能包括以下几点。

(1) 自检及初始化功能:开机后 BIOS 最先被启动,然后它会对计算机的硬件设备进行完全彻底的检验和测试。如果发现严重故障,则停机,不给出任何提示或信号;如果发现非严重故障,则给出屏幕提示或声音报警信号,等待用户处理;如果未发现任何问题,则将硬件设置为备用状态,并启动操作系统,把控制权交给用户。

（2）程序服务功能：BIOS 直接与计算机的 I/O（Input/Output，即输入输出）设备（如光驱、硬盘等）打交道，通过特定的数据端口发出命令，传送或接收各种外部设备的数据，实现软件程序对硬件的直接操作。

（3）设定中断：开机时，BIOS 会告诉 CPU 各硬件设备的中断号，当用户发出使用某个设备的指令后，CPU 就根据中断号使用相应的硬件完成工作，再根据中断号跳回原来的工作。BIOS 中断服务程序实质上是计算机系统中软件与硬件之间的一个可编程接口，主要用于程序软件功能与计算机硬件之间的对接。

在下列情况下，需要进行 BIOS 设置。

（1）新组装的计算机。虽然 PnP 功能可以识别大部分的计算机外设，但是软驱、硬盘参数、系统日期和时间等基本参数是需要手动设置的。

（2）新添加设备。由于系统不一定能识别新添加的设备，可通过 CMOS 设置来告诉它。

（3）CMOS 数据丢失。如果主板 CMOS 电池失效等，就需要重新设置 BIOS 参数。

（4）系统优化。通过 BIOS 设置，可以优化系统，例如加快内存读取时间、选择最佳的硬盘传输模式、启用节能保护功能、设置开机启动顺序等。

2. BIOS 的分类和版本

主板 BIOS 芯片主要有 Award BIOS、AMI BIOS、Phoenix BIOS 3 种类型，目前Phoenix 公司已经被 Award 公司兼并，而实际上 Phoenix BIOS 又与 AMI BIOS 类似，所以实际上只有 Award BIOS 和 AMI BIOS 两种类型。

1）Award BIOS

Award BIOS 是由 Award Software 公司开发的，当前大多数主板都采用这种 BIOS。目前，Award BIOS 的版本为 7.0，此前使用的是 Award BIOS 4.5 的版本（其界面如图 3.1 所示）。

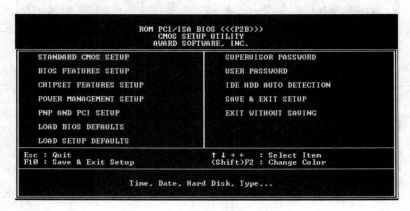

图 3.1 Award BIOS 4.5 的主界面

Award BIOS 6.0 增加了一些功能，图 3.2 是 Award BIOS 6.0 的主界面。虽然BIOS 的版本不同，包括现在的 7.0 或更高版本，且其功能和设置方法也不完全相同，但其主要设置项却是基本相同的。

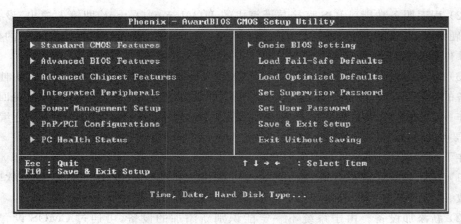

图 3.2　Award BIOS 6.0 的主界面

2) AMI BIOS

　　AMI BIOS 是 AMI 公司出品的，开发于 20 世纪 80 年代中期，早期的 286、386 大多采用 AMI BIOS，它对各种软硬件的适应性好，能保证系统性能的稳定，到 20 世纪 90 年代后，AMI BIOS 用得比较少。目前，常被采用在华硕和华擎等品牌主板上的 Phoenix BIOS 与 AMI BIOS 界面是一样的，如图 3.3 所示。

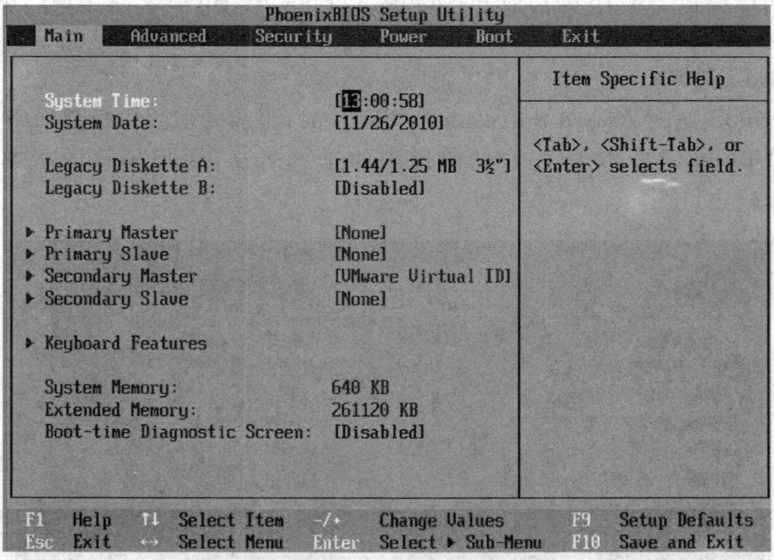

图 3.3　Phoenix BIOS 的程序界面

相关实践知识

1. BIOS 报警声及其含义

　　计算机开机自检时，如果发生故障就会发出报警声，不同报警声代表不同的错误信息，表 3.1 列出了 Award BIOS 和 AMI BIOS 的报警声及其含义。

表 3.1　Award BIOS 和 AMI BIOS 的报警声及其含义

Award BIOS 的报警声及其含义		AMI BIOS 的报警声及其含义	
报警器	含　　义	报警器	含　　义
1 短	系统正常启动	1 短	内存刷新失败
2 短	常规错误,进入 CMOS 重新设置	2 短	内存 ECC 校验错误
1 长 1 短	内存或主板出错	3 短	640KB 常规内存检查失败
1 长 2 短	键盘控制器错误	4 短	系统时钟出错
1 长 3 短	显卡或显示器错误	5 短	CPU 错误
1 长 9 短	主板 BIOS 损坏	6 短	键盘控制器错误
不断的长声响	内存有问题	7 短	系统实模式错误,无法切换到保护模式
不断的短声响	电源、显示器或显卡没有连接好	8 短	显示内存错误
重复短声响	电源故障	9 短	BIOS 检测错误
无声音无显示	1 长 3 短	内存错误	

2. 怎样进入 BIOS 设置程序

计算机接通电源后,进行自检,自检过程中,如果是严重故障则会停止启动计算机。自检完成后,BIOS 从 A 驱、C 驱或光驱等寻找操作系统进行启动,然后将控制权交给操作系统。在系统自检过程中,如果需要进入 BIOS 设置程序,就需要按一个指定的键。

一般在启动计算机后,屏幕左下角都会出现 Press DEL to enter setup 的提示。Award BIOS 一般按 Del(或 F1)键进入 BIOS 设置程序,而 AMI BIOS 则按 F2 或 Esc 键进入 BIOS 设置程序。不同主板的 BIOS 界面也不完全相同。若此信息在用户响应前就消失,则需要按下机箱面板上的 Reset 开关,或是同时按住 Ctrl＋Alt＋Del 键重新开机。

3. BIOS 设置的基础操作

大多数的 BIOS 设置程序都是英文界面,使得许多用户对 BIOS 设置望而却步。为了方便用户,表 3.2 列出了 BIOS 设置程序界面选项的中英文对照。

表 3.2　BIOS 设置程序界面选项的中英文对照

英　　文	中　　文
Standard CMOS Features	标准 CMOS 设置(包括日期、时间、硬盘和软驱类型等)
Advanced BIOS Features	高级 BIOS 设置(包括所有特殊功能的选项设置)
Advanced Chipset Features	高级芯片组设置(与主板芯片特性有关的特性功能)
Integrated Peripherals	外部集成设备调节设置(如串口、并口等)
Power Management Setup	电源管理设置(如电源与节能设置等)
PnP/PCI Configurations	即插即用与 PCI 设置(包括 ISA、PCI 总线等设备)
PC Health Status	系统硬件监控信息(如 CPU 温度、风扇转速等)
Genie BIOS Setting	频率和电压控制
Load Fail-Safe Defaults	载入 BIOS 默认安全设置

续表

英　　文	中　　文
Load Optimized Defaults	载入 BIOS 默认优化设置
Set Supervisor Password	管理员口令设置
Set User Password	普通用户口令设置
Save&Exit Setup	保存并退出
Exit Without Saving	不保存并退出

表 3.3 列出了 BIOS 设置程序的常用功能键。

表 3.3　BIOS 设置程序的常用功能键

按　　键	功　能　说　明
F1 或 Alt+H	显示一般求助窗口
Esc 或 Alt+X	取消当前菜单,转到上一层菜单,或退出程序
左右方向键	用左右方向键移动光标,可以在选项之间切换
上下方向键	向上或向下移动光标,用来选择需要修改的设置项
一或 Page Down	将参数选项设置后移,即选中后面的参数选项
+或 page UP	将参数选项设置前移,即选中前面的参数选项
Enter	进入被选中的高亮度显示设置项的次级菜单
F5	将当前设置项的参数设置恢复为第一次的设置值
F6	将当前设置项的参数设置为系统的安全默认值
F7	将当前设置项的参数设置为系统的最佳默认值
F10	保存 BIOS 设置

由于 BIOS 设置程序的不断更新,很难在设置说明中囊括所有的 BIOS 设置项,同时现在由于新技术在主板中的运用,使主板的智能性大大提高,即不用设置 BIOS 主板也可以高性能地工作,但通过对 BIOS 相关的学习和设置,可以对计算机工作进一步加深了解和做进一步的优化工作。这里仅介绍一些常用方法和基本原则。下面以 Award BIOS 6.0 为例进行介绍。

任务实施

活动一: 标准 CMOS 设置

进入 BIOS 设置主界面后,选择 Standard CMOS Features(标准 CMOS 设置)项后,按 Enter 键,即可进入 Standard CMOS Features 的界面,在该界面中,可设置系统的一些基本硬件配置、系统时间、软盘驱动器的类型等系统参数。但其中的一些基本参数是系统自动配置的。界面如图 3.4 所示。图中的设定值仅供参考,设定项目会因 BIOS 的版本不同而异。

(1) 标准 CMOS 设置的界面中,第一项就是设置日期与时间(系统时间也可以在 Windows 操作系统中直接设置)。Date(mm:dd:yy)是日期的表示形式,即表示月、日、年。Time(hh:mm:ss)是时间的表示形式,即时、分、秒,且都用两位数形式表示。设置日

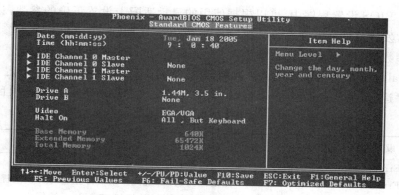

图 3.4 Standard CMOS Features 界面

期与时间的方法是用左、右、上、下方向键移动光标到要设置的参数,然后按 Page Down 或 Page Up 键即可。

(2) 当前显示了 4 个 IDE 的设备,分别是 IDE Channel 0 Master(第一组 IDE 接口的主硬盘)、IDE Channel 0 Slave(第一组 IDE 接口的从硬盘)、IDE Channel 1 Master(第二组 IDE 接口的主硬盘)、IDE Channel 1 Slave(第二组 IDE 接口的从硬盘)。如果计算机没有识别出硬盘,那么就需要选择 IDE Channel 0 Master 进行 IDE 硬盘的设置。按上下方向键,将光标移到 IDE Channel 0 Master 上,并按 Enter 键,会出现一个窗口,如图 3.5 所示。在这里可以对硬盘的主要参数进行配置。

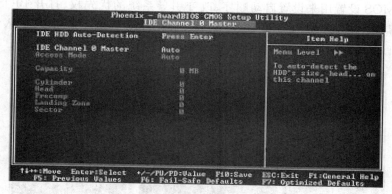

图 3.5 IDE Channel 0 Master

将 IDE Channel 0 Master 及 Access Mode 的参数项都设置为 Auto,让计算机开机后自动对硬盘进行检测,设置完之后,按 Esc 键返回上一级菜单。接着再对 IDE Channel 1 Master、IDE Channel 1 Slave 进行相同的设置。当然,CD-ROM 也是 IDE 设备,需要占用一个 IDE 接口,所以通常将 IDE Channel 1 Slave 留给 CD-ROM 使用。

(3) 软盘驱动器的设置。在一般的 BIOS 设置程序中都能够设置两个软驱的类型,要按照软盘驱动器安装使用的实际情况进行,否则进行 POST 自检时会出现问题。如果没有软驱,则 Drive A 和 Drive B 都应设置为 None,如果有,则一般设为 1.44MB、3.5 英寸。

（4）在 BIOS 设置程序中，可以根据使用的显示适配卡设置正确的参数，让系统能够识别并正常发挥其性能。在系统开机自检时会从显卡 BIOS 中读出其类型参数，然后自动配置其参数值。目前的显示器都为 VGA 规格，因此一般使用其默认设置。

（5）Halt On 是用来设置系统自检测试的，当检测到有错误存在时，设定 BIOS 是否要停止程序运行，也就是出错选项设置。其默认设置为 All Errors，可选择项目见表 3.4。

表 3.4　出错选项设置

设　定	说　明
No Errors	无论检测到任何错误，系统照常开机启动
All Errors	无论检测到任何错误，系统停止运行并出现提示
All，But Keyboard	出现键盘错误以外的任何错误，系统停止
All，But Diskette	出现磁盘错误以外的任何错误，系统停止
All，But Disk/Key	出现磁盘或键盘错误以外的任何错误，系统停止

（6）以下 3 项显示了 BIOS 开机自我检测到的系统存储器信息。

Base Memory：即 BIOS 开机自检过程确定的系统装载的基本存储器容量。

Extended Memory：在 POST 过程中 BIOS 检测到的扩展存储器容量。

Total Memory：以上所有存储器容量的总和。

活动二：高级 BIOS 功能设置

高级 CMOS 设置用来设置启动顺序、改变引导系统的优先权、打开 BIOS 的防毒功能等，在主界面中选择 Advanced BIOS Features 项，按 Enter 键，即可进入该界面，如图 3.6 所示。

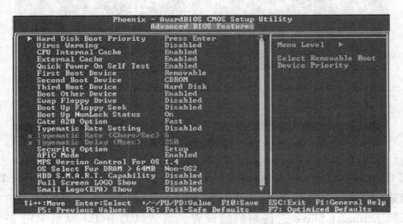

图 3.6　高级 BIOS 功能设置界面

对各个设置项说明如下。

（1）Hard Disk Boot Priority：此项用以选择开机的顺序（当安装了多个硬盘时），将光标移至此字段，按 Enter 键。使用上下方向键来选择装置，然后按＋号键或一号键移动。

（2）Virus Warning：这是一种防毒技术。当开机型病毒想要改写硬盘中的引导扇区或文件分配表时,BIOS 会发出警告以达到防毒的目的。此外,当 BIOS 发现病毒入侵时,系统会暂停并显示出警告信息,这时用户可以让系统继续运行,或使用一张干净的启动盘重新启动计算机并进行扫描杀毒。一般在安装一个新的操作系统时,为避免新操作系统写入时发生错误,需将该项设置为 Disabled。

(3) CPU Internal Cache 与 External Cache:若设为 Enabled,表示启用快取功能,加速内存存取速度,以提升系统运作效率。所以一般设为 Enabled。

(4) Quick Power On Self Test:快速开机自检。一般设定为 Enabled,这样 BIOS 在执行开机自我测试(POST)时,会省略部分测试项目,以加快开机速度。

(5) First Boot Device,Second Boot Device,Third Boot Device 与 Boot Other Device:这几项可以联系在一起,选择一项后,按 Enter 键,打开一个界面进行选择。选择开机磁盘的先后顺序,BIOS 会根据其中的设定依序搜寻开机磁盘。若要从其他设备开机,则将 Boot Other Device 项目设为 Enabled。

设置计算机启动设备顺序这个功能非常重要,一般新组装的计算机都要使用该功能。

它可以让没有安装任何操作系统的计算机启动。下面介绍其设置操作。

① 用↑和↓箭头键选择 First Boot Device 项。

② 按 Enter 键,打开一个界面,用↑和↓箭头键选择启动设备(一般是 CD-ROM)。

③ 按 Esc 键返回,保存并退出即可。

(6) Swap Floppy Drive(交换软驱):设置成 Enabled 时,可在 DOS 下让 A 盘当 B 盘用,B 盘当 A 盘用,但现在所安装的计算机基础上不用软盘了,所以一般情况下设置为 Disabled。

(7) Boot Up Floppy Seek(开机自检时搜索软驱):当设置成 Enabled 时,BIOS 在启动时会对软驱进行寻找操作。如设置为 Disabled,可加快计算机启动。

(8) Boot Up NumLock Status:设置当系统启动后,键盘右边小键盘默认使用的是数字键还是方向键,选择 On 表示使用数字键,且 NumLock 指示灯亮;而 Off 表示使用方向键功能,NumLock 指示灯不亮。

(9) Gate A20 Option(Gate A20 选择):A20 信号线用来定址 1MB 以上的内存,设定方式有 Normal(使用键盘方式控制)和 Fast(使用芯片组方式控制)。

(10) Typematic Rate Setting(击键速度设置):设置使用击打键盘的速率功能。Enabled 表示使用该功能。

(11) Typematic Rate(Chars/Sec)(击键速度设定):持续按住某一键时,每秒重复的信号次数。

(12) Typematic Delay(Msec)(击键重复延迟):此项目用于选择第一次按键和开始加速之间的延迟时间。

(13) Security Option:设置系统的密码出现验证方式,有 Setup 和 System 两种方式。

选择 Setup 表示只在进入 CMOS Setup 时才要求输入密码,选择 System 表示无论在进入 CMOS Setup 时还是在开机进入任何设置前,都要求输入密码。若欲使用此安全防护功能，需同时在 BIOS 主画面上选取 Set Supervisor/User Password 来设定密码。

注意：如果要取消密码，只需要在重设密码时不输入任何密码，直接按 Enter 键清除密码。

（14）APIC Mode（APIC 模式）：此项用来启用或禁用 APIC（高级程序中断控制器）。根据 PC2001 设计指南，此系统可以在 APIC 模式下运行。启用 APIC 模式将会扩展可选用的中断请求 IRQ 系统资源。设定值有 Enabled 和 Disabled，建议保留原默认值。

（15）MPS Version Control For OS（MPS 操作系统版本控制）：设定值有 1.4 和 1.1。此项允许选择在操作系统上应用哪个版本的 MPS（多处理器规格）。应选择操作系统支持的 MPS 版本，设置前首先要查明使用哪个版本。

（16）OS Select For DRAM＞64MB：可供选择的有 Non-OS2（不使用 IBM 的 OS/2 操作系统）和 OS/2（使用 IBM 的 OS/2 操作系统且 DRAM 容量大于 64MB）。

（17）HDD S. M. A. R. T Capability：本主板可支持 SMART（Self-Monitoring, Analysis and Reporting Technology）硬盘。SMART 是 ATA/IDE 和 SCSI 非常可靠的预报技术，若系统使用的是 SMART 硬盘，将此项目设为 Enabled 即可开启硬盘的预示警告功能。它会在硬盘即将损坏前预先通知使用者，让使用者提早进行数据备份，可避免数据流失。ATA/33 或之后的硬盘才开始支持 SMART。

（18）Full Screen Logo Show：若要让系统在开机期间显示特定的 logo，可在此选择 Enabled，系统在开机期间，以全屏幕显示 logo 标志；选择 Disabled，系统在开机期间不会出现 logo 标志。

（19）Small Logo（EPA）Show：选择 Enabled，那么系统在开机期间，会出现 EPA logo 标志；选择 Disabled，则系统在开机期间，不会出现 EPA logo 标志。

活动三：高级芯片组功能

在 BIOS Setup 主界面中选择 Advanced Chipset Features，进入如图 3.7 所示的界面。这个界面主要用来设定系统芯片组的相关功能，例如总线速度与内存资源的管理。每一项目的默认值皆以系统最佳运作状态为考量。因此，除非必要，否则请勿任意更改这些默认值。若系统有不兼容或数据流失的情形时，再进行调整。

（1）AGP Aperture Size（MB）：此项目用于选择可供分配给 AGP 显示的系统 RAM 大小。Aperture 是 PCI 内存地址范围的一部分，是专门分配给显示内存的地址空间。达到此范围的主循环无须经过转换即可直接传送给 AGP。

（2）AGP 3.0 Speed：此项目用于对支持 AGP 8x、带宽高达 2.13GB/s 的 AGP 3.0 模式卡进行设置。也可以选择本项目下的其他模式。

（3）AGP 2.0 Speed：此项目用于对支持 AGP 4x、带宽高达 1066MB/s 的 AGP 2.0 模式卡进行设置。也可以选择本项目下的其他模式。

（4）AGP Fast Write：此项目用于开启或关闭 AGP 快速写入功能。通过此功能，CPU 无须经过系统内存即可将数据传输至图形控制器，因此提高了传输速度。

（5）AGP Sideband Address：可设置 Auto 和 Disabled，Auto 按照所安装 AGP 卡的模式自动运行边带寻址功能。若选择 Disabled 则关闭 AGP 3.0 模式。

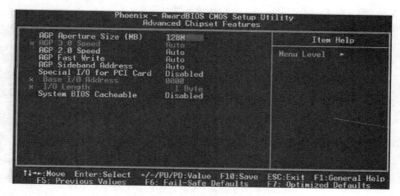

图 3.7 芯片组功能设置界面

（6）Special I/O for PCI Card：设置为 Enabled 时，可对 Base I/O Address 和 I/O Length 进行设定。

（7）System BIOS Cacheable：设为 Enabled 时，可启动 BIOS ROM 位于 F0000H～ FFFFFH 地址的快取功能，以增进系统效能。Cache RAM 越大，系统效率越高。

活动四：周边设备

在 Integrated Peripherals 界面中，可以设置计算机的外部设备，例如声卡、硬盘和键盘等。在 BIOS Setup 主界面中选择 Integrated Peripherals，即可进入如图 3.8 所示的界面，设置集成主板上的外部设备的属性。

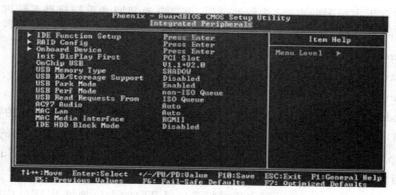

图 3.8 外部集成设备设置界面

该界面可以设置的项目比较多，下面介绍几个较有代表性的项目。

（1）IDE Function Setup：该项主要用来设置硬盘有关的参数，因设置项目比较多，并且一般来讲这些参数是不需要设置的，使用默认值即可，所以这里不作介绍。

（2）RAID Config：因为该主板可支持 Parallel ATA 与 Serial ATA 硬盘，所以可以设置 RAID 的参数。可设定开启 Parallel ATA 与 Serial ATA 信道的 RAID 功能。

（3）将光标移至 Onboard Device 项目上，按 Enter 键，会出现如图 3.9 所示的画面。

POWER ON Function：可选择使用键盘或 PS/2 鼠标开机。有如下的可设项目。

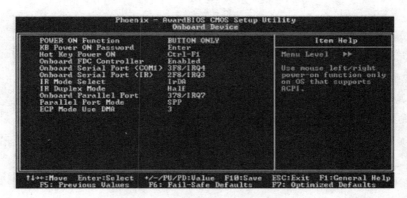

图 3.9   Onboard Device 界面

- BUTTON ONLY：使用电源按钮启动系统。
- Hot Key：选择此项目后，即可在 Hot Key Power ON 项中设定功能键开机。
- Mouse Left：选择此项目后，双击鼠标左键即可启动系统。
- Mouse Right：选择此项目后，双击鼠标右键即可启动系统。
- Any Key：按下任意键即启动系统。
- Keyboard 98：以相容于 Windows 98 的键盘上的 Wake-up 键来启动系统。

KB Power ON Password：选择此项目后，按 Enter 键，输入 5 个字母以内的密码，按 Enter 键，再次输入相同的密码以确认，按 Enter 键。表示在此设定了开机密码，电源开关将无法执行开机功能，使用者必须输入正确的密码才能开机。遗忘开机密码时，关闭系统电源并取下主板上的电池，数秒钟过后，再将电池装回并重新启动系统即可。

Hot Key Power ON：选择想使用的功能键来启动系统。

Onboard FDC Controller：启用或关闭内建的软盘控制器。

Onboard Serial Port（COM 1）：设置内建的 COM 串行端口 I/O 地址。

Onboard Serial Port（IR）：选择 IrDA 装置的 I/O 地址。

IR Mode Select：选择 IrDA 装置所支持的 IrDA 标准。要达到较佳的数据传输效果，请将 IrDA 装置与系统的位置调整在 30°角的范围内，并保持在 1m 以内的距离。

IR Duplex Mode：Half 表示数据全部传送完毕后再接收新的数据。Full 表示数据同时接收与传送。

Onboard Parallel Port：设定主板并行端口（LPT）的 I/O 地址及 IRQ 中断值。

Parallel Port Mode：可选择的并行端口模式有 SPP、EPP、ECP 及 ECP＋EPP。这些都是标准模式，使用者应依据系统所安装的装置类型与速度，选择最适当的并行端口模式。用户应参考自己计算机的外围装置使用说明书以来选择适当的设定。SPP，一般速度，单向传输；ECP，快速双向传输；EPP，高速双向传输。

ECP Mode Use DMA：选择并行端口的 DMA 通道。

（4）Init DisPlay First：系统开机时，用于选择先运行 AGP 还是 PCI。

（5）OnChip USB：启用或关闭 USB 1.1 或 USB 2.0 功能。

（6）USB Memory Type：选项为 Shadow 与 Base Memory。

（7）USB KB/Storage Support：使用 USB 键盘时,需要设为 Enabled。

（8）USB Park Mode：选项为 Enabled 与 Disabled。

（9）USB Perf Mode：选项为 Optimal、High、Compatible 与 Moderate。

（10）USB Read Requests From：选项为 non-ISO Queue 与 ISO Queue。

（11）AC'97 Audio：选项为 Auto 使用内建音效功能,Disabled 使用 PCI 声卡。

（12）MAC Lan：选择开启或关闭主板集成的网络控制器。

（13）MAC Media Interface：选项为 MII、RGMII 与 Pin Strap。

（14）IDE HDD Block Mode：若选择 Enabled 使用 IDE HDD 块模式,系统 BIOS 将检测传输块的最大值,块的大小取决于硬盘类型;若选择 Disabled 使用 IDE HDD 标准模式。

活动五：BIOS 的其他设置

每一个 CPU 或多或少都具有超频的能力,但超频工作的计算机都是以更大的负荷来工作的,因此超频有一定的挑战性。超频后,为了让计算机保持良好的状态,可以在 BIOS 中查看其运作状态,例如查看主板、CPU 温度、CPU 电压和 CPU 风扇转速等。

1. Power Management Setup

Power Management Setup 界面（如图 3.10 所示）中的项目可设定系统的省电功能。

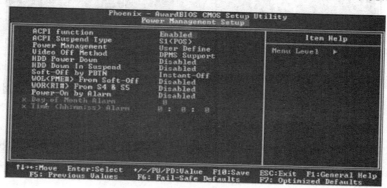

图 3.10　Power Management Setup 界面

（1）ACPI function：支持 ACPI 的操作系统（如 Windows XP）才可使用此功能。

（2）ACPI Suspend Type：选择休眠（Suspend）模式的类型。

（3）Power Management：使用者可依据个人需求选择省电类型（或程度）,自行设定系统关闭硬盘电源（HDD Power Down）前的闲置时间。例如,选择 Min. Saving,即是最小的省电类型。若持续 15 分钟没有使用系统,会关闭硬盘电源。

（4）Video Off Method：选择屏幕画面关闭的方式。

（5）HDD Power Down：只有在 Power Management 项目中设为 User Define 时,才可在此进行设定。系统若在所设定的时间内没有使用,硬盘电源会自动关闭。

（6）Soft-Off by PBTN：选择系统电源的关闭方式。如选择 Delay 4 Sec,则使用者若持续按住电源开关超过 4 秒,系统电源才会关闭。若按住电源开关的时间少于 4 秒,系统会进入暂停模式。此选项可避免使用者在不小心碰触到电源开关的情况下无意中将系统关闭。而选择 Instant-Off，则只需按一下电源开关，系统电源立即关闭。

（7）WOL（PME♯）From Soft-Off：设为 Enabled 时，可由内建网络端口或使用 PCIPME（Power Management Event）信号的网络卡启动计算机。

（8）WOR（RI♯）From S4 & S5：设为 Enabled 时，可经由外部调制解调器或使用 PCIPME（Power Management Event）信号的 Modem 卡启动计算机。

（9）Power-On by Alarm：选择 Disabled 时，使用者可选择特定的日期与时间，定时将软关机（Soft-Off）状态的系统唤醒。如果来电振铃或网络唤醒时间早于定时开机时间，系统会先经由来电振铃或网络开机。将此项目设为 Enabled 后，使用者即可在 Day of Month Alarm 与 Time（hh:mm:ss）Alarm 项目中设定计算机自动开机的时间。

2. 查看系统运作状况

在主界面中选择 PC Health Status 菜单，然后按 Enter 键，进入如图 3.11 所示的界面。

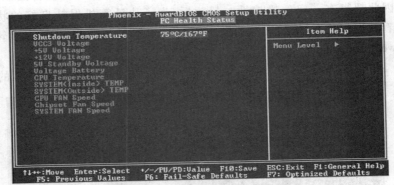

图 3.11　系统的运作状况

在该界面中可以查看系统硬件的运作状况。下面看其中主要的几个选项。

（1）Shutdown Temperature：一旦系统温度超过在此所设定的上限值，系统会自动关闭，以避免过热。

（2）VCC3 Voltage 至 CPUFAN Speed：显示已检测到的装置或组件的输出电压、温度与风扇转速。

3. CPU 超频设置

一般的主板都需要用户设置 CPU 的外频，当设置超过标准外频工作时，就是超频了。在 BIOS 界面中，选择 Genie BIOS Setting（不同芯片组的 BIOS 的超频方法也不相同），然后按 Enter 键进入超频的界面，如图 3.12 所示。

（1）Current CPU Frequency is：显示所检测的 CPU 时钟频率。

（2）CPUOverClock in MHz：此项用于选择处理器系统外部总线时钟，允许按照 1MHz 的增量对处理器时钟频率进行调节。例如，把该项的值设置为 213，那么 CPU 主频就是 $213×11=2343MHz$（没超频之前是 $200×11=2200MHz$）。

（3）Hammer Fid control：选择 CPU FSB 工作频率。

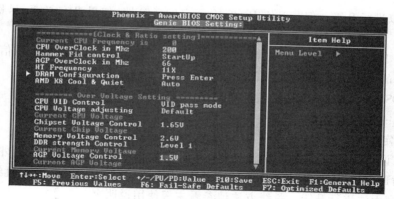

图 3.12　系统超频设置界面

（4）AGP OverClock in MHz：用于选择 AGP 时钟频率。

（5）HT Frequency：选择 CPU 倍率。

（6）DRAM Configuration：选择该项，按 Enter 键，进入相应的界面，可以进行内存超频的设置。具体操作请参看使用说明书，在此不作介绍。再次提醒读者，超频具有危险性，请小心进行。

4. 载入 BIOS 的优化设置

BIOS 默认优化设置是厂商出厂时推荐的优化设置，如果用户对 BIOS 不是很了解，或者超频失败，都可以加载 BIOS 默认优化值，免去手动设置的麻烦，其操作方法如下。

（1）在主界面中，选择 Load Optimized Defaults。

（2）按 Enter 键，出现一个提示框，询问是否要载入 BIOS 的默认设置，如图 3.13 所示。

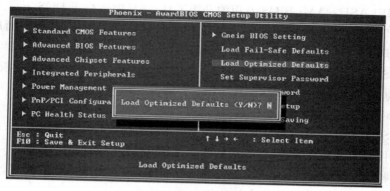

图 3.13　加载 BIOS 默认优化值

（3）输入 Y，再按 Enter 键即可。

活动六：BIOS 的升级和常见错误分析

升级 BIOS 的作用是增加主板对于新硬件的支持和识别能力，以及更好地解决硬件之间的兼容性、完善 BIOS 的调节功能等。除了可以升级主板 BIOS 之外，常见的显卡

BIOS 也可以进行升级。但是升级 BIOS 有一定的危险性,如果没有必要,尽量不要升级 BIOS。

而如果 BIOS 出现错误,一般都会给出一些错误的提示信息,根据这些信息,就可以判断出错误的原因,方便用户解决问题。

1. BIOS 的升级

下面是一些升级 BIOS 的基本步骤。

(1) 确定主板的 BIOS 是否可以升级。

一般来说,目前的主板都是采用 Flash ROM 芯片,可以实现升级。另外,有的主板为了防止病毒入侵 BIOS 有防写 BIOS 的设置,因此在升级 BIOS 前,要先跳线设置为可写状态,否则无法进行升级。跳线方法请参看主板使用说明书。

(2) 获得 BIOS 文件。

在升级主板 BIOS 之前,要先从网上下载新的 BIOS 文件,每个主板厂商都会有其公司主页,可到其主页上下载。此外,也可以从第三方网站(如驱动之家)下载。

(3) 确定 BIOS 的类型

升级主板 BIOS 需要一个专用的擦写 BIOS 的工具软件。目前,常见的 BIOS 类型有 Award、AMI 两种,在升级 BIOS 之前,应该确认主板使用的是何种 BIOS 芯片,然后再确定 BIOS 的种类和版本。一般可在主板说明书上(或计算机开机时)查看 BIOS 的类型和版本。

(4) 获得 BIOS 升级程序。

确定 BIOS 的类型后,就可以在网上查找其升级程序。不同 BIOS 的升级程序是不相同的,绝对不能混用。常见的 BIOS 升级程序如下。

① AWDFLASH:这是 AWARD BIOS 专用 DOS 下的升级工具。

② AMIFLASH:AMI BIOS 专用的升级工具,它只能运行于 DOS 下。

③ WinFlash:可用在 Windows 下刷新 BIOS 的软件,无须在 DOS 下面用危险的命令行方式刷新 BIOS,适用于多数 Award 和 Phonix 的 BIOS。

④ BIOS Wizard:它可以运行于 Window 9x/2000 中,不但能够测出主板的 BIOS 版本、主板厂商、芯片等,还可以提供在线 BIOS 升级的工具。

⑤ Gigabyte@BIOS Writer(技嘉主板 BIOS 更新工具):是在 Windows 下就能更新主板的 BIOS 的工具,该软件是绿色软件,无须安装,解压后直接运行。

上述软件有的是共享软件,有的是免费软件,都可以在网上找到。

注意:刷新主板 BIOS 失败导致计算机无法启动时,最好联系主板厂商,购买一块新的 BIOS 芯片,或由一些专门维修主板的柜台进行修复。

2. BIOS 的常见错误分析

下面给出一些 BIOS 的最常见错误原因及解决方案,用户在遇到类似问题时可做参考。

(1) 错误信息:CMOS battery failed(CMOS 电池失效)。

原因:说明 CMOS 电池的电力已经不足,请更换新的电池。

(2) 错误信息:Press ESC to skip memory test(内存检查,可按 Esc 键跳过)。

原因：如果在 BIOS 内并没有设定快速加电自检的话，那么开机就会执行内存的测试，如果不想等待，可按 Esc 键跳过或到 BIOS 内开启 Quick Power On Self Test。

（3）错误信息：CMOS check sum error-Defaults loaded（CMOS 执行全部检查时发现错误，因此载入预设的系统设定值）。

原因：通常发生这种状况都是因为电池电力不足造成的，所以不妨先换个电池试试看。如果问题依然存在的话，那就说明 CMOS RAM 可能有问题，最好送回原厂处理。

（4）错误信息：HARD DISK initializing［Please wait a moment...］（硬盘正在初始化，请等待片刻）。

原因：这种问题在较新的硬盘上根本看不到。但在较旧的硬盘上，其启动较慢，所以就会出现这个问题。

（5）错误信息：Display switch is set incorrectly（显示开关配置错误）。

原因：较旧型的主板上有跳线可设定显示器为单色或彩色，而这个错误提示表示主板上的设定和 BIOS 里的设定不一致，重新设定即可。

（6）错误信息：Hard disk install failure（硬盘安装失败）。

原因：硬盘的电源线、数据线可能未接好或者硬盘跳线不当出错误（例如一根数据线上的两个硬盘都设为 Master 或 Slave）。

（7）错误信息：Secondary slave hard fail（检测从盘失败）。

原因：可能是 CMOS 设置不当（例如，没有从盘，但在 CMOS 里设有从盘），也可能是硬盘的电源线、数据线未接好或者硬盘跳线设置不当。

（8）错误信息：Hard disk(s) diagnosis fail（执行硬盘诊断时发生错误）。

原因：这通常是硬盘本身的故障。可以把硬盘接到另一台计算机上检查，否则只有送修。

（9）错误信息：Keyboard error or no keyboard present（键盘错误或者未接键盘）。

原因：键盘连接线未插好或损坏。

（10）错误信息：Memory test fail（内存检测失败）。

原因：通常是因为内存不兼容或故障所导致。

（11）错误信息：Override enable-Defaults loaded（当前 CMOS 设定无法启动系统，载入 BIOS 预设值以启动系统）。

原因：可能是 BIOS 内的设定并不适合计算机，进入 BIOS 设定重新调整即可。

归纳总结

本项目主要介绍了 BIOS 相关理论知识和相关实践知识，分别介绍了 BIOS 的作用和功能、版本、基本操作和相关参数的含意，最后分别用标准 CMOS 设定、高级 BIOS 功能设定、高级芯片组功能、外围设备、BIOS 的其他设置和 BIOS 的升级和常见错误分析 6 个活动任务实现了本项目的相关功能。

思 考 练 习

一、选择题（可多选）

1. 在 BIOS 程序中设置密码后，如果忘掉了口令，可以使用_____来清除 CMOS 密码。

    A. 在主板上找到一组单独的 2 针跳线（一般标注为 CLEAR CMOS），用跳线帽将该组跳线短接即可清除 CMOS RAM 中的内容

    B. 重新组装计算机的硬件

    C. 重新安装操作系统

    D. 断掉主机箱的电源，取下主板的内部供电电池，保持一段时时间后再装好

2. 保存 BIOS 设置的快捷键是_____。

    A. F6　　　　　　　　B. F10　　　　　　　　C. F7　　　　　　　　D. F8

二、判断题

1. 要设置计算机的电源的关闭方式，可以在 BIOS 程序的 Integrated Peripherals 界面中进行。（　　）

2. 通过对 BIOS 与 CMOS 做比较，可以准确地说，BIOS 是用来完成系统参数设置与修改的工具（即软件），CMOS 是设定系统参数的存放场所（即硬件）。（　　）

3. 设置 Boot Up Floppy Seek（开机自检时搜索软驱）为 Enabled 时，可以加速系统启动。（　　）

4. 设置 Quick Power On Self Test（快速开机自检）为 Enabled 时，可以加速计算机的启动。（　　）

三、综合题

1. BIOS 的管理功能包括哪些？

2. 设置从光驱优先启动，然后使用 Windows XP 安装光盘启动计算机。

3. 为自己使用的机器设置一个开机密码。

4. 在 BIOS 中设置使用键盘密码开机。

5. 升级主板 BIOS 分哪几个步骤？

6. 进入 BIOS 程序查看系统的运作状况（主要看 CPU 温度和风扇转速）。

7. 试在 BIOS 中禁用主板集成的 AC'97 Audio，然后进入 Windows 查看是否有效。

8. 在老师的指导下，使用 BIOS 对 CPU 进行少量的超频。

项目四

磁盘系统管理

项 目 描 述

硬盘分区是组装计算机后安装操作系统前要做的工作,硬盘从厂家生产出来后,是没有进行分区激活的,在硬盘上安装操作系统前,必须要进行分区和格式化,才能进行读/写操作。目前,计算机硬盘的容量越来越大,为了合理地利用硬盘,一般需要把它分成几个区来使用。所谓分区,就是在硬盘上建立用作单独存储的区域,它分为主分区和扩展分区。分区方案的好坏在一定程度上决定了系统的性能以及其浪费程度。而分区格式的选择会关系到系统的性能以及某些安全性。

项 目 知 识 结 构 图

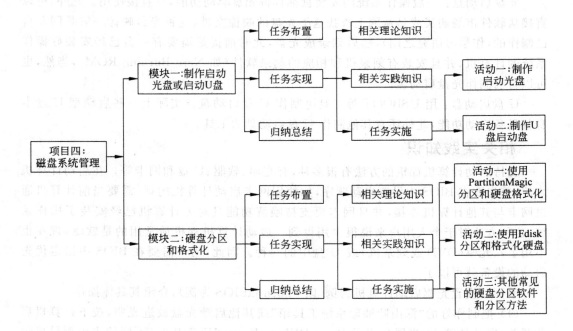

模块一　制作启动光盘或启动 U 盘

任务布置

技能训练目标

掌握制作启动光盘或启动 U 盘的方法，掌握用不同的方法启动计算机。

知识教学目标

掌握制作启动盘的作用和意义，掌握启动计算机裸机的方法及作用。

任务实现

相关理论知识

新组装的计算机，硬盘还没有分区和格式化，所以无法从硬盘启动，此时就需要一个启动盘，那么什么叫启动盘呢？顾名思义，启动盘就是启动计算机所需的磁盘。正常运行情况下，硬盘上操作系统所在盘符就是启动盘，而一般所说的启动盘还包括软盘、光盘和 U 盘，只要能启动计算机的盘都可以叫启动盘。除此之外，如果这台计算机在一个局域网中，那么也可以使用网卡来启动计算机，但前提是该计算机的主板和网卡支持网卡启动。当操作系统出现问题或需要在 DOS 下进行作业时，一般都需要启动盘。

启动盘的制作途径很多，主要内容是启动计算机所需的基本系统文件和命令文件。

光盘启动盘：一般操作系统的安装盘都具备光盘驱动功能，可直接使用。此外，可以直接从软件市场购买或是从网上查找这类光盘的映像文件（这种光盘映像一般是网友自己制作的，作学习研究之用），然后刻录成光盘，此时前提是需要有一台已经安装好操作系统的计算机，并且安装有刻录机和相应的刻录软件（如 Nero Burning ROM），当然，也可以自己制作光盘启动盘。

U 盘启动盘：用 USBOOT 等工具可制作 U 盘启动盘。实际上一些启动型 U 盘本身就具备启动功能，此外还有其他制作 U 盘启动盘的工具。

相关实践知识

支持启动计算机裸机的方法有很多种，有光驱、软驱、U 盘和网卡等。在启动计算机之前，首先要在 BIOS 中设置启动顺序，如使用网卡启动计算机的话，需要当前计算机通过网卡与其他计算机连接，并且网卡要支持唤醒功能且对方计算机已经安装了操作系统，这种方法对于个人用户来说很少用得到。启动计算机裸机最常用的是软驱（现在也不用了）、光驱（DVD 或刻录机）或 U 盘中的一种。因此，用户需要在 BIOS 中指定优先启动的设备就可以了。

下面以设置光驱启动计算机为例（以 Phoen ixBIOS 为例），介绍其具体操作。

（1）把制作好的"深山叶袖珍系统工具箱"或其他启动光盘放进光驱，按下计算机启动开关，启动计算机，当屏幕提示 Press DEL to Enter SETUP 时（不同的主板型号提示可能不一样），按 Delete 键，进入 BIOS 主界面。

（2）利用→、←、↑、↓ 键选择 Boot 项，然后用＋或－键改变顺序，直至调整 CD-ROM Drive 为第一个，即以光驱为第一个启动设备，如图 4.1 所示。

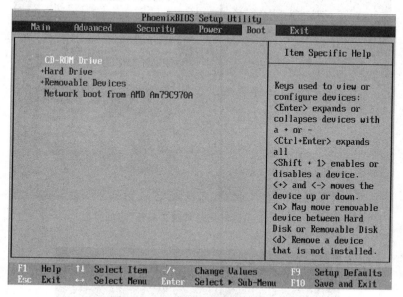

图 4.1 选择 CD-ROM 项

（3）按 Enter 键确认并返回上一个界面，按 F10 键，打开一个对话框，询问是否保存对配置的改动并退出，如图 4.2 所示。

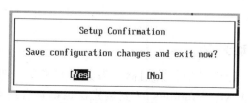

图 4.2 设置确认对话框

（4）因为默认选择是 Yes，所以按 Enter 键，即可保存并退出 BIOS。当重新启动计算机时，就会检测光驱，并从光驱启动计算机，如图 4.3 所示是"深山红叶袖珍系统工具箱"光盘的启动画面。

不同的设备启动计算机时，其界面不一样，如使用 Windows XP、Windows 7 或 Windows 8 的安装光盘启动计算机，有的会提示按任意键从光驱启动（如图 4.4 所示），有的则会直接进入安装界面。

而当使用 U 盘启动计算机时，必须保证 U 盘为系统盘，即包括 IO. SYS、MSDOS. SYS 和 COMMAND. COM 3 个文件，一般按 F12 键可以进入选择启动界面，选择 U 盘启动即可。

图 4.3　"深山红叶袖珍系统工具箱"启动界面

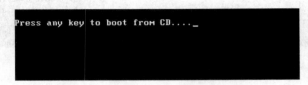

图 4.4　从光驱启动计算机的提示

任务实施

活动一：制作启动光盘

购买计算机配件时，计算机配件经销商一般会随机赠送一些以后要用到的启动盘。此外，Windows 98/2000/XP/Windows 97 安装光盘也都具有启动功能，用户也可以自己到市场上购买类似的启动盘。所以一般不需要自己制作启动光盘。但如果有条件的话，可以自己制作启动盘，这样不但可以有更多的选择，还可以学到更多的知识。因此，下面介绍一下自己刻录启动盘的方法，但限于篇幅，这里仅介绍刻录的方法，不介绍制作启动盘的方法。

目前，有很多集成了 DOS 常用命令、硬盘分区工具和常用装机工具的系统维护光盘文件（ISO 文件），网上常见的光盘文件有"蓝色火焰系统维护光盘"、"雨浪飘零系统维护盘"和"赢政系统维护光盘"以及"深山红叶＋雨浪飘零混合系统维护光盘"等。在网上找到其中一个系统维护光盘的映像文件，并下载到本地计算机中（这里以"深山红叶袖珍系统工具箱"光盘为例）。下面就介绍把这个系统维护光盘刻录到一张全新光盘上的方法。

（1）在一台安装有刻录机（普通刻录机或 DVD 刻录机都可以）和刻录软件的计算机上，把一张全新的光盘（或 DVD 盘片）放进刻录机中。

（2）假设系统中已经安装了 Nero Burning ROM（该软件是共享软件，可以在网上找到）刻录软件，则可以从"开始"菜单或桌面上启动该程序，首先打开的是"新编辑"对话框，此时切换到 ISO 选项卡，如图 4.5 所示。

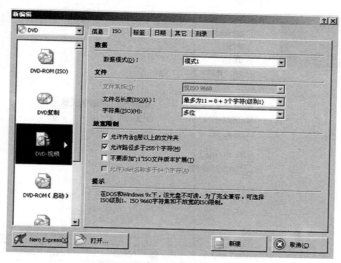

图 4.5　"新编辑"对话框

（3）单击"打开"按钮，打开"打开"对话框，然后找到"深山红叶袖珍系统工具箱"镜像文件所在的位置，并选中它，如图 4.6 所示。

图 4.6　"打开"对话框

（4）单击"打开"按钮，打开"刻录编译"对话框，选中"写入"复选框，并在"写入速度"下拉列表中选择 24×（3600KB/s）（尽量不要选择高速刻录，这样有利于提高刻录的成功率），"刻录份数"则使用默认的 1 份，如图 4.7 所示。

（5）单击"刻录"按钮，开始刻录光盘，如图 4.8 所示。

（6）刻录完成后，弹出"以 24×（3600KB/s）的速度刻录完毕"的提示对话框，如

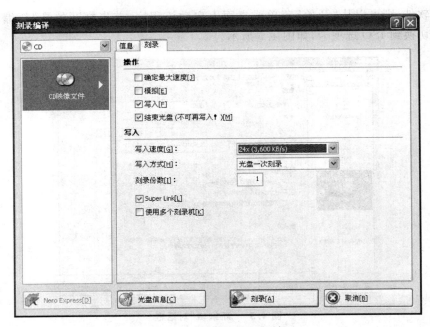

图 4.7 "刻录编译"对话框

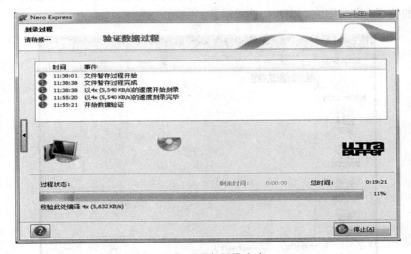

图 4.8 正在刻录光盘

图 4.9 所示。

(7) 单击"确定"按钮,返回 Nero Burning ROM 程序主窗口。

活动二:制作 U 盘启动盘

与其他设备一样,使用 U 盘也可以启动计算机,不过这里的 U 盘是指 USB 接口的闪存盘(俗称 U 盘),不是 USB 硬盘。而要使用 U 盘启动盘,首先要使用 U 盘启动系统盘,并且主板要具有从 USB 启动的功能。

图 4.9　刻录完成

制作 U 盘启动盘的具体操作如下。

（1）在一台能上网的计算机上，上网找到制作 U 盘启动盘的软件（以"老毛桃"为例），并把它下载到本地硬盘中。

（2）解压缩程序，再把 U 盘插上（注意事先备份 U 盘中有用的数据）。

（3）双击解压出来的"老毛桃 WinPe U 盘版"程序，运行该程序，然后选中要制作的

U 盘，并单击"模式"下拉列表选择工作模式，有 HDD 和
ZIP，如图 4.10 所示。

各种模式说明如下：

（1）ZIP 模式是指把 U 盘模拟成 ZIP 驱动器模式，启动后 U 盘的盘符是 A：。

（2）HDD 模式是指把 U 盘模拟成硬盘模式。如果选择了该模式，那么这个启动 U 盘启动后的盘符是 C：，这样就容易产生很多问题，如安装系统时安装程序会把启动文件写到 U 盘而不是硬盘的启动分区，会导致系统安装失败。

（3）一些 U 盘启动软件还有 FDD 模式，FDD 模式是指把 U 盘模拟成软驱模式，启动后 U 盘的盘符是 A：，该模式在启动时，在一些支持 USB-FDD 启动的计算机上会找不到 U 盘，所以一般不使用。

因此，只有在 ZIP 模式不能正常工作时，才使用 HDD 模式和 FDD 模式。

图 4.10　启动界面及选择工作模式

（4）单击"一键制作 USB 启动盘"按钮，开始制作。此时会出现一个"警告"对话框，提示用户确保 U 盘中数据已没用，再进行下一步操作，如图 4.11 所示。

（5）单击"确定"按钮，开始进行清除格式化 U 盘等操作，完成后在弹出的对话框中单击"否"按钮，不进行 U 盘启动测试，最后完成 U 盘的制作，如图 4.12 所示。

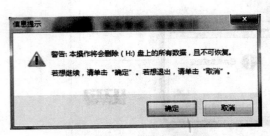

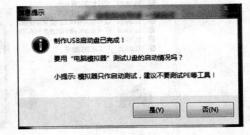

图 4.11　"警告"对话框　　　　　　　　　　图 4.12　完成制作

注意：在使用启动盘时，除了要在 BIOS 中的 Boot 中设置相应的启动顺序外，还要注意 U 盘启动盘有 ZIP、HDD 等几个类型，只有设置正确才能正常从 U 盘启动。

归纳总结

本模块主要介绍了光盘和 U 盘启动盘的制作，在介绍制作光盘启动的时候，只是讲解了怎样把一个系统文件刻录到光盘，而在讲解 U 盘启动盘的时候，详细说明了制作的过程。读者应该掌握本模块的两个活动。本模块还介绍了计算机启动方法，这个知识点非常重要，因为这关联到我们制作的启动盘能否启动。

模块二　硬盘分区和格式化

任务布置

技能训练目标
掌握使用 PartitionMagic 及 Fdisk 分区硬盘的操作。

知识教学目标
了解硬盘分区的基本概念，了解分区的文件系统，理解和掌握分区方法的相关应用技巧。

任务实现

相关理论知识

下面先了解硬盘分区的基础知识和概念。

要进行硬盘分区，首先要有一个分区软件，这种软件很多，常见的分区软件有 Fdisk、PartitionMagic、DM 万用版、DiskGenius、F32MAGIC 中文版等。在这里推荐使用

PartitionMagic 8.0,它不但速度快,而且有中文版(一般是繁体中文版),使用图形界面,对初学者更适用。此外,Fdisk 也是一个广为流行的分区程序,它的缺点是分区速度慢,不能识别大容量硬盘,但可用分配百分比的方法来分区,并且拥有了格式化硬盘的程序Format,虽然目前大多数计算机已经不配备软驱这个设备,但很多系统工具光盘中已经集成有 Fdisk 分区程序,并且都是汉化版,对英文不太好的用户提供了很好的帮助。下面先了解硬盘分区的几个概念。

1. 主分区、扩展分区和逻辑驱动器

1)主分区

主分区就是包含操作系统启动文件的分区,它用来存放操作系统的引导记录(在该主分区的第一扇区)和操作系统文件。

一块硬盘可以有 1~4 个分区记录,因此,主分区最多可能有 4 个。而如果需要一个扩展分区,那么主分区最多只能有 3 个。一个硬盘最少需要建立一个主分区,并激活为活动分区,才能从硬盘启动计算机,否则就算安装了操作系统,也无法从硬盘启动计算机,当然,如果硬盘作为从盘挂在计算机上,那么不建立主分区也是可以的。

2)扩展分区

因为主引导记录中的分区表最多只能包含 4 个分区记录,为了有效地解决这个问题,分区程序除了创建主分区外,还创建一个扩展分区。扩展分区也就是除主分区外的分区,它不能直接使用,因为它不是一个驱动器。创建扩展分区后,必须再将其划分为若干个逻辑分区(也称逻辑驱动器,即平常所说的 D 盘、E 盘等)才能使用,而主分区则可以直接作为驱动器。主分区和扩展分区的信息被保存在硬盘的 MBR(Master Boot Record,硬盘主引导记录。它是硬盘分区程序写入在硬盘 O 扇区的一段数据)内,而逻辑驱动器的信息都保存在扩展分区内。也就是说无论硬盘有多少个逻辑驱动器,其主启动记录中只包含主分区和扩展分区的信息,扩展分区一般用来存放数据和应用程序。

总结起来,划分分区的情况共有 6 种,如图 4.13 所示。

可见,第 1 种、第 5 种和第 6 种分区方案并没有多大意义,而最常用的是第 2 种划分法。此外还有第 3 种和第 4 种划分多个主分区的方法,那么划分多个主分区有什么作用呢?

例如,某台 PC 已经安装有 DOS 和 Windows 操作系统,它们共用一个主分区,另有一个逻辑驱动器 D,现在准备在该机上安装 UNIX 操作系统。由于 UNIX 操作系统的文件系统与 DOS/Windows 不兼容,因此不能在现存的 DOS 分区上再安装 UNIX,而必须在硬盘上另建 UNIX 主分区。这样就需要在一个硬盘上建立两个主分区,以实现操作系统的选择引导。

此外,如果要安装两个独立的 Windows 操作系统,那么也可以划分两个主分区,这样就可以分别在两个主分区中安装两个不同的操作系统,当要在两个操作系统之间切换时,只激活需要的那个主分区就可以了,这种安装方法将在后面介绍。

3)活动分区和隐藏分区

前面提到了划分两个或两个以上主分区的划分方法,但实际上,如果在一个硬盘上

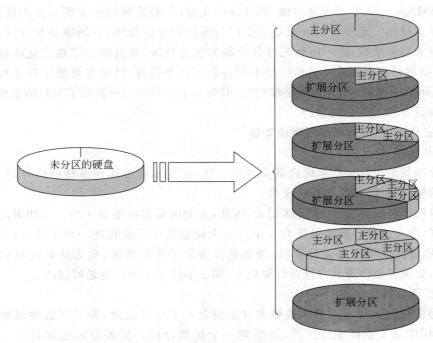

图 4.13 硬盘划分分区的 6 种情况

划分了 2 个或 3 个主分区,那么只有一个主分区为活动分区,其他的主分区只能隐藏起来,这个概念可用图 4.14 来解释。

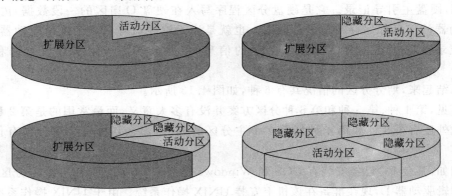

图 4.14 活动分区和隐藏分区

隐藏分区在操作系统中是看不到的,只有在分区软件(或一些特殊软件)中可以看到,这种分区方案主要是在安装多操作系统时使用,例如,在划分了两个主分区的硬盘上安装两个操作系统,当设置第 1 个主分区为活动分区时,启动计算机时,就会启动第 1 个分区的操作系统;当设置第 2 个分区为活动分区时,就会启动第 2 个分区中的操作系统(设置活动分区使用分区软件来实现,不同的软件设置方法不同,其内容会在后面介绍)。

4)逻辑驱动器

逻辑驱动器也就是在操作系统中所看到的 D 盘、E 盘、F 盘等,一块硬盘上可以建立

24 个驱动器盘符(从英文字母 C 开始按顺序命名,A 和 B 则为软驱的盘符)。

划分主分区、扩展分区和逻辑分区的操作可以用图 4.15 来解释。

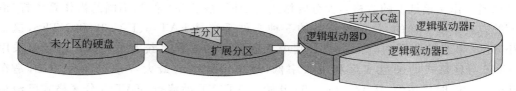

图 4.15 硬盘分区操作顺序示意图

当划分了两个或两个以上的主分区时,因为只有一个主分区为活动的,其他的主分区为隐藏分区,所以逻辑驱动器的盘符不会随着主分区的个数增加而改变,这个概念可以用图 4.16 来解释。

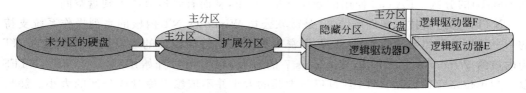

图 4.16 逻辑驱动器的盘符不会随主分区增加而改变

5) 分区操作的顺序

在分区时,既可以对新硬盘进行分区,也可以对旧硬盘(已经作了分区的)进行分区,但对于旧硬盘需要先删除分区,然后再建立分区。虽然不同的分区软件操作有所不同,但其分区顺序都是类似的,表 4.1 列出了新、旧硬盘分区的先后顺序。

表 4.1 新、旧硬盘分区的先后顺序

新 硬 盘		旧 硬 盘	
步骤	操 作	步骤	操 作
第 1 步	建立主 DOS 分区	第 1 步	删除逻辑 DOS 驱动器
第 2 步	建立扩展分区	第 2 步	删除扩展分区
第 3 步	将扩展分区划分为逻辑驱动器	第 3 步	删除主 DOS 分区
第 4 步	激活分区	第 4 步	建立主 DOS 分区
第 5 步	格式化每一个驱动器	第 5 步	建立扩展分区
		第 6 步	将扩展分区划分逻辑驱动器
		第 7 步	激活分区
		第 8 步	格式化每一个驱动器

上面的划分顺序是一种分区的理论,它是针对 Fdisk 分区或 Windows XP/2003、Windows 7 磁盘管理程序来说的,其实使用 PartitionMagic 等分区程序时,它们一般不需要创建扩展分区,在创建逻辑驱动器时,选择扩展分区就可以了。所以具体情况要视用户使用的软件来定,不能完全照表 4.1 介绍的步骤来进行。

2. 分区的文件系统

在格式化硬盘分区时,需要指定使用的分区格式。格式化就相当于在白纸上打上方格(相当于作文稿纸上的方格),而分区格式就如同"格子"的样式,不同的操作系统打"格子"的方式是不一样的,目前最常见的 3 种文件系统是 FAT16、FAT32 和 NTFS,这是Windows 系统最常用的分区格式。其中几乎所有的操作系统都支持 FAT16,但采用FAT16 分区格式的硬盘实际利用效率低,且单个分区的最大容量只能为 2GB,是在Windows 95 时代用的,从 Windows 98 开始,FAT32 开始流行,FAT16 分区格式已经很少用了。

下面先了解一下 FAT32 和 NTFS。

FAT(File Allocation Table)是"文件分配表"的意思,即指对硬盘分区的管理。

随着大容量硬盘的出现,FAT32 作为 FAT16 的增强版本,可以支持大到 2TB(2048GB)的分区。FAT32 使用的簇比 FAT16 小,从而有效地节约了硬盘空间。

NTFS 意为新技术文件系统,它是微软公司 Windows NT 内核的系列操作系统支持的一个特别为网络和磁盘配额、文件加密等管理安全特性设计的磁盘格式。随着以 NT为内核的 Windows 2000/XP/Windows 7 的普及,很多用户开始用到了 NTFS。NTFS以簇为单位来存储数据文件,但 NTFS 中簇的大小并不依赖于磁盘或分区的大小。簇尺寸的缩小不但降低了磁盘空间的浪费,还减少了产生磁盘碎片的可能。NTFS 支持文件加密管理功能,可为用户提供更高的安全保证。目前 Windows NT/2000/XP/2003/Windows 7 及 Windows Vista 系统都支持识别 NTFS 格式,而 Windows 9x/Me 以及DOS 等操作系统不支持识别 NTFS 格式的驱动器。

各种文件系统的操作系统支持情况如下:

FAT16:Windows 95/98/Me/NT/2000/XP/2003/Vista/Windiws 7,UNIX,Linux,DOS

FAT32:Windows 95/98/Me/2000/XP/2003/Vista/Windows 7

NTFS:Windows NT/2000/XP/2003/Vista/Windiws 7

此外,常见分区格式还有 ext2、ext3 等。ext2、ext3 文件系统主要用在 Linux 操作系统中,Linux 是一个开放的操作系统,最初使用 ext2 格式,后来使用 ext3 格式,它同时支持非常多的分区格式,包括 UNIX 使用的 XFS 格式,也包括 FAT32 和 NTFS 格式。

相关实践知识

在进行硬盘分区时,要有一个合理的分区方案,这样可以使每个分区"物尽其用",同时又能保持硬盘的最佳性能,如今,在装机时,硬盘基本上都配置在 160GB 或其以上,如果将这样的硬盘只分一个驱动器,肯定是浪费,或在一定程度上影响硬盘的性能。不同的用户有不同的实际需要,分区方案也各有不同。要想合理地分配硬盘空间,需要从 3个方面来考虑:

(1)按要安装的操作系统的类型及数目来分区。

(2)按照各分区数据类型的分类进行存放。

(3)为了便于维护和整理而划分。

下面以家用型 160GB 的硬盘为例,提供硬盘分区方案。其分区方案和划分的理由是家用型计算机是针对办公、娱乐、游戏而言的,可以安装 Windows XP 和 Windows Vista。

C 盘(主分区,活动)建议分区的大小是 6～15GB,FAT32 格式。C 盘主要安装的是 Windows XP 和比较常用的应用程序。考虑到当计算机进行操作的时候,系统需要把一些临时文件暂时存放在 C 盘进行处理,所以 C 盘一定要保持一定的空闲空间,同时也可以避免开机初始化和磁盘整理的时间过长。

D 盘(主分区,隐藏)建议分区的大小是 15GB,NTFS 格式,用来安装 Windows Vista 及一些常用的办公和应用软件,NTFS 分区格式有很强的稳定性和安全性,并且 Windows Vista 也需要使用该文件系统。考虑到 Windows Vista 的庞大,需要 15GB 的容量。

E 盘建议分区的大小是 50GB,NTFS 格式。主要用来安装比较大的应用软件(比如 Photoshop、Office 2007)和常用工具等,同时建议在这个分区建立目录集中管理。

F 盘建议分区的大小是 50GB,NTFS 格式。主要用来安装游戏和视频音乐等。如果需要的话,可以再对游戏的类型进行划分。而多媒体文件(如 MP3、VCD 上的.dat 文件)容量较大,需要连续的大块空间,而且这些文件一般不需要编辑处理,只是用专用的软件回放欣赏,所以一般不需要频繁对这些分区进行碎片整理。

G 盘把剩余空间划分下去,FAT32 格式。

H 盘主要是用来做文件备份(如 Windows 的注册表备份、Ghost 备份)和保存计算机各硬件(如显卡、声卡、Modem、打印机等)的驱动程序以及各类软件的安装程序。这样可以加快软件的安装速度或与局域网里的其他用户共享。同时可以免去以后重新安装或升级操作系统时寻找驱动程序光盘的麻烦。这个分区也不需要经常进行碎片整理,只要在放置完数据后整理一次就够了。

当然,也可以把数据更细地分类、分区存放,比如 Ghost 的备份和 Windows 的安装程序可以分开放,音乐 MP3 和 VCD 的.dat 文件也可分区存放。总之,每个操作系统原则上应该独占一个 5～15GB 的分区,里面除了操作系统和办公软件外不要放其他重要文档和邮件,以方便用 Ghost 的方式维护。而分区的个数一般不要超过 10 个,否则容易造成管理上的混乱。

任务实施

活动一:使用 PartitionMagic 分区和格式化硬盘

硬盘分区的工具较多,最常用的是 DM 万用版、PartitionMagic、Fdisk、Disk Genius 等。不同的分区工具界面和操作不一样,它们都各有特点,用户可以根据需要选择使用。

这里推荐使用 PartitionMagic,因为它几乎具有其他分区工具的所有功能。例如,它不但可以建立新分区,还可以对硬盘合并已有分区,改变分区大小,转换分区格式等,并且它还可以在保留硬盘数据的前提下对硬盘进行重新分区。

下面就介绍使用 PartitionMagic 对硬盘进行分区的具体操作。

1. 启动 PartitionMagic

PartitionMagic 简称 PM,它是 PowerQuest 公司开发的,因此也简称 PQ。PartitionMagic 版本主要有两种,一种是需要在 DOS 下运行的程序,另一种是在

Windows 下使用的程序。这里以前面制作的"深山红叶袖珍系统工具箱"中的
PartitionMagic 8.0 繁体版(DOS 版)为例,介绍进行硬盘分区的具体操作(不同版本的
PQ 软件操作界面和方法可能不相同,请读者注意)。

(1) 在第一个启动界面中(见图 4.3),单击第二项"万用 DOS 工具箱"项,打开
Microsoft MS-DOS 7.1 Startup Menu 的界面,如图 4.17 所示。

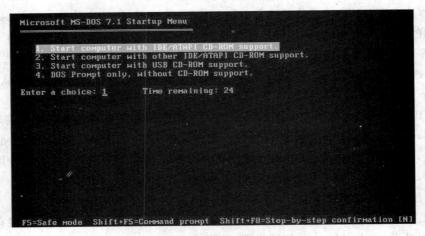

图 4.17   Microsoft MS-DOS 7.1 Startup Menu 界面

(2) 使用默认的第一选项,按 Enter 键,进入"深山红叶 DOS 工具箱帮助"界面,在这
里可以查看需要运行的程序名称,如图 4.18 所示。

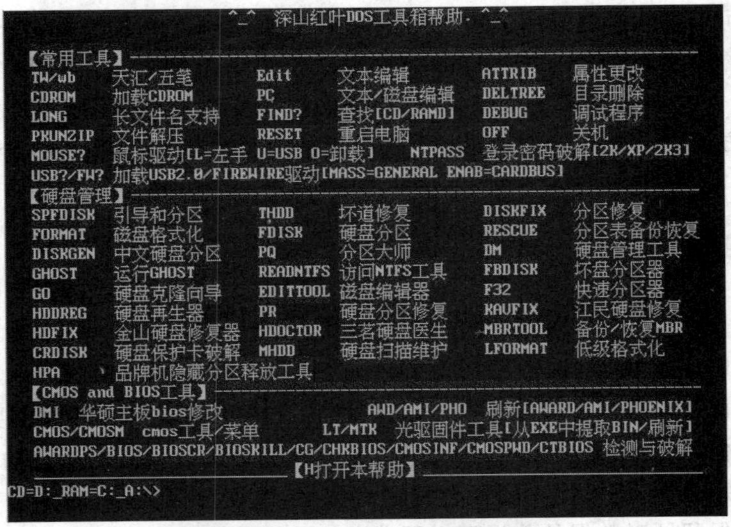

图 4.18   "深山红叶 DOS 工具箱帮助"界面

(3) 在 DOS 提示符下,输入 PQ(帮助界面上有提示),按 Enter 键,稍等一会,即可启
动 PowerQuest PartitionMagic 8.0 程序界面,如图 4.19 所示。

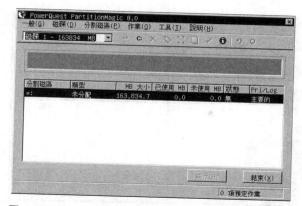

图 4.19 启动 PowerQuest PartitionMagic 8.0 程序界面

2. 创建分区

启动 PowerQuest PartitionMagic 8.0 后,可以看到当前已经连接到计算机的硬盘,下面以把 160GB 的硬盘分为 3 个盘符为例(160GB 的硬盘其实应该分为 4~5 个盘符,但为了避免重复的介绍相同的操作,所以这里分为 3 个盘符)介绍新硬盘分区操作。按顺序是先划分 C 区,然后划分 D 区和 E 区。

(1) 选择"作业"→"建立"命令或单击工具栏中的 C: 按钮,打开"建立分割磁区"对话框。

(2) 在"建立为"下拉列表框中,选择"主要分割磁区"选项,"分割磁区类型"下拉列表中默认的是"未格式化"(该项可以在格式化时进行选择),这里先不要管它,在"大小"微调框中输入 12000,如图 4.20 所示。

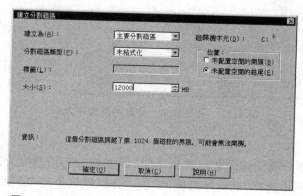

图 4.20 在"建立分割磁区"对话框中指定需要的参数

(3) 单击"确定"按钮,返回到主界面中,可以看到第一个分区(主分区)已经划分好,如图 4.21 所示。

提示: 根据分区的顺序,创建主分区后,接着是创建扩展分区,然后再创建逻辑驱动器。但是使用 PartitionMagic 分区时,在创建主分区后,可以直接创建逻辑驱动器,当所有的逻辑驱动器都创建完成后,就会自动把逻辑驱动器的所有空间指定为扩展分区的空间了,这一点与使用 Fdisk 程序进行分区是有区别的。

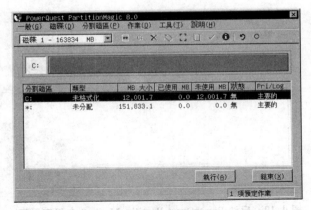

图 4.21　第一个分区（主分区）已经划分好

（4）主分区创建好之后，如果需要创建多个主分区，可以使用同样的方法来进行。这里不创建多个主分区，所以接着可以直接创建逻辑驱动器 D 盘，选择未划分驱动器的灰色部分，单击 C:按钮，打开"建立分割磁区"对话框，在"建立为"下拉列表框中选择"逻辑分割磁区"项，"分割磁区类型"项则使用默认设置，在"大小"微调框中输入 65000，标签可以不输入，如图 4.22 所示。

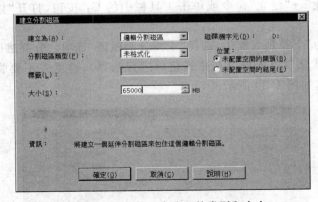

图 4.22　设置第二个分区的类型和大小

（5）单击"确定"按钮，返回到主界面中，即创建了 D 盘，如图 4.23 所示。

（6）再选择未划分驱动器的灰色部分，单击 C:按钮，打开"建立分割磁区"对话框，在"建立为"下拉列表框中选择"逻辑分割磁区"项，"分割磁区类型"项使用默认设置，在"大小"微调框中使用默认值，这样，就把余下的空间全部分配到 E 盘中，如图 4.24 所示。

（7）单击"确定"按钮，返回到主界面中，即创建了 E 盘。至此，硬盘的所有空间已经分配完毕，可以看到扩展分区（软件界面中的"延伸"即是扩展的意思）也已经出来了，并且扩展分区中，建立了两个逻辑驱动器，效果如图 4.25 所示。划分了分区之后，接着是要激活主分区并对各分区进行格式化操作。

3. 激活分区

划分空间后，要记得激活主分区，这样才能正常使用这个硬盘，方法如下。

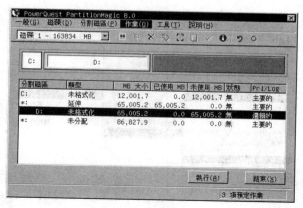

图 4.23 创建 D 盘

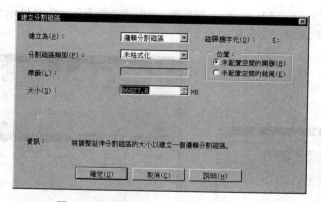

图 4.24 设置第三个分区的类型和大小

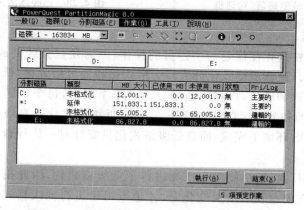

图 4.25 把 160GB 的硬盘分为 3 个盘符的效果

(1) 选中第一个分区（即主分区），选择"作业"→"进阶"→"设定为作用"命令，如图 4.26 所示。

(2) 打开"设定作用分割磁区"对话框，单击"确定"按钮，如图 4.27 所示。

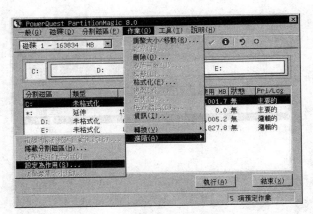

图 4.26　选择"作业"→"进阶"→"设定为作用"命令

（3）返回到 PartitionMagic 8.0 主界面,此时在"状态"一栏中显示为"作用",表示该主分区为活动分区,如图 4.28 所示。

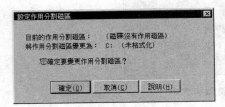

图 4.27　"设定作用分割磁区"对话框

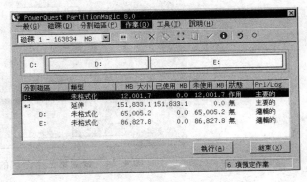

图 4.28　已经激活主分区

4. 格式化分区

硬盘的分区和格式化往往是一个连贯的操作,因为硬盘分区完成以后,不进行格式化还是不能使用的。硬盘的格式化分为高级格式化和低级格式化,低级格式化就是将空白的磁盘划分出柱面和磁道,再将磁道划分为若干个扇区,每个扇区又划分出标识部分(ID)、间隔区(GAP)和数据区(DATA)等。可见,低级格式化是高级格式化之前的一项工作,它只能在 DOS 环境下完成,而且低级格式化只能针对一块硬盘而不能支持单独的某一个分区。

每块硬盘在出厂时,已由硬盘生产商进行了低级格式化,因此用户无须再进行低级格式化操作,只有在硬盘发生重大变化时,才迫不得已进行低级格式化。一般所说的格式化是指高级格式化,高级格式化就是清除硬盘上的数据,生成引导区信息,初始化 FAT 表,标注逻辑坏道等。高级格式化既可以在 DOS 下进行,也可以在 Windows 下进行,但因为新组装的计算机中没有操作系统,所以,一般是在 DOS 下实现。目前,一般的硬盘分区工具都自带有高级格式化功能。除此之外,最常用的格式化命令是 format,它是一个 DOS 程序,集成在 Windows 98 的启动盘中。

下面介绍使用 PartitionMagic 8.0 对各分区进行格式化的具体操作。

(1) 选中需要进行格式化的驱动器,这里选择 C 盘,选择"作业"→"格式化"命令,打开"格式化分割磁区"对话框。

(2) 在"分割磁区类型"下拉列表中,选择一种分区格式,如 FAT32 和 NTFS(最常用也就是这两种),然后输入标签名称(也可以不输入),再在"请输入'OK'以确认分割磁区格式"后面的文本框中输入 OK(一定要输入,否则无法激活"确定"按钮),如图 4.29 所示。

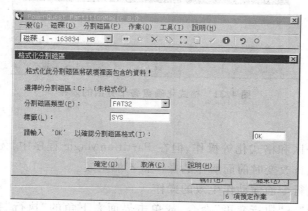

图 4.29 "格式化分割磁区"对话框

(3) 单击"确定"按钮,返回 PartitionMagic 8.0 主界面,结果如图 4.30 所示。

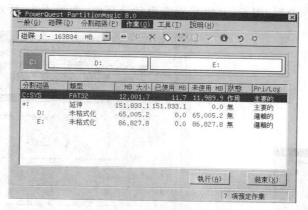

图 4.30 格式化 C 盘的效果

(4) 选中 D 盘,然后选择"作业"→"格式化"命令,打开"格式化分割磁区"对话框。选择相应的参数执行前面介绍的格式化操作,分别格式化 D 盘和 E 盘,最后返回 PartitionMagic 8.0 主界面,结果如图 4.31 所示。可以看到,当前 C 盘使用的是 FAT32 分区格式,而 D 盘和 E 盘则使用 NTFS 分区格式。

提示:在 PartitionMagic 8.0 程序中,NTFS 分区格式的驱动器不显示盘符名称。

注意:进行上述操作后,各个操作没有真正执行,如果此时想放弃这些操作,只需要选择"一般"→"放弃变更"命令即可。

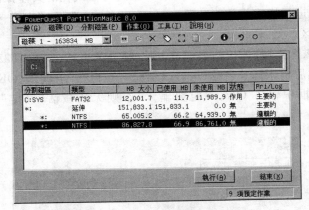

图 4.31　格式化硬盘各个分区的效果

5. 执行变更

前面进行了分区和格式化等操作,但在 PartitionMagic 程序中,无论前面怎么操作,在最后一步没有执行改变时前面所作的操作就不能生效。

下面就开始执行令前面动作生效的操作。

(1)选择"一般"→"执行变更"命令,或单击界面右下角的"执行"按钮,打开"执行变更"对话框,如图 4.32 所示。

(2)单击"是"按钮,开始应用前面的操作,整个过程不到 1 分钟。应用操作完成后,出现"已完成所有作业"的提示,并提示重新启动计算机,如图 4.33 所示。

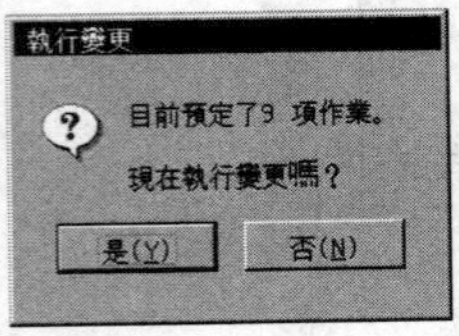

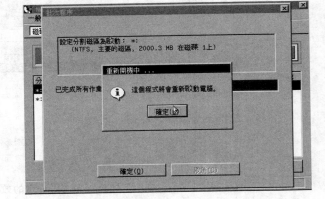

图 4.32　"执行变更"对话框

图 4.33　提示重新启动计算机

(3)单击"确定"按钮,重新启动计算机,接着就可以安装操作系统了。

6. 对旧硬盘进行删除分区和建立分区

如果一个硬盘已经分区过,现在想把其中的两个分区重新调整一下,那么要先删除其中的一个分区,然后再进行调整。以前面分区的硬盘为例,想把 D 盘划分为两个区,其中一个区为主分区,安装多操作系统(该分区平时隐藏,当安装多操作系统时激活为活动

分区),而另一个区作为 D 盘。其操作方法如下:

(1) 使用前面介绍的方法,启动 PartitionMagic 8.0 后,选中 D:驱动器,选择"作业"→"删除"命令,打开"删除分割磁区"对话框,为了确认删除分区操作,此时必须在文本框中输入 OK,此时"确定"按钮被激活,如图 4.34 所示。

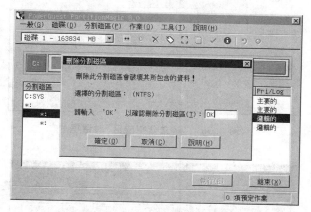

图 4.34 "删除分割磁区"对话框

(2) 单击"确定"按钮,返回主界面中,可看到该分区已经删除,如图 4.35 所示。

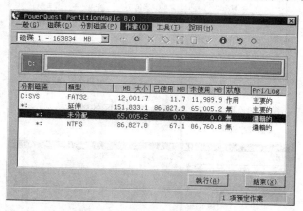

图 4.35 删除分区后的效果

(3) 选中刚删除的分区,然后选择"作业"→"建立"命令,打开"建立分割磁区"对话框,这些设置与前面建立分区时相同,在"建立为"下拉列表框中,选择"主要分割磁区",大小为 15000MB,如图 4.36 所示。

(4) 单击"确定"按钮,返回 PartitionMagic 8.0 程序主界面,再用同样的方法,把剩余空间分到 D 盘中,然后用前面介绍的方法,分别对这两个分区进行格式化,结果如图 4.37 所示。

可以看到,当有两个分区为主分区时,其中一个主分区被隐藏起来。当设置隐藏的主分区为活动时状态,先前活动的主分区则又被隐藏起来,如图 4.38 所示。

(5) 最后单击"执行"按钮令操作生效,重启计算机即可。

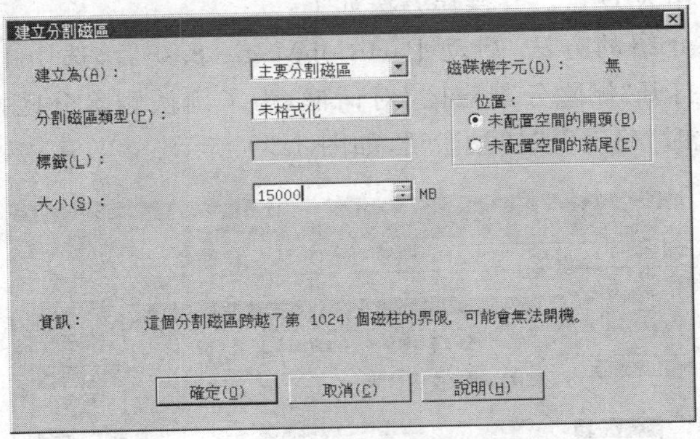

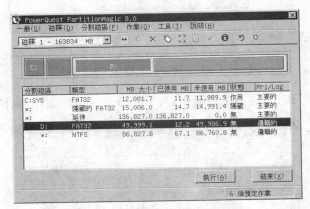

图 4.36 "建立分割磁区"对话框

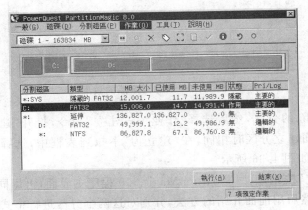

图 4.37 对硬盘重新分区的效果

图 4.38 活动分区和隐藏分区的切换效果

7. 移动分区

如果要调整两个相邻分区间的大小,那么也需要先删除其中一个分区,再进行调整操作,其步骤如下。

（1）选中要删除的驱动器，选择"作业"→"删除"命令（或单击工具栏上的叉号按钮），打开"删除分割磁区"对话框。

（2）在文本框中，输入 OK，单击"确定"按钮，返回主界面中。

（3）选中已经删除分区相邻的分区，然后选择"作业"→"调整大小/移动"命令，打开"调整分割磁区大小/移动分割磁区"对话框，在"新的大小"微调框中输入分区的大小，或者把鼠标指针置于代表磁盘空间的绿色矩形的边缘，按下鼠标左键并拖动就可调整驱动器的容量，如图 4.39 所示。

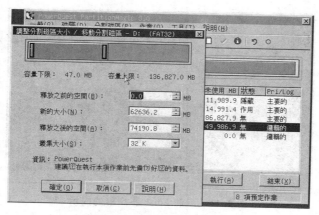

图 4.39　调整分区容量

（4）调整好之后，单击"确定"按钮，返回主界面中，然后再选择已经删除的分区，选择"作业"→"建立"命令，重新对该部分进行分区和格式化即可，调整后各个分区的效果如图 4.40 所示。

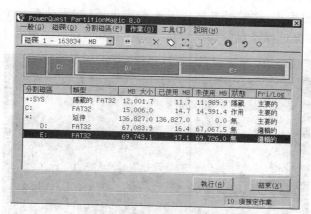

图 4.40　移动分区后的效果

（5）单击"执行"按钮开始应用操作，最后重新启动计算机即可。

活动二：使用 Fdisk 分区和格式化硬盘

Fdisk 程序功能和速度虽然比不上其他分区软件，但用它分区不但安全，而且兼容性好,在用其他软件不能分区的情况下,就要考虑使用 Fdisk 来分区了。

1. 使用 Fdisk 分区硬盘

下面简单介绍其分区操作。

(1) 以前面制作的 U 盘启动盘为例,使用 U 盘启动后,在进入界面的提示符中,输入 fdisk 命令,按 Enter 键。

(2) 此时,界面中提示 Fdisk 程序发现大于 512MB 的硬盘容量,询问是否使用大硬盘容量支持模式(即是否用 FAT32 的格式来对硬盘进行分区),输入 Y,如图 4.41 所示。

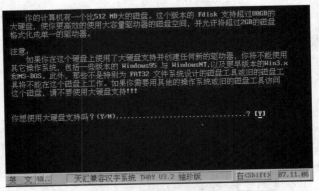

图 4.41　启动 Fdisk 程序前的提示

提示:为了兼容英文版的 Fdisk 程序,后面的界面使用英文界面。此外,在对有坏区的硬盘进行重新分区时,可能无法通过硬盘检测,导致无法进行分区。这时可以输入 fdisk /actok 命令并按 Enter 键确认。fdisk/actok 命令表示在硬盘分区时不检测磁盘表面是否有坏区,直接进行分区,既解决问题又加快分区速度。

(3) 按 Enter 键确认,这时屏幕出现了 4 个菜单项(如果挂有两个以上硬盘,则还会出现第 5 个菜单,即是选择硬盘的菜单),在"Enter choice:"后面输入 1,如图 4.42 所示。

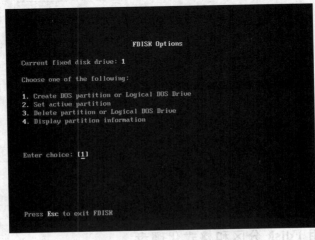

图 4.42　Fdisk 程序的主界面

（4）按 Enter 键，屏幕上出现 3 个操作菜单，此时，在"Enter choice："后面，默认选择是[1]（即创建主 DOS 分区），如图 4.43 所示。

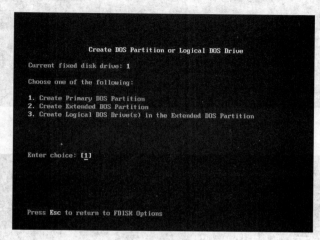

图 4.43 创建主 DOS 分区和 DOS 逻辑分区界面

（5）按 Enter 键，程序开始扫描硬盘，扫描完成后，进入创建主 DOS 分区（Create Primary DOS Partition）的屏幕，意思是说"是否将最大的可用空间全部都作为主 DOS 分区"（即是把整个硬盘都作为一个盘，即 C 盘），当然不能接受这样的划分法，所以输入 N，如图 4.44 所示。

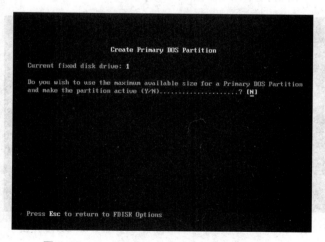

图 4.44 Create Primary DOS Partition 的屏幕

（6）按 Enter 键，接着屏幕上出现 Create Primary DOS Partition 的界面，在右下角的中括号内，提示硬盘的总容量大小以及建立主 DOS 分区最大可以分到的大小，同样，不接受该结果，因此输入一个小于硬盘总容量的数值作为主分区大小，或者输入一个百分数（如 12%），如图 4.45 所示。

（7）按 Enter 键确认，显示主 DOS 分区已经建立，并显示了第一个分区的类型、容量大小和百分比等，如图 4.46 所示。

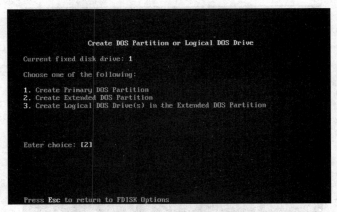

```
                    Create Primary DOS Partition

Current fixed disk drive: 1


Total disk space is 61436 Mbytes (1 Mbyte = 1048576 bytes)
Maximum space available for partition is 61436 Mbytes (100%)

Enter partition size in Mbytes or percent of disk space (%) to
create a Primary DOS Partition................................: [  12%]



Invalid entry.
Press Esc to return to FDISK Options
```

图 4.45　输入主分区大小的数值

```
                    Create Primary DOS Partition
Current fixed disk drive: 1

Partition   Status    Type    Volume Label   Mbytes   System    Usage
C: 1                  PRI DOS                 7374     UNKNOWN   12%



Primary DOS Partition created

Press Esc to continue_
```

图 4.46　主 DOS 分区已经建立

（8）按 Esc 键返回到 Fdisk Option 界面，然后输入 1，进入 Create DOS Partition or Logical DOS Drive 界面，再输入 2，如图 4.47 所示。

```
                Create DOS Partition or Logical DOS Drive

Current fixed disk drive: 1

Choose one of the following:

1. Create Primary DOS Partition
2. Create Extended DOS Partition
3. Create Logical DOS Drive(s) in the Extended DOS Partition



Enter choice: [2]



Press Esc to return to FDISK Options
```

图 4.47　Create DOS Partition or Logical DOS Drive 界面

（9）按 Enter 键，此时 Fdisk 提示硬盘还剩余 88% 的容量，并建议要把它们全部分到扩展分区（除主分区外，其余的都叫扩展分区）中去，一般是接受该建议，如图 4.48 所示。

（10）按 Enter 键即可建立扩展分区，如图 4.49 所示。

（11）建立了扩展分区后，接着创建逻辑物理驱动器。按 Esc 键返回到 Fdisk Options 界面，此时提示没有物理驱动器被定义（正要进行该操作），同时提示把整个 DOS 扩展分区所有的空间都分到一个逻辑物理驱动器中，如图 4.50 所示。

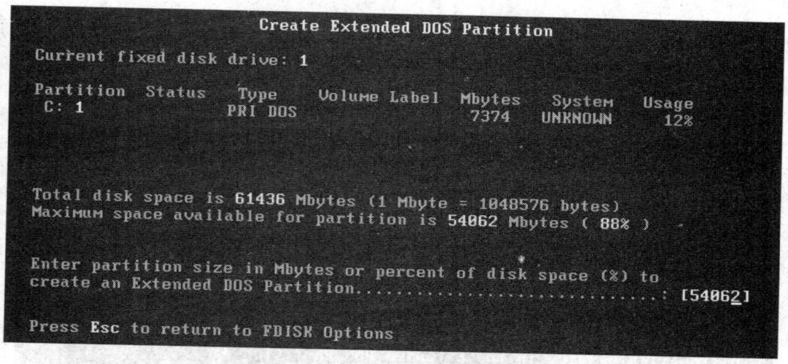

图 4.48 把剩余 88% 的容量分到扩展分区

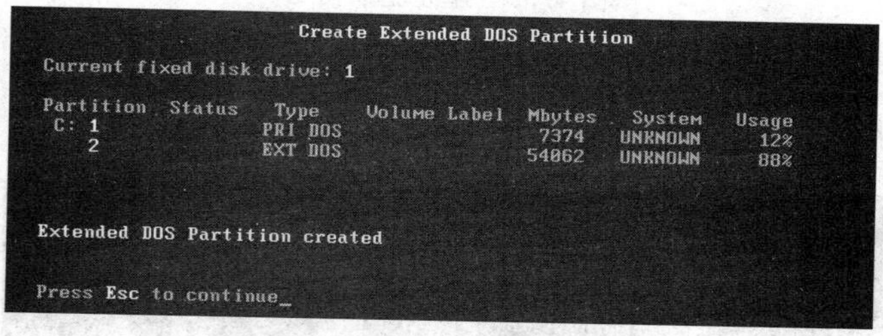

图 4.49 扩展分区已经建立

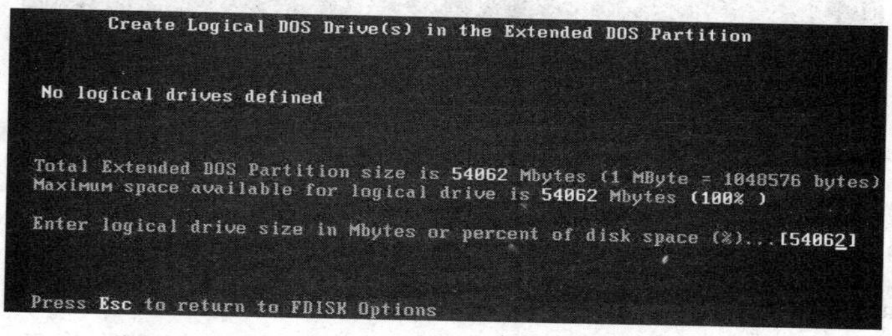

图 4.50 提示没有物理驱动器被定义

(12) 如果接受该值，则按 Enter 键确认，如果需要分为多个逻辑物理驱动器，则输入一个小于 54062 的数值，或输入一个百分数，这里输入 60%，然后按 Enter 键，这样驱动器 D 就建立好了。接着提示还有 21619MB 的剩余空间，是否把所有的剩余空间都分到一个逻辑物理驱动器中，如图 4.51 所示。

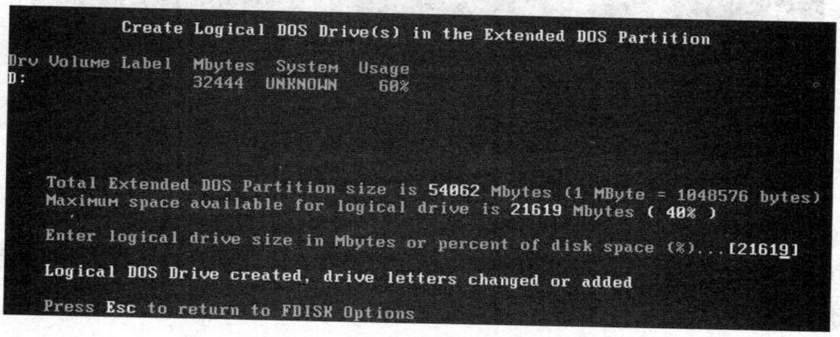

图 4.51 建立驱动器 D

(13) 按 Enter 键，把最后余下的空间分到 E 驱动器，这样 E 盘就建立好了，如图 4.52 所示。

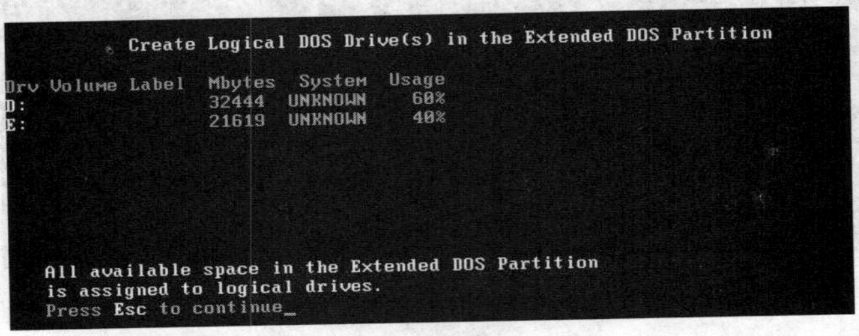

图 4.52　建立驱动器 E

(14) 按 Esc 键，返回上一级界面，此时，Fdisk 程序提示要设置活动分区，在此输入 2，如图 4.53 所示。

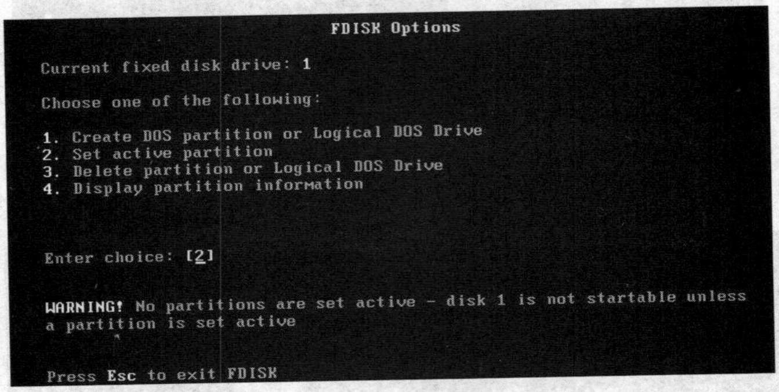

图 4.53　提示要设置活动分区

(15) 按 Enter 键，此时程序提示选择哪个为活动分区。在 DOS 分区里面，只有主 DOS 分区才能被设置为活动分区，其余的分区不能被设置为活动分区，所以输入 1，如图 4.54 所示。

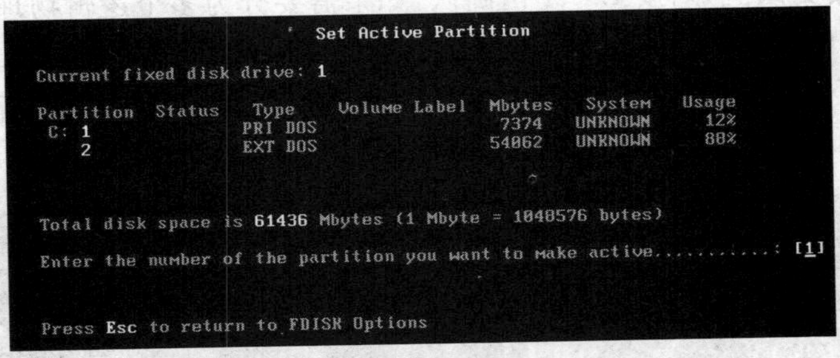

图 4.54　选择 1 分区为活动分区

(16) 按 Enter 键。设置了活动分区后，该盘符中的 Status(状态)字段中标有 A，表示该分区是活动分区。

2. 使用 Format 格式化硬盘

使用 Fdisk 分区硬盘后，还要对硬盘进行格式化(指高级格式化)，在 DOS 下，一般是使用 Format 命令进行格式化，它一般与 Fdisk 配合使用。

（1）在硬盘分区完成后，用系统启动盘启动计算机。在系统出现"A:\"提示符后，输入"formatc:/s"，如图 4.55 所示。

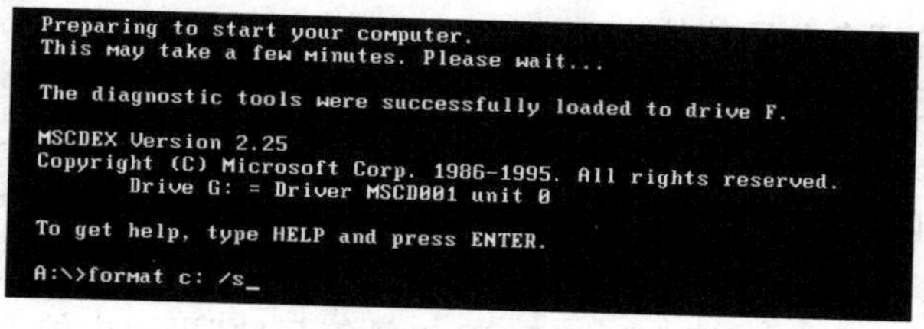

图 4.55　输入 format c:/s

提示：加 s 参数的作用是在格式化 C 盘后，将其创建成可以启动系统的硬盘，所以也只有格式化 C 盘的时候才加参数 s。如果硬盘曾经被格式化过，可以加参数 q，以对硬盘进行快速格式化。

（2）按 Enter 键后，系统提示：如果对 C 盘进行格式化，C 盘上的所有数据将丢失，并询问用户是否继续进行格式化，如图 4.56 所示。

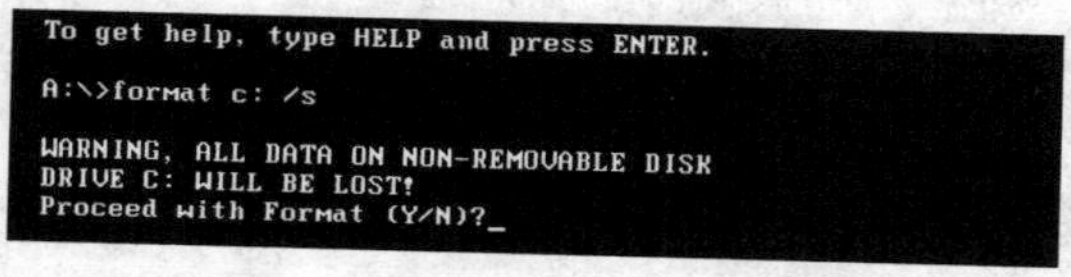

图 4.56　提示格式化硬盘会导致数据丢失

（3）输入 Y，按 Enter 键，就开始格式化工作了。在格式化结束后，系统会提示输入所格式化磁盘的卷标，输入卷标名后，再按 Enter 键结束对 C 盘的格式化，也可以直接按 Enter 键跳过输入卷标，如图 4.57 所示。

图 4.57　输入卷标

（4）输入卷标后，按 Enter 键，Format 会给出一些驱动器信息，表示格式化完成。接着用同样的方法格式化硬盘的其他分区，不过在格式化 D 盘和 E 盘时不需要加 s 参数。

注意：使用 Format 格式化硬盘的速度非常慢，如果是一块大容量的硬盘，建议使用其他工具（例如 F32、Disk Genius 等）进行格式化，也可以先格式化 C 盘，然后在安装好操作系统后，再在 Windows 系统下进行格式化。

活动三：其他常见的硬盘分区软件和分区方法

下面简单介绍其他几款常见硬盘分区工具（这些工具都集成在"深山红叶袖珍系统

工具箱"中），用户可以触类旁通地掌握它们的用法，下面只简单地介绍其特点和软件主界面。除了使用分区软件进行分区外，还有另外一些分区方法，这里也简单介绍一下，让用户了解到更多的知识，至于具体操作要由用户去摸索掌握。

1. 其他常见的硬盘分区软件

1）DM 万用版

DM 万用版也是一个较常用的硬盘分区工具，它最大的特点就是完全能够识别超大硬盘，其分区操作也快，缺点是界面不直观，操作复杂，初学者不易掌握。

目前，很多"系统维护光盘"都带有这个分区工具，而前面制作的"深山红叶袖珍系统工具箱"就集成了该软件，在"深山红叶 DOS 工具箱帮助"界面中的 DOS 提示符下，输入 DM，并按 Enter 键，即可启动 DM 万用版的欢迎画面，如图 4.58 所示。

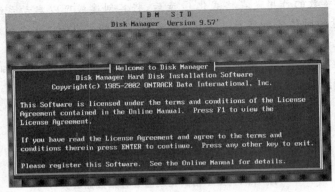

图 4.58 启动 DM 万用版

按 Enter 键即可进入 DM 主界面，然后选择 Advanced Options 项，如图 4.59 所示。

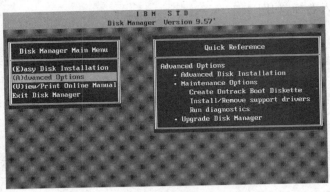

图 4.59 选择 Advanced Options 菜单项

按 Enter 键，打开该对话框，然后选择 Advanced Disk Installation 菜单项。如果用户熟悉英文，只需按照字面意思进行操作即可，如果不太熟悉英文，那么可以找一个汉化的 DM 万用版来使用。

提示：使用 DM 万用版对硬盘进行分区后，会自动激活主分区，因此不需要再进行激活操作或使用其他工具进行激活。

2) Disk Genius

Disk Genius 是一个简体中文界面的硬盘分区工具,它为不熟悉英文的用户提供了方便。Disk Genius 除了提供了基本的硬盘分区功能外,还具有强大的分区维护功能(如分区表备份和恢复、分区参数修改、硬盘主引导记录修复、重建分区表等);此外,它还具有分区格式化、分区无损调整、硬盘表面扫描、扇区复制、彻底清除扇区数据等实用功能。Disk Genius 的软件大小只有 200KB 左右。"深山红叶袖珍系统工具箱"也收集了该工具。

从网上找到 Disk Genius,在提示符下输入 DiskGen,按 Enter 键,即可启动 Disk Genius 程序,如图 4.60 所示。在主界面中,用鼠标单击硬盘的灰色区域,选择"分区"→"新建分区"命令,然后按照提示操作即可。

3) F32 MAGIC 中文版

F32 MAGIC 中文版是目前最小的分区工具,它不但"个头"小,而且分区速度也非常快,其缺点是不支持除 FAT 和 FAT32 以外的其他文件格式。该工具可以在网上找到,也可在"深山红叶袖珍系统工具箱"中找到。F32 MAGIC 2.0 的程序界面如图 4.61 所示。

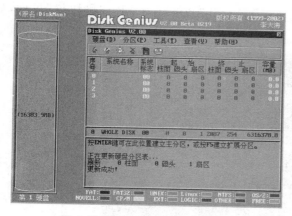

图 4.60 Disk Genius 程序主界面

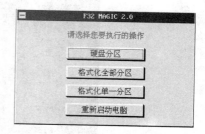

图 4.61 F32 MAGIC 2.0 主界面

可以看到,其界面非常容易理解,按其按钮名称操作即可。

2. 利用 Windows 安装向导对硬盘进行分区和格式化

如果用户手头上没有任何硬盘分区工具,那么可以利用 Windows 安装向导对硬盘进行分区和格式化,下面就简单介绍这个方法。因为这方面的内容也涉及安装操作系统的内容,因此这里只简单提示一下操作的过程,具体的步骤请参看后面章节。

假设有一张 Windows XP 的安装光盘,在没有任何硬盘分区工具的情况下,在新计算机上安装 Windows XP 系统的具体操作方法如下。

(1)把 Windows XP 的安装光盘放进光驱内,并在 BIOS 中设置优先从光盘启动。

(2)因为 Windows XP 的安装光盘具有启动功能,首先启动的画面如图 4.62 所示。

```
Setup is inspecting your computer's hardware configuration...
```

图 4.62 安装 Windows XP 的启动画面

（3）接着会打开"欢迎使用安装程序"的画面，如图 4.63 所示。

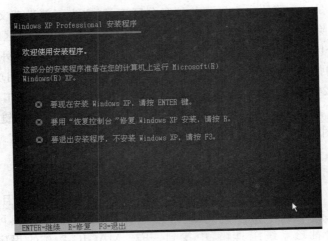

图 4.63　"欢迎使用安装程序"的画面

（4）根据提示，直接按 Enter 键继续，接着打开"Windows XP 许可协议"界面，如图 4.64 所示。

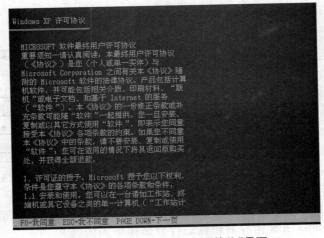

图 4.64　"Windows XP 许可协议"界面

（5）阅读了许可协议之后，按 F8 键，同意该协议，然后选择把 Windows XP 安装到哪个硬盘上，可以看到当前是一个未划分空间的硬盘，所以应该选择"要在尚未划分的空间中创建磁盘分区……"，所以需要按 C 键，如图 4.65 所示。

（6）接着会要求输入驱动器（C 盘）的大小，如图 4.66 所示。

（7）按 Enter 键，返回上一个界面，就可以看到刚创建的分区，然后选中它，如图 4.67 所示。

（8）按 Enter 键，此时 Windows XP 安装程序提示选择格式化分区的方式，选择"用 NTFS 文件系统格式化磁盘分区"，如图 4.68 所示。

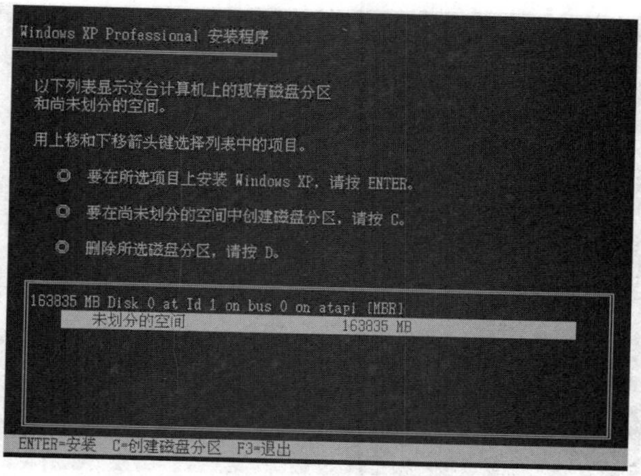

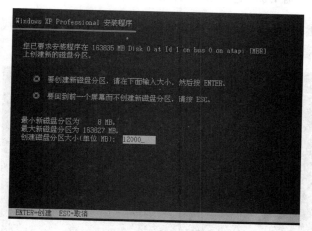

图 4.65 选择"要在尚未划分的空间中创建磁盘分区……"

图 4.66 输入驱动器(C盘)的大小

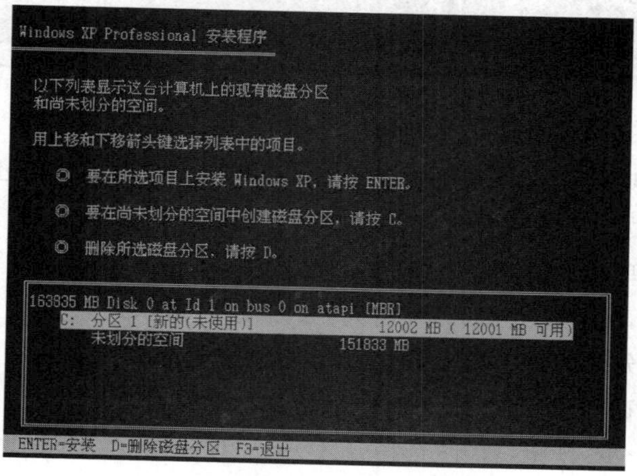

图 4.67 先选中新创建的一个分区

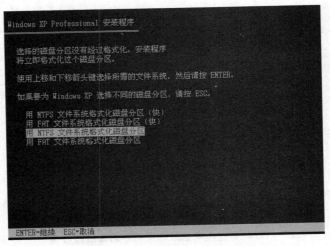

图 4.68 选择"用 NTFS 文件系统格式化磁盘分区"

（9）按 Enter 键，开始格式化该分区，如图 4.69 所示。至此就完成了 C 盘的分区和格式化，然后按提示安装 Windows XP，具体步骤请参看后面章节。

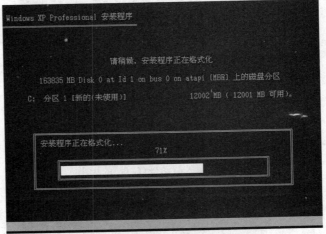

图 4.69 正在格式化分区

（10）因为这里只对 C 盘进行分区和格式化，所以在安装好 Windows XP 并进入系统后，需要在桌面上右击"我的电脑"图标（这里以"经典菜单"的界面为例），在弹出的快捷菜单中，选择"管理"命令，打开"计算机管理"窗口，单击"存储"项目下面的"磁盘管理"选项，就可以看到该硬盘未划分的其他空间，如图 4.70 所示。

（11）右击没有分区的磁盘灰度条，在弹出的快捷菜单中，选择"新建磁盘分区"命令，打开"欢迎使用新建磁盘分区向导"对话框，如图 4.71 所示。

（12）单击"下一步"按钮，打开"选择分区类型"对话框，选中"扩展磁盘分区"单选按钮，如图 4.72 所示。

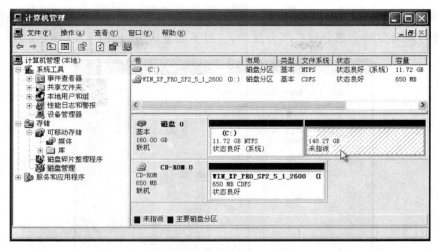

图 4.70 正在格式化分区

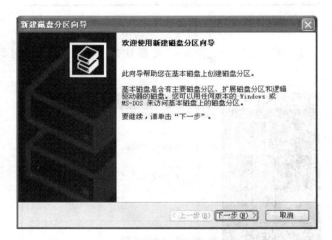

图 4.71 "欢迎使用新建磁盘分区向导"对话框

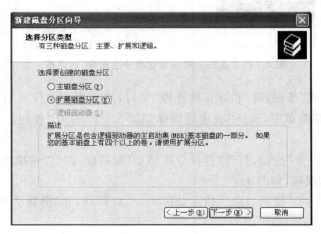

图 4.72 选中"扩展磁盘分区"单选按钮

　　（13）单击"下一步"按钮，打开"指定分区大小"对话框，在"分区大小"微调框中，默认是把磁盘的剩余空间全部分到扩展分区中，一般不需要改变，如图4.73所示。

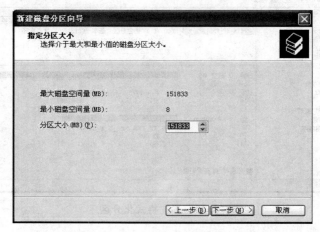

图4.73　"指定分区大小"对话框

　　（14）单击"下一步"按钮，打开"正在完成新建磁盘分区向导"对话框，如图4.74所示。

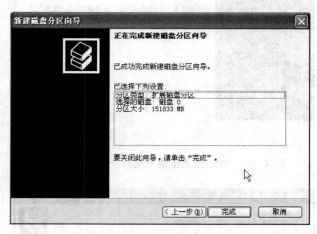

图4.74　"正在完成新建磁盘分区向导"对话框

　　（15）单击"完成"按钮，返回"计算机管理"窗口，然后再右击没有划分逻辑驱动器的部分，在弹出的快捷菜单中，选择"新建逻辑驱动器"命令，打开"欢迎使用新建磁盘分区向导"对话框。

　　（16）单击"下一步"按钮，打开"选择分区类型"对话框，此时，这里默认（也只能）选中"逻辑驱动器"单选按钮，如图4.75所示。

　　（17）单击"下一步"按钮，打开"指定分区大小"对话框，在"分区大小"微调框中输入需要的数值，如图4.76所示。

　　（18）单击"下一步"按钮，打开"指派驱动器号和路径"对话框，这里一般使用默认的

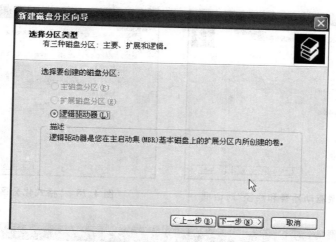

图 4.75 选中"逻辑驱动器"单选按钮

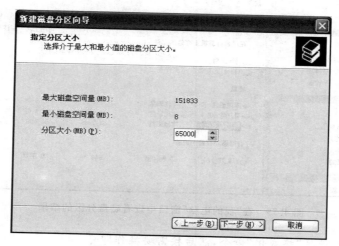

图 4.76 输入驱动器容量大小

设置即可,如图 4.77 所示。

(19) 单击"下一步"按钮,打开"格式化分区"对话框,在"文件系统"下拉列表中选择 NTFS,如图 4.78 所示。因为在 Windows 磁盘管理工具中,如果分区大于 40GB,只能选择 NTFS;如果分区小于 40GB,则可以选择 FAT32,而用其他磁盘分区工具则不会出现这种情况。

(20) 单击"下一步"按钮,打开"正在完成新建磁盘分区向导"对话框,最后单击"完成"按钮,返回"计算机管理"窗口。然后用同样的方法,把剩余的磁盘空间划分到 F 盘中,最后可以在"我的电脑"窗口中看到其结果,如图 4.79 所示。

提示:如果对英文不太懂,或对 DOS 下的磁盘分区工具感到操作复杂而无所下手,使用 Windows XP 或 Windows 2003 的磁盘管理工具来分区就最恰当不过了。此外,格式化驱动器可以直接在"我的电脑"窗口中进行,方法是右击需要格式化的驱动器,在弹

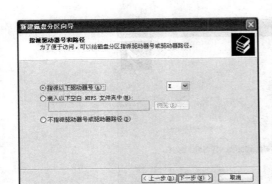

图 4.77　"指派驱动器号和路径"对话框

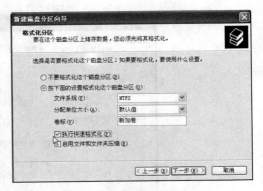

图 4.78　"格式化分区"对话框

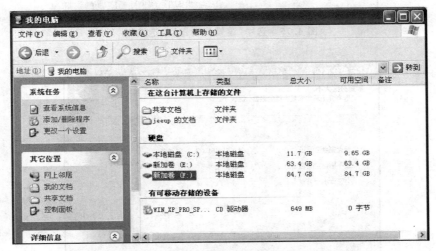

图 4.79　在"我的电脑"窗口中查看磁盘分区的结果

出的快捷菜单中,选择"格式化"命令,然后按需要操作即可。

3. 快速把磁盘分成 4 个区

前面制作的 U 盘启动盘或光盘中有"瞬间把硬盘分成 4 个区"这个工具,如图 4.80 所示。

这个傻瓜工具操作简单易用,但并不一定适合用户分区的要求,这款软件不管硬盘多大,使用后总会把硬盘等分为 4 个分区,例如 160GB 的硬盘,使用该功能会自动分成 4 个 40GB 的分区,对于系统盘来说,40GB 太大,所以不建议使用。

那么这个功能是如何实现的呢? 其实,这是利用 Ghost 程序实现的,即把硬盘分好之后再用 Ghost 程序通过 disk to image 打包成 .gho 文件,从而达到快速分区的目的,这样的分区肯定和用户设计有出入。因此,建议使用分区魔术师 PartitionMagic 进行硬盘分区。此外,用 Windows XP 的系统安装盘分区也不错,虽然 Windows XP 已经退出市场。

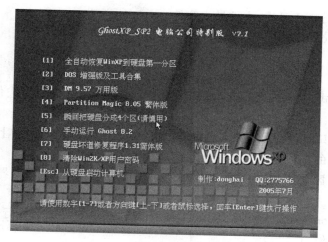

图 4.80　瞬间把磁盘分成 4 个区

归纳总结

　　本模块包括使用 PartitionMagic 分区和格式化硬盘,使用 Fdisk 分区硬盘以及其他常见的硬盘分区软件和分区方法 3 个活动,其中第一个和第三个活动主要是图形界面,操作简单明了,读者容易理解和学习,第二个活动主要是英文字符型界面,读者要花一定时间学习才可以应运自如。要求读者除了掌握各种分区操作以外,还要理解主分区、扩展分区、逻辑分区和文件系统等相关概念,能够制定合理的分区方案。

思 考 练 习

一、选择题

1. 一块硬盘最多可以创建_____个逻辑驱动器。

　　A. 20　　　　　　　B. 24　　　　　　　C. 22　　　　　　　D. 26

2. 一块硬盘的主引导记录中最多能包含_____个分区记录。

　　A. 2　　　　　　　B. 4　　　　　　　C. 6　　　　　　　D. 8

3. 目前,大部分的主板都支持多种设备启动计算机,但下面的_____不可以启动计算机裸机。

　　A. 网卡　　　　　　B. 显卡　　　　　　C. 光盘　　　　　　D. U 盘

4. 安装 Windows 系统时,一般需要使用光驱(假设光盘内具有启动文件),用下面_____方法可使用光驱。

　　A. 可以直接使用光驱

　　B. 安装光驱驱动程序

　　C. 使用 Windows 98 启动盘启动计算机

　　D. 把 BIOS 中的启动顺序设置为由 CD-ROM 最先启动

5. 下述硬盘分区工具中,文件最小的是_____。

 A. PartitionMagic   B. F32 MAGIC

 C. Fdisk   D. DM 万用版

二、判断题

1. 硬盘的格式化分为高级格式化和低级格式化,一般所说的格式化是指高级格式化。(　　)

2. 一块硬盘只能有一个主分区是活动的,当划分了两个或两个以上的主分区时,除活动分区外,其他的主分区则为隐藏分区。(　　)

3. 只有主分区可以设置为隐藏分区,扩展分区中的逻辑驱动器不能设置为隐藏。(　　)

4. 在 Partition Magic 程序中,无论怎么操作,在最后一步没有执行改变时前面所作的操作并不能生效。(　　)

三、综合题

1. 简述划分多个主分区的作用。

2. 常见的分区格式有哪几种?它们各有什么优缺点?

3. 制作 U 盘启动盘,然后使用它启动计算机。

4. 制作一个系统维护光盘(例如系统维护检修光盘),然后使用它启动计算机。

5. 使用系统维护检修光盘内的 F32 MAGIC 程序对一块新硬盘进行分区。

6. 使用 PartitionMagic 对硬盘进行格式化。

7. 使用 PartitionMagic 进行删除分区、移动分区和转换分区等操作。

8. 分别使用多款分区工具进行硬盘分区操作(最好在虚拟机下进行),然后比较哪一个软件更适合普通用户使用。

项目五 project 5

操作系统的安装

项目描述

计算机系统分为硬件系统和软件系统,对硬盘进行分区和格式化之后,需要在计算机中安装软件,计算机才能正常使用,如果不在计算机中安装软件,那么计算机并不具有任何工作的能力。软件分为系统软件和应用软件,操作系统是计算机系统的基本组成部分。个人计算机使用的操作系统的类型很多,常见的有 MS-DOS、Windows 98/2000/XP/2003/Vista/7/8、UNIX、Linux 以及苹果机上的 Mac OS 等。

Windows XP 是目前最成熟、使用群体最大的个人 PC 操作系统,但随着微软公司宣布 2014 年 4 月 8 日之后不再使用或更新 Windows XP 系统,取而代之的将是 Windows 7 和 Windows 8 或更高版的未来操作系统。不同的操作系统使用的文件系统格式也不尽相同,通常,DOS 系统使用的是 FAT 文件系统,而 Windows NT 使用的是 NTFS 文件系统, Windows 2000/2003/XP、Windows 7 和 Windows 8 则可以使用 FAT 32 或 NTFS 文件系统。

而 UNIX、Linux 以及苹果机上的 Mac OS 等系统的分区格式也各有不同,对硬盘分区和格式化时要按需要选择。

本项目模块一以 Windows 7 和 Windows 8 安装为例,不再讲述 Windows XP 系统的安装。而在模块二中,还是以 Windows XP 为例进行讲解。

项目知识结构图

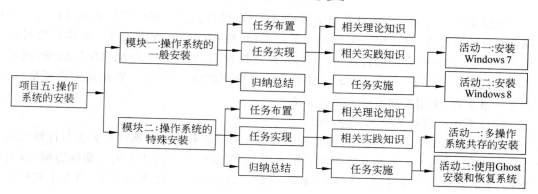

模块一　操作系统的一般安装

任务布置

技能训练目标
掌握 Windows 7 和 Windows 8 系统安装的方法和技能。

知识教学目标
了解操作系统的基本功能，掌握常用操作的分类及用途。

任务实现

相关理论知识

当一套计算机硬件系统安装完毕后，需要一个能对系统进行管理，以使该系统正常运转的软件，这个软件就是操作系统。操作系统是整个计算机软、硬件的控制中心，是计算机系统必须配置的、最重要的系统软件

1. 操作系统的基本功能

操作系统是计算机的核心管理软件，它是随着计算机系统性能结构的变化和计算机应用范围的日益扩大而形成和发展的。在微型计算机系统的应用中，操作系统的重要性可以用一个宝塔图来体现，如图 5.1 所示，从中可以看到操作系统是一个多么重要的环节和基础。

图 5.1　计算机系统地位图

操作系统的管理对象是计算机系统的各类软、硬件资源。硬件资源包括 CPU、内存储器和外部设备等；软件资源包括各种系统程序、应用程序和数据文件。操作系统可以对软、硬件资源进行合理的管理，使其充分地发挥作用，提高整个系统的使用效率，同时为用户提供一个方便、有效、安全、可靠的计算机应用环境，从而使计算机成为功能更强、服务质量更高、使用更加灵活方便的设备。

操作系统必须具有以下 5 种功能。

（1）中央处理器（CPU）的管理功能。因为人的运算和动作的速度是无法与计算机的运算速度相比的，为了提高计算机的工作效率，必须减少人工对计算机干预的影响，以避免 CPU 不必要的等待时间。为解决这个问题，可以采用多道程序的方法，当由于某种原

因(如等待一次输入输出操作结束)某一作业不能继续运行时,CPU 就可去执行另一个作业。操作系统利用 CPU 的等待时间来运行其他的作业,显著地提高了 CPU 的利用率。

(2)存储器管理功能。在计算机系统中,内存储器是一个十分关键的资源,在操作系统中,由存储管理程序对内存进行分配和管理。其主要功能就是合理地分配多个作业共占内存,使它们在自己所属的存储区域内互不干扰地进行工作。此外,还可以采用扩充内存管理、自动覆盖和虚拟存储等技术,为用户提供比实际内存大得多的存储空间,并进行信息保护,保证各个作业互不干扰,信息不会遭到破坏。

(3)文件系统(信息)管理功能。文件是具有名称的一组信息,信息主要包括各类系统程序、标准子程序、应用程序和各种类型的数据等,它们以文件的形式保存在磁盘、光盘、磁带等存储介质上供用户使用。在操作系统中,实现对文件的存取和管理的程序称为文件管理系统,它为用户提供了统一存取和管理信息的方法。这种方法操作简单、方便,用户不必记住文件存放的物理位置和输入输出命令的细节便能按名称存取文件,而且还可以为用户提交给系统的文件提供各种保护措施,以防止文件被破坏或被非法使用,提高文件的安全性和保密性,实现文件的共享,以便协助用户有效地使用和可靠地管理各自的信息。

(4)外设管理功能。在计算机系统中,外部设备的种类很多,由于外部设备与 CPU 速度上的不匹配,使得这些设备的效率得不到充分发挥。因此,计算机系统在硬件上采用了通道、缓冲和中断技术,由于通道可以独立于 CPU 而运行,并能控制一台或多台外部设备借助于缓冲区进行输入和输出,从而可以大大节省 CPU 的等待时间,以便能够充分而有效地使用这些设备。

(5)进程的控制功能。为方便多用户使用计算机,现代计算机系统可以给 CPU 连接多个终端,多用户可以在各自的终端上独立地使用同一台计算机。所谓终端是一个具有显示装置和键盘的控制台,它既是输入设备又是输出设备。为使每个终端提交给计算机系统的作业能及时处理,操作系统应该具有处理多个作业的功能。

2. 微型计算机的各种操作系统

从计算机应用工作的角度来看,操作系统的设计目的是为计算机用户提供一个方便的工作环境,协助用户解决应用工作中需要解决的常规问题,同时用户可以借助这些软件的各种操作,高效准确地完成一系列软硬件资源管理工作。

常见的微型计算机的操作系统有数十种,仅 PC 系列的操作系统就有以下 4 种:

(1)磁盘操作系统。常见的有 MS-DOS、DR-DOS、X-DOS、CP/M-86 等。

(2)网络操作系统。有 VINES、3COM、LAN Manager、NetWare、CP/NET、Windows NT、VMS、OS/2 等。

(3)多用户网络操作系统。常见的有 UNIX、XENIX、MP/M 等,其中 UNIX 最成熟。

(4)多任务图形窗口操作系统。常见的有 OS/2、Windows 9x、Windows NT/2000/XP、Windows Vista、Windows 7 和 Macintosh 等。

在这些操作系统中,一般 PC 最常用的就是 Windows 系列操作系统,它是由微软公司开发的,采用图形操作界面。由于避免了 DOS 系统中的指令输入,所以受到了广泛的欢迎。Windows 系列发展非常迅速，版本不断更新，主要经历了 Windows 3.x、Windows 95、Windows 95 OSR2（又称 Windows 97）、Windows NT、Windows 98、Windows Me、Windows 2000、Windows XP、Windows 2003、Windows Vista，还有最新的操作系统 Windows 7 等。其中，微软公司对 Windows 3.x 和 Windows 95/98 都不再提供售后服务，最常用的是后面几种。

下面简单介绍目前还能见到的几种 Windows 系列操作系统。

1）Windows 98

Windows 98 是微软公司继 Windows 95 以后推出的一个操作系统。Windows 98 使用更方便，可靠性和稳定性比 Windows 95 更高，还特别加入了一些系统工具。Windows 98 在网络功能方面也有很大的提高，具有网上自动升级功能。Windows 98 的界面如图 5.2 所示。

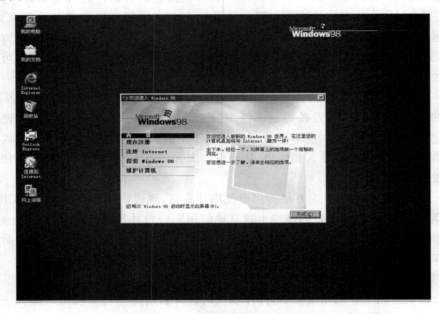

图 5.2　Windows 98 的界面外观

说明：Windows 98 系统在市面上也很少见或者根本就没有了，在此作为一种了解和历史供读者参考。

2）Windows XP

Windows XP 是目前 Windows 系统中功能最强的版本，XP（Experience）是体验的意思。与 Windows 2000 和 Windows Me 相比，Windows XP 具有更漂亮的界面、更好的安全性和可靠性，操作更简便，尤其增强了 Internet、多媒体与家庭网络等方面的功能。

3）Windows Vista

微软公司于 2006 年正式发布了 Windows Vista 操作系统。该操作系统未正式发布前被称为 Windows Longhorn。与 Windows XP 和 Windows Server 2003 相比，Windows Vista 的桌面变得更加漂亮，不仅有半透明的 Aero（玻璃效果）界面，还可以在窗口四周产生阴影效果,同时窗口的最大化/最小化过程也变得动感十足。然而,漂亮的界面需要强大的图形处理能力,这就要求有一块好的显卡。

此外,Windows Vista 的媒体中心功能和平板计算机功能都已经集成在系统中,和 Windows XP 一样,Windows Vista 也出现了多种新的版本。Windows XP 一共有 6 个版本,除了刚开始就发布的家用版和专业版外,还有随后加入的媒体中心版、64 版、Tablet PC 版以及新兴市场 Starter 版。现在 64 位版、媒体中心版以及 Tablet PC 版的功能已经整合到 Windows Vista 的部分版本中。

目前 Windows Vista 有 Home Basic(家用基础版)、Home Premium(家用白金版)、Ultimate(终极版)、Business(商业版)、Enterprise(企业版)以及 Starter(向某些发展中国家销售的版本)共 6 个版本。其中,Home Basic、Home Premium 和 Ultimate 属于为个人消费者而设计的版本,Business 和 Enterprise 属于为大中型企业设计的版本,小型企业群适用的版本则为 Ultimate 或者 Business。而 Starter 版是专门为新兴市场的低价位计算机而设计的 32 位操作系统,它跟 Windows XP 的 Starter 版本一样,都限制了可执行的任务数,该版本目前不在中国市场上销售。一般普通用户最常使用的是 Home Basic 版本,对于一般的计算机,一般的显卡而内存又足够大的用户来说,这个版本足够使用。而 Ultimate 版本是为个人消费者和小型企业群体设计的,它融合了台式机以及笔记本的各种功能,包含了 Home Premium 以及 Enterprise 版本的所有特性。

4) Windows 7

Windows 7 是由微软公司开发的,具有革命性变化的操作系统。该系统旨在让人们的日常电脑操作更加简单和快捷,为人们提供高效易行的工作环境。

Blackcomb 是微软公司对 Windows 未来的版本的代号,原本安排于 Windows XP 后推出。但是在 2001 年 8 月,Blackcomb 突然宣布延后数年才推出,取而代之由 Windows Vista(代号 Longhorn)在 Windows XP 之后及 Blackcomb 之前推出。为了避免把大众的注意力从 Vista 上转移,微软起初并没有透露太多有关下一代 Windows 的信息;另一方面,重组不久的 Windows 部门也面临着整顿,直到 2009 年 4 月 21 日发布预览版,微软公司才开始对这个新系统进行商业宣传,该新系统随之走进大众的视野。2009 年 7 月 14 日,Windows 7 编译完成,这标志着 Windows 7 历时 3 年的开发正式完成。现已广泛使用。

Windows 7 有简易版、家庭普通版、家庭高级版、专业版和旗舰版等版本。

Windows 7 的设计主要围绕 5 个重点——针对笔记本电脑的特有设计,基于应用服务的设计,用户的个性化,视听娱乐的优化,用户易用性的新引擎。

Windows 7 在性能上表现出以下特色:

(1) Windows 7 启动时的画面更易用。Windows 7 做了许多方便用户的设计,如快速最大化、窗口半屏显示、跳转列表(Jump List)、系统故障快速修复等,这些新功能令 Windows 7 成为最易用的 Windows。

(2) 更快速。Windows 7 大幅缩减了 Windows 的启动时间,据实测,在 2008 年的中低端配置下运行,系统加载时间一般不超过 20 秒,这与 Windows Vista 的 40 余秒相比,是一个很大的进步。

（3）更简单。Windows 7 让搜索和使用信息更加简单，包括本地、网络和互联网搜索功能，直观的用户体验将更加高级，还会整合自动化应用程序提交和交叉程序数据透明性。

（4）更安全。Windows 7 包括了改进了的安全和功能合法性，还会把数据保护和管理扩展到外围设备。Windows 7 改进了基于角色的计算方案和用户账户管理，在数据保护和深入协作的固有冲突之间搭建沟通桥梁，同时也会开启企业级的数据保护和权限许可。

（5）节约成本：Windows 7 可以帮助企业优化它们的桌面基础设施，具有操作系统、应用程序和数据无缝移植功能，并简化 PC 供应和升级，进一步朝完整的应用程序更新和补丁方面努力。

（6）更好的连接。Windows 7 进一步增强了移动工作能力，无论何时、何地、任何设备都能访问数据和应用程序，开启坚固的特别协作体验，无线连接、管理和安全功能会进一步扩展。令性能和当前功能以及新兴移动硬件得到优化，拓展了多设备同步、管理和数据保护功能。最后，Windows 7 会带来灵活的计算基础设施，包括胖、瘦、网络中心模型。

（7）Windows 7 是 Windows Vista 的"小更新大变革"。微软公司已经宣称 Windows 7 将使用与 Windows Vista 相同的驱动模型，即基本不会出现类似 Windows XP 至 Windows Vista 的兼容问题。

（8）Virtual PC。微软新一代的虚拟技术——Windows Virtual PC 程序中自带一份 Windows XP 的合法授权，只要系统是 Windows 7 专业版或是 Windows 7 旗舰版，内存在 2GB 以上，就可以在虚拟机中自由运行只适合于 Windows XP 的应用程序，并且即使虚拟系统崩溃，处理起来也很方便。

（9）更人性化的 UAC（用户账户控制）。Windows Vista 的 UAC 令用户饱受煎熬，但在 Windows 7 中，UAC 控制级增到了 4 个，通过这样来控制 UAC 的严格程度，令 UAC 安全而又不烦琐。

（10）能触摸的 Windows。Windows 7 原生包括了触摸功能，但这取决于硬件生产商是否推出触摸产品。系统支持 10 点触控，Windows 不再是只能通过键盘和鼠标才能使用的操作系统了。

（11）更加易用的驱动搜索。Windows Vista 第一次安装时仍需安装显卡和声卡驱动，这显然是很麻烦的事情，对于型号较旧的计算机来说更是如此。但 Windows 7 却不用考虑这个问题，用 Windows Update 在互联网上搜索，就可以找到适合自己的驱动。

5）Windows 8

Windows 8 是由微软公司开发的，于 2012 年 10 月 26 日正式推出，具有革命性变化的操作系统。系统独特的 metro 开始界面和触控式交互系统旨在让人们的日常操作更加简单和快捷，为人们提供高效易行的工作环境。

Windows 8 支持来自 Intel、AMD 的芯片架构，被应用于个人计算机和平板电脑上。该系统具有更好的续航能力，且启动速度更快、占用内存更少，并兼容 Windows 7 所支持的软件和硬件。可在大部分运行 Windows 7 的计算机上平稳运行。

Windows 8 大幅改变以往的操作逻辑,提供更佳的屏幕触控支持。新系统画面与操作方式变化极大,采用全新的 Modern UI(新 Windows UI)风格用户界面,各种应用程序、快捷方式等能以动态方块的样式呈现在屏幕上,用户可自行将常用的浏览器、社交网络、游戏和操作界面融入。

Windows 8 的体验指数也从 Windows Vista 的 5.9 分和 Windows 7 的 7.9 分提升到 2013 年的 9.9 分。Windows 8 的版本有中文版、单语言版、标准版、专业版、企业版、Core N 版/Professional N 版/Enterprise N 版和专业版含 WMC。

6)服务器操作系统简介

目前,Windows 系列的服务器操作系统主要有 Windows 2000 和 Windows Server 2003 两种。Windows 2000 是微软公司推出的新一代服务器和工作站用的操作系统,用于取代 Windows NT 系列操作系统。Windows 2000 的版本可分为 Windows 2000 Professional、Windows 2000 Server、Windows 2000 Advanced Server、Windows 2000 Datacenter Server 这 4 种版本,应用于普通公司和大型企业。Windows 2000 将 Windows 98 和 Windows NT 4.0 的功能集于一身,不但采用了 Windows NT 4.0 的核心技术,而且具有即插即用功能。

而 Windows Server 2003 采用了 Windows 2000 Server 的技术,并在此基础上对其进行了改进和简化。此外,为响应用户要求和不断的变化,Windows Server 2003 增加了许多新特性和新技术。Windows Server 2003 的版本分为 Standard Edition、Enterprise Edition、Datacenter Edition 和 Web Edition 共 4 个版本,其中 Web Edition 针对 Web 服务和宿主服务进行了优化,提供用于快速开发和部署 Web 服务和应用程序的平台,这些服务和应用程序使用 Microsoft ASP. NET 技术,该技术是. NET 框架的主要部分,其他版本基本与 Windows 2000 的对应产品保持一致。

7)其他操作系统

此外,还有 UNIX 和 Linux 操作系统,不过,UNIX 和 Linux 是针对服务器和大型工作站的操作系统或专业的网络操作系统,非专业人员不容易使用,它们不是针对普通家庭用户设计的,一般用户不会使用。

就目前情况而言,绝大多数用户为计算机安装的操作系统都是 Windows XP、Windows 7 或 Windows 8,而对于大型公司或企业,可能会安装 Windows 2000/2003。这里重点介绍 Windows XP 的安装方法,然后再介绍 Windows Vista 的安装方法,而 Windows7 和 Windows 2000/2003 的安装方法与 Windows XP 的安装方法一样,就不作重复介绍了。

相关实践知识

1. Windows 7 硬件要求

为了确保能够顺利地安装 Windows 7 操作系统,其最低系统要求如下:

(1)硬盘:计算机要有 5GB 以上的硬盘剩余空间用于系统的安装,并且最好将 Windows 7 安装在独立的盘中。

（2）内存：至少要求 512MB 的 DDR2 内存。

（3）处理器：奔腾 3.0（或相同级别）以上（推荐双核）/AMD、Core 等主流处理器。

（4）显卡：支持 DX10,128MB 显存,PCI-x 及以上。

（5）显示器：要求分辨率在 1024×768 及以上（低于该分辨率则无法正常显示部分功能），或可支持触摸技术的显示设备。

（6）磁盘分区格式：NTFS。

2. Windows 8 硬件要求

Windows 8 与 Windows 7 的硬件要求大致相同,建议如下：

（1）处理器：1GHz 或更快。

（2）内存：1GB RAM(32 位)或 2GB RAM(64 位)。

（3）硬盘空间：16GB(32 位)或 20GB(64 位)。

（4）图形卡：Microsoft DirectX 9 图形设备或更高版本。

若要使用某些特定功能,还需要满足以下附加要求：

（5）若要使用触控,需要支持多点触控的平板电脑或显示器。

（6）若要访问应用商店,需要 Internet 连接及至少 1024×768 的屏幕分辨率。

（7）若要让程序并排在桌面上,需要至少 1366×768 的屏幕分辨率。

3. 磁盘格式转换

安装 Windows 7 和 Windows 8 的磁盘分区格式必须是 NTFS。在裸机上安装 Windows 7 操作系统时,系统盘会提供磁盘的分区及格式化。若在计算机上同时运行 Windows 7 和当前的操作系统,则必须在安装前确保 Windows 7 所在的磁盘分区是 NTFS 格式的。

4. 常见 DOS 系统的命令的使用

虽然目前很少用到 DOS 命令,但如果要重新对硬盘分区、格式化、重新安装系统等,就需要用到一些 DOS 命令,下面介绍主要的 DOS 命令。

1) DOS 的内部命令

DOS 内部命令是指随着命令处理程序 COMMAND. COM 一起驻留在内存的命令,在 DOS 常驻内存的任何时刻均可直接执行。常用的 DOS 内部命令有：

cd（改变当前目录）	ys（制作 DOS 系统盘）	copy（复制文件）
del（删除文件）	diskcopy（复制磁盘）	deltree（删除目录树）
edit（文本编辑）	dir（列文件名）	format（格式化磁盘）
md（建立子目录）	type（显示文件内容）	rd（删除目录）

（1）dir（显示子目录或文件）。

dir 命令用来显示文件的清单。比如查看软盘的内容,想看文件是否保存在指定的目录中。

命令格式：

```
dir[<文件名>][/p][/w][/s]
```

p 控制屏幕输出的方式为逐屏显示。屏幕显示了一屏信息后暂停,并显示以下提示：

Press any key to continue ...

按下任意一个键之后,屏幕将继续显示下一屏的信息。

/w 每行多列的形式显示文件名或子目录,每一行可显示 5 个文件名或子目录名。

/s 列出包括指定目录以及所有下级目录中的子目录。

(2) cd(改变当前目录命令)。

为了操作上的方便,有时候需要从一个目录转到另一个目录进行操作,这个时候,就需要用到改变当前目录的命令 cd。

命令格式为:

cd[<盘符>][<路径>]

不带参数的 cd 命令用来显示当前的目录,而带路径的 cd 命令则用于目录之间的转移,包括在任何目录位置用指定的路径向下移动或者使用特殊符号向上移动。

(3) copy 复制命令。

copy 命令的功能很多,可以建立新文件,复制或连接已有文件。在此就复制文件和合并文件两种功能来说明它的应用。

命令格式:

copy<源文件名>[<目标文件名>]

<源文件名>表示被复制的文件的标识符(如果要复制的文件不在当前路径中,则该标识符需要完整的路径,如 c:\dos\format.com)。

<目标文件名>存放复制后的文件。如果省略这一项,则 dos 在当前驱动器中的当前目录下存放复制的文件,否则在指定的文件目录下存放复制的文件,名称与被复制文件名称相同。文件名中可以使用"?"和"*",这样可以一次复制多个文件。

(4) del(删除磁盘文件命令)。

用 del 命令可以删除磁盘上的文件,但是不能删除子目录。刚接触这些命令时,应该慎重使用,以免删错文件。

命令格式:

del/rease<文件名>

文件名中可以使用"?"和"*"来删除多个文件。如果只是指出驱动器与路径而没有指出具体的文件名称,则系统将删除路径中最后一级目录中的所有文件,所以一定要慎重使用此命令。del 命令不能删除只读文件、隐藏文件和系统文件。

2) DOS 的外部命令

外部命令是指以.COM、.EXE、.BAT 为扩展名的可执行文件,通常以程序文件的形式存放在磁盘上。外部命令的执行依赖于存储在磁盘中的命令文件,要执行 DOS 的外部命令时,首先要指定该外部命令所在的路径,然后读入内存即可执行。

DOS 常用的外部命令有 format、diskcopy、chkdsk、sys、xcopy、attrib 以及 deltree 等。DOS 外部命令执行的优先顺序为 COM 文件、EXE 文件、BAT 文件。

例如,format 是一个外部命令,需要 format.com 文件才能使用,是对指定驱动器的磁盘进行格式化。软盘或硬盘在初次使用之前都要格式化,对新硬盘进行格式化比较复杂,要用 fdisk 对其进行分区,然后才能用 format 命令进行格式化。也可对旧盘格式化,在格式化前,应先确认该盘上的数据是否有用,因为格式化后,磁盘上的原有数据将全部清除。

命令格式为:

```
format[<盘符>][/S][/V][/1][/4][/8]
```

<盘符>指定要格式化的磁盘驱动器名称。

/S 表示磁盘格式化之后将 3 个 DOS 系统文件复制到磁盘中,使其成为 DOS 启动盘。

/V 格式化磁盘时要求用户输入卷标名称。

应该了解以下两个命令的基本用法,在格式转化的时候可以参考使用。

要将 D 盘转换成 NTFS 格式,选择"开始"→"所有程序"→"附件"→"命令提示符",在"命令提示符"窗口中输入

```
format d: /fs:ntfs
```

要将 D 盘转换成 NTFS 格式,选择"开始"→"所有程序"→"附件"→"命令提示符",在"命令提示符"窗口中输入

```
convert d: /fs:ntfs
```

任务实施

活动一:安装 Windows 7

与安装 Windows XP 一样,安装 Windows 7 也有 3 种方法,即用安装光盘/U 盘引导启动安装、从现有操作系统上全新安装和从现有操作系统上升级安装。

下面以"用安装光盘/U 盘引导启动安装"为例介绍 Windows 7 的安装过程(这里以 Windows 7 旗舰版的安装为例进行说明)。另外两种方法和此方法大同小异。

(1) 确认系统的 CPU、内存、显卡、硬盘和 DVD 等符合 Windows 7 的安装要求,并把 Windows 7 安装光盘放进 DVD 光驱内。

(2) 重新启动计算机,并按 Del(或 F2)键进入 BIOS 设置界面。在其中,确保光驱是第一引导设备,然后保存并退出 BIOS 设置。

(3) 从光盘引导计算机,然后等待显示 Starting Windows,接着显示 Windows is loading files...,开始进入安装界面,选择要安装的语言类型、时间和货币格式以及键盘和输入方法,如图 5.3 所示。

安装的是中文旗舰版本,所以默认是中文,旗舰版在安装后还可以安装多语言包,升级支持其他语言显示。

(4) 语言设置好后,单击"下一步"按钮,出现安装界面,如图 5.4 所示,单击"现在安装"即可。

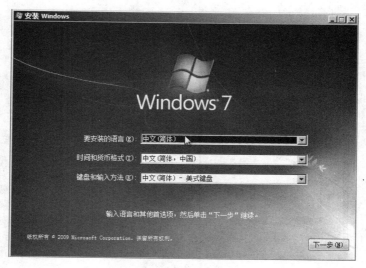

图 5.3 选择语言

图 5.4 现在安装

说明：由于是全新安装，所以没有看到升级界面上兼容测试等选项（如果从低版本
Windows 上单击安装就会有；特别注意，图 5.4 中左下角有"修复计算机"选项，这在
Windows 7 的后期维护中作用极大）。

（5）许可协议选择，如图 5.5 所示，接受并单击"下一步"按钮。

（6）选择安装模式，这个步骤很重要，特别推荐选择自定义安装，因为 Windows 7 升
级安装只支持打上 SP1 补丁的 Vista，其他操作系统都不能升级安装。选择"自定义（高
级）"并单击"下一步"，如图 5.6 所示。

（7）选择安装磁盘，如果需要对系统盘进行某些操作，比如格式化、删除驱动器等，都
可以在此操作，方法是：单击驱动器盘符，然后单击下面的高级选项，这时候会出现一些

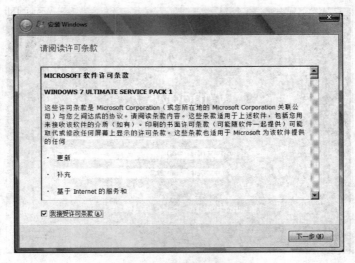

图 5.5　选择许可条款

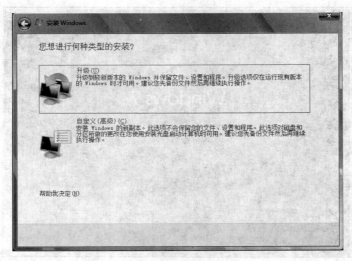

图 5.6　选择安装模式

常用的命令。包括删除后创建新系统盘等,如图 5.7 所示。

说明:在使用 Windows XP 安装程序时,安装程序会自带 NTFS 格式化和 NTFS 快速格式化选项,但是从 Vista 开始,默认的格式化都是快速格式化,也就是说,如果原分区已经是 NTFS,则只重写 MFT 表,删除现有文件,如果系统分区存在错误,可能在安装过程中并不能发现,微软公司这个设计应该是纯粹是为了提高安装速度,给用户一个好印象。

作者测试的计算机只有一个磁盘,直接单击"下一步"按钮就可以开始安装 Windows 7 了,如图 5.8 所示。

说明:

① 如果删除分区然后让 Windows 使用 FREE 空间创建分区,那么旗舰版的 Windows 7 将在安装时自动保留一个 100MB 或 200MB 的保留盘供 Bitlocker 使用,而且

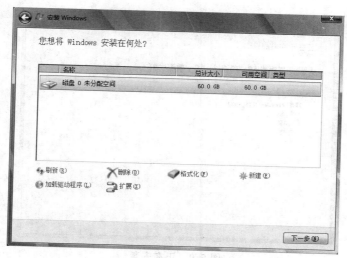

图 5.7　选择安装磁盘

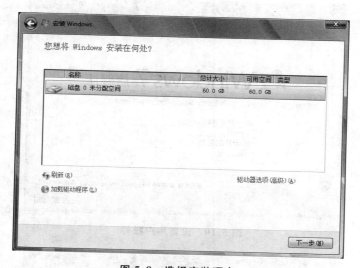

图 5.8　选择安装硬盘

删除时也非常麻烦。

　　② 如果只是在驱动器操作选项(Drive Options)里对现有分区进行格式化,Windows 7 则不会创建保留分区,仍然保留原分区状态。

　　③ 这里安装一定要指定正确的盘符,小心不要因为选错而丢失数据。

　　(8) 开始安装。大约需要 15 分钟的时间(笔者 1GB 内存,80GB 硬盘,CPU 为 AMD 5000＋的计算机的实际测试结果),中间可能有多次重启,如图 5.9 所示。

　　(9) 设置用户账号及密码。最后一次重启进入后开始设置账号、密码及密码提示等,设置网络账号,也就是计算机名称,根据自己的习惯设置即可,如图 5.10 所示。

　　设置密码及提示信息,如图 5.11 所示。

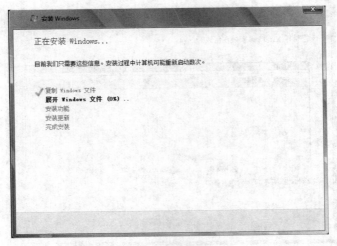

图 5.9 正在安装

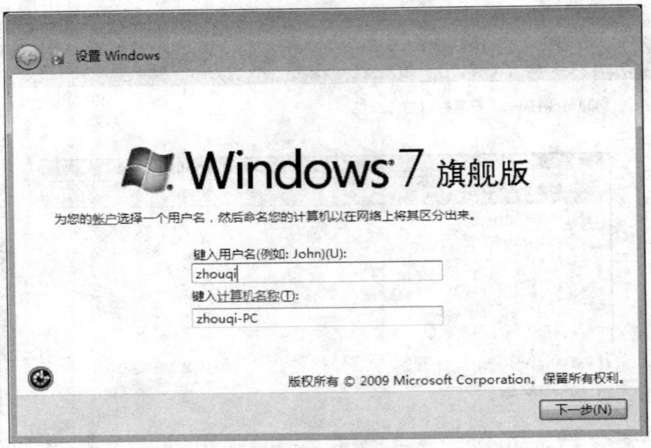

图 5.10 设置用户账号

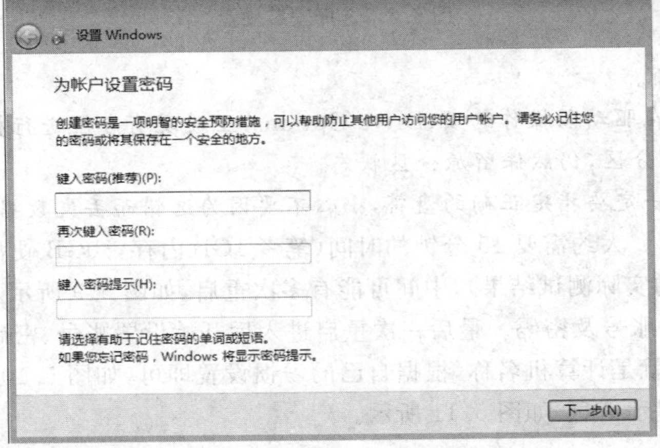

图 5.11 设置密码

（10）设置产品密钥。输入 Windows 7 的产品密钥（25 位），这个密钥也可以暂时不输入，"当我联机时自动激活 Windows"选项也可以选不选中，可以在稍后进入系统时激活，如图 5.12 所示。

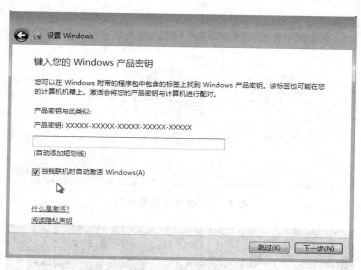

图 5.12　产品密钥

（11）单击"下一步"按钮，如图 5.13 所示，这是关于 Windows 7 的更新配置，有 3 个选项："使用推荐配置"、"仅安装重要的更新"和"以后询问我"，选择最后一个选项并单击"下一步"按钮。

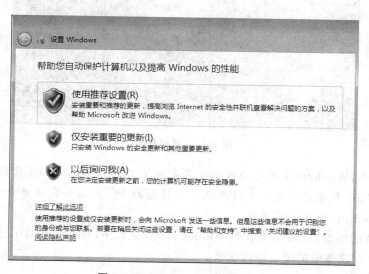

图 5.13　Windows 更新配置选项

（12）进入配置日期和时间窗口，检查设置是否正确，如图 5.14 所示，并单击"下一步"按钮。

（13）安装设置完成，进入系统界面，如图 5.15 所示。

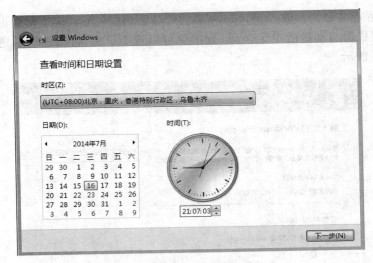

图 5.14　设置时间和日期

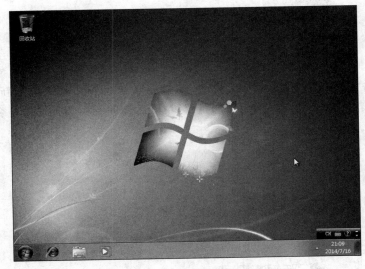

图 5.15　系统界面

　　说明：至此，Windows 7 就已经成功安装完成了。由于 Windows 7 比较新，对当前市面几乎所有 2005 年之后的主板支持都很好。普通的 PC 基本不需要再手动安装任何驱动程序就可以使用，速度也非常快。

　　根据作者的经验，如果无法启动 Windows 7 安装程序，可能是开启了软驱的原因，只需到 BIOS 中把软驱项关闭后即可安装。

活动 2：安装 Windows 8

1. 安装前的准备

（1）硬件需求：与 Windows 7 大致相同。

（2）安装介质：Windows 8 安装介质（光盘/U 盘/移动硬盘）、安装映像文件（ISO）或互联网（三选其一）。

（3）平板电脑必备：USB 接口的鼠标和键盘。

（4）可选项：如果希望访问应用商店，从互联网下载安装，或使用网络账户登录并同步用户配置，需要有 Internet 网络连接。

2. 启动安装程序

1）从可启动介质安装

推荐使用键盘和鼠标完成安装，如果设备支持，也可以使用触摸方式完成 Windows 8 的安装过程。

（1）将引导介质连接到设备上，按电源键启动设备，注意按下相应热键进入 BIOS 配置界面，调整启动顺序，将 DVD 和移动设备启动方式作为优先启动。

说明：相关的 BIOS 设置已在前面的项目中介绍过。进入 BIOS 界面的按键常常是 Del、F10、F11 或 F12 等，具体操作请参考屏幕上的提示或说明书。

对于某些支持 UEFI 引导的计算机，必须启用 UEFI 引导功能才可以完成 Windows 8 的安装，请在 BIOS 设置界面中启用 UEFI 引导功能（具体设置位置请参考计算机说明书）。

如果从光盘启动，可能会出现 Press any key to boot from CD or DVD. 的提示，此时请按键盘上的任意键继续，如图 5.16 所示。

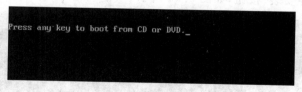

图 5.16　光盘启动提示

（2）顺利启动到安装程序之后，将显示如图 5.17 所示的安装界面。

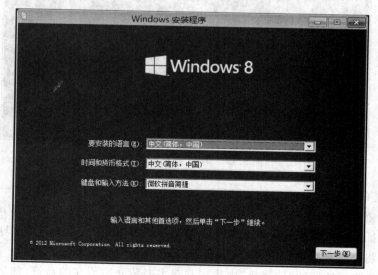

图 5.17　选择语言 1

（3）选择语言、国家和键盘输入法后，单击"下一步"按钮，如图 5.18 所示。

图 5.18 选择语言 2

（4）单击"现在安装"按钮，如图 5.19 所示。

图 5.19 单击"现在安装"按钮

2）从现有 Windows 中启动安装

如果希望直接在 Windows 7 中开始安装 Windows 8，可以首先将 Windows 8 安装介质连接或插入到计算机，如果获得的是 Windows 8 安装镜像文件（ISO），可以通过虚拟光驱软件将其加载为虚拟光驱，然后执行以下步骤：

（1）从资源管理器的"计算机"中找到并双击安装介质所在的盘符（如果弹出"用户帐

户控制"对话框,请单击"是"按钮),如图 5.20 所示。

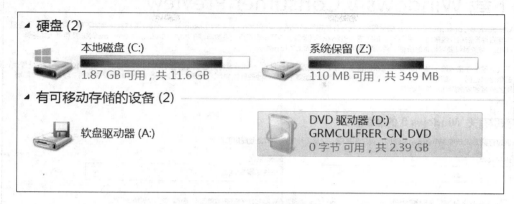

图 5.20 选择安装介质

(2)稍等片刻,出现 Windows 8 安装欢迎界面,在此界面中选择默认选项,以便获取 Windows 安装程序的最新版本,如图 5.21 所示。

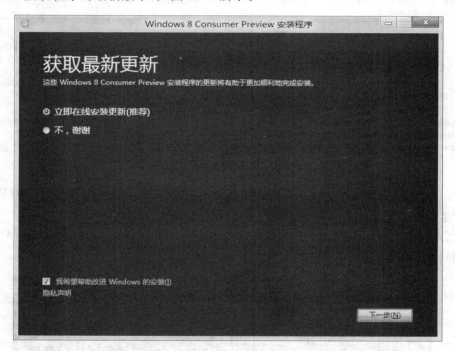

图 5.21 选择更新

3)从互联网下载安装程序

如果从互联网下载安装 Windows 8,请执行以下步骤:

(1)在当前 Windows 中打开浏览器访问网址 http://windows.microsoft.com/zh-cn/windows-8/download,下载 Windows 8 在线安装程序。

(2)按要求填写注册信息,并单击"下载"按钮,如图 5.22 所示。

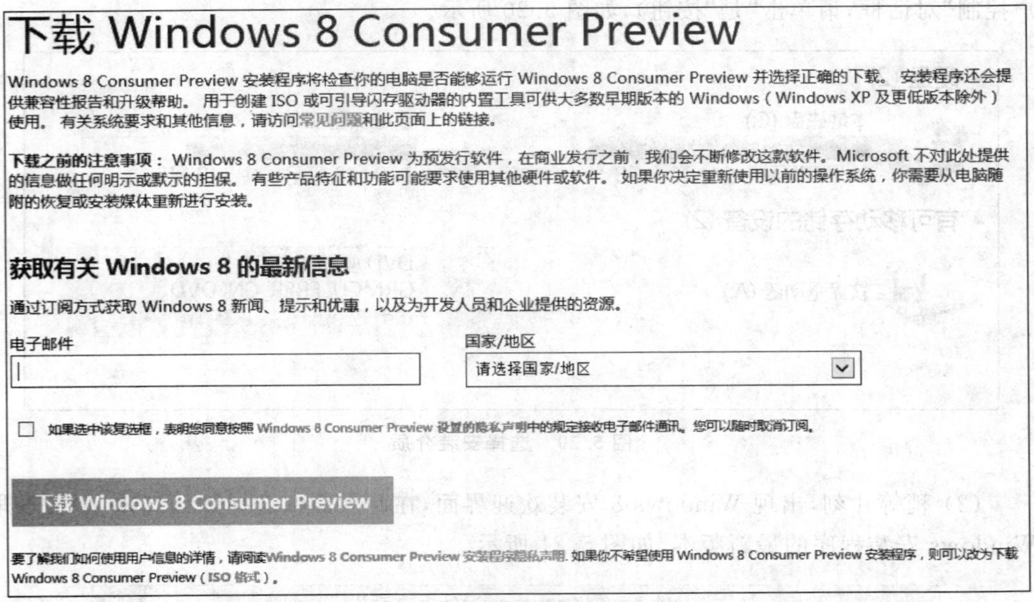

下载 Windows 8 Consumer Preview

Windows 8 Consumer Preview 安装程序将检查你的电脑是否能够运行 Windows 8 Consumer Preview 并选择正确的下载。 安装程序还会提供兼容性报告和升级帮助。 用于创建 ISO 或可引导闪存驱动器的内置工具可供大多数早期版本的 Windows（Windows XP 及更低版本除外）使用。 有关系统要求和其他信息，请访问常见问题和此页面上的链接。

下载之前的注意事项： Windows 8 Consumer Preview 为预发行软件，在商业发行之前，我们会不断修改这款软件。Microsoft 不对此处提供的信息做任何明示或默示的担保。 有些产品特征和功能可能要求使用其他硬件或软件。 如果你决定重新使用以前的操作系统，你需要从电脑随附的恢复或安装媒体重新进行安装。

获取有关 Windows 8 的最新信息

通过订阅方式获取 Windows 8 新闻、提示和优惠，以及为开发人员和企业提供的资源。

电子邮件   国家/地区

| | 请选择国家/地区 |

☐ 如果选中该复选框，表明您同意按照 Windows 8 Consumer Preview 设置的隐私声明中的规定接收电子邮件通讯。您可以随时取消订阅。

下载 Windows 8 Consumer Preview

要了解我们如何使用用户信息的详情，请阅读Windows 8 Consumer Preview 安装程序隐私声明。如果你不希望使用 Windows 8 Consumer Preview 安装程序，则可以改为下载 Windows 8 Consumer Preview（ISO 格式）。

图 5.22　填写注册信息

（3）在浏览器提示下载时选择"运行"，如图 5.23 所示。

是否需要帮助？	开发人员	IT 专业人士
常见问题	Windows 开发人员中心	TechNet Springboard Series
ISO 映像下载	免费的开发人员工具和示例	适用于企业的新型功能

要运行或保存来自 web.esd.microsoft.com 的 Windows8-ConsumerPreview-setup.exe (4.99 MB) 吗?　　运行(R)　　保存(S) ▾　　取消(C)　　✕

图 5.23　运行

（4）在线安装程序将会在下载完成之后自动启动（如果弹出用户账户控制对话框，请单击"是"按钮）。

（5）稍等片刻，出现在线安装向导，首先进行当前软硬件配置与 Windows 8 的兼容性检测，如图 5.24 所示。

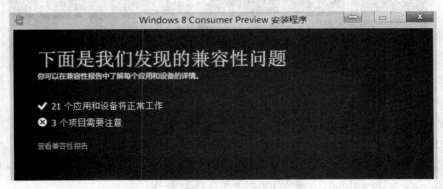

图 5.24　兼容检测

（6）单击"查看兼容性报告"可以查看具体的兼容性信息，如图 5.25 所示。

图 5.25　兼容报告

（7）如果没有阻止安装的严重兼容问题，则可以单击"下一步"按钮继续安装，如图 5.26 所示。

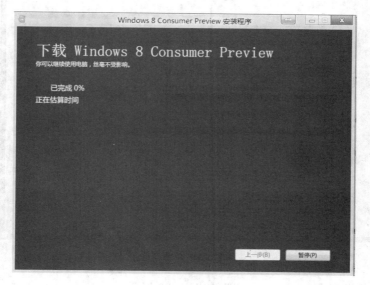

图 5.26　安装进度

3. 安装 Windows 8

下面以光盘启动方式为例,其他安装方式步骤相同,界面可能稍有差异。

(1) 完成上述步骤之后开始安装,首先需要输入产品密钥。对于平板电脑,可以单击右侧的键盘按钮,通过屏幕键盘输入,如图 5.27 所示。

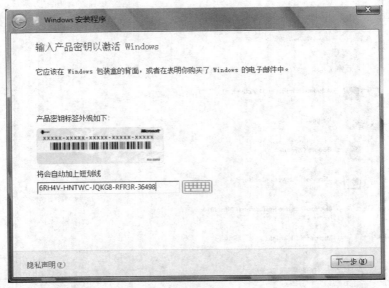

图 5.27　产品密钥

(2) 在许可协议描述界面,选择"我接受许可条款"复选框,如图 5.28 所示。

图 5.28　许可条款

(3) 在安装类型中,选择"自定义",如图 5.29 所示。

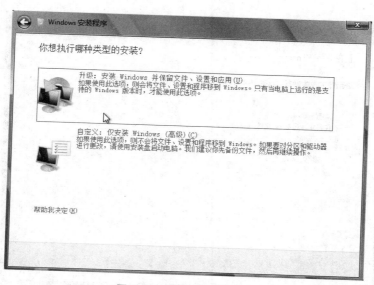

图 5.29 选择自定义安装

（4）在选择安装系统的分区界面中，单击选择需要安装的分区，然后单击"下一步"按钮，如图 5.30 所示。

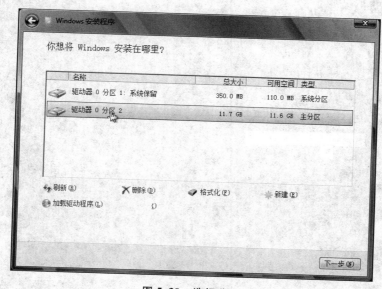

图 5.30 选择分区

（5）一段时间后，Windows 8 会自动重启，开启系统配置向导，如图 5.31 所示。

（6）根据自己的需要设定 Windows 8 系统的背景颜色和 PC 名称，如图 5.32 所示。

（7）如果 Windows 安装程序默认安装了无线网卡的驱动程序，并且周围有无线网络，那么通过安装向导可以连接到 Internet。在无线网络列表中选择可以连接到的无线网络，系统提示输入无线网络密码，平板电脑可以通过屏幕键盘进行输入。

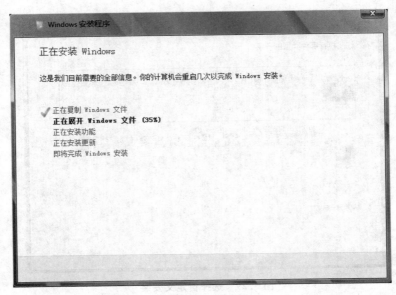

图 5.31 系统配置

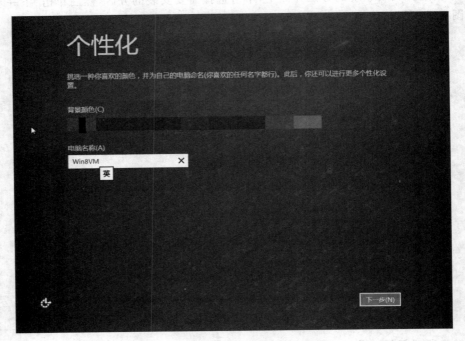

图 5.32 个性化设置

（8）在设置项目中，选择"使用快速设置"，如图 5.33 所示。

（9）在登录到 PC 的选项中，使用自己的 Microsoft 账号（即 Windows Live 账号）登录 PC，这样做的好处是个人配置喜好能够在不同设备上进行同步，如图 5.34 所示。

图 5.33 快速设置

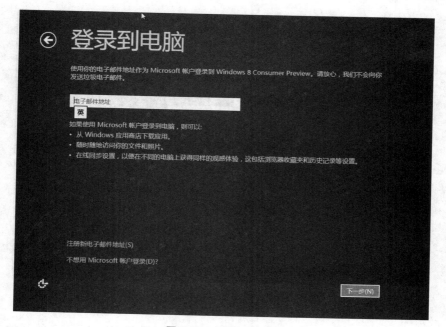

图 5.34 登录到电脑

（10）输入 Microsoft 账户的密码，如图 5.35 所示。

（11）输入账户的安全验证信息，当无法登录时，可以选择使用这个号码找回密码，如图 5.36 所示。

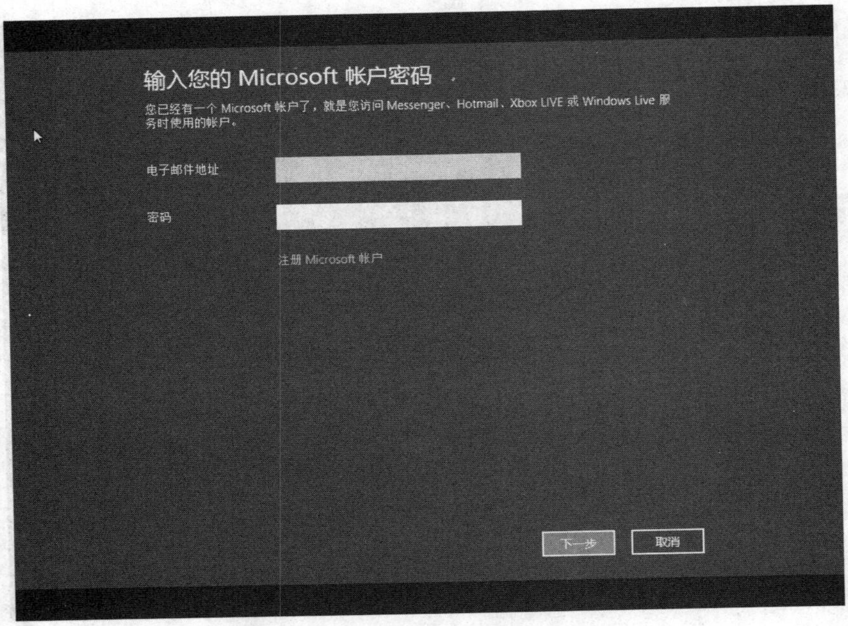

图 5.35　密码设置

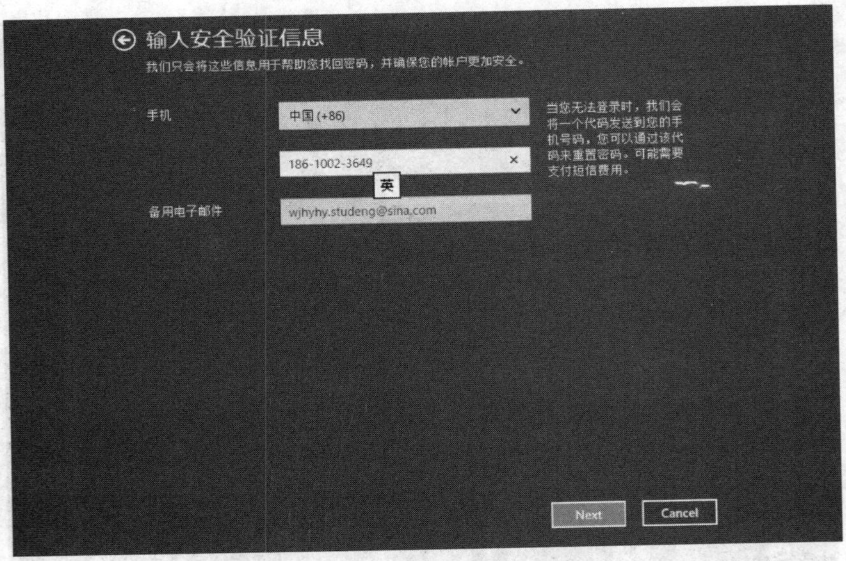

图 5.36　安全验证信息

　　(12) 单击"下一步"按钮,等待一段时间后,就可以看到 Windows 8 的开始界面了,Windows Live 会自动同步用户账户的设置,方便用户的使用,如图 5.37 所示。

4. 安装注意事项

1) 使用触摸设备输入系统信息

　　使用触摸设备时,可以单击信息输入框,使用系统自带的软键盘,如图 5.38 所示。

图 5.37 开始使用

图 5.38 触摸设备使用软键盘输入

2）使用自定义配置完成设定向导

快速设定中，系统会根据大部分用户的使用习惯推荐系统的一些最佳设定，如果需要进行更改，可以选择"自定义"按钮，其中包含以下配置项目。

（1）有关网络访问的设定，提示用户将要连接的网络中对系统数据的共享配置，如图 5.39 所示。

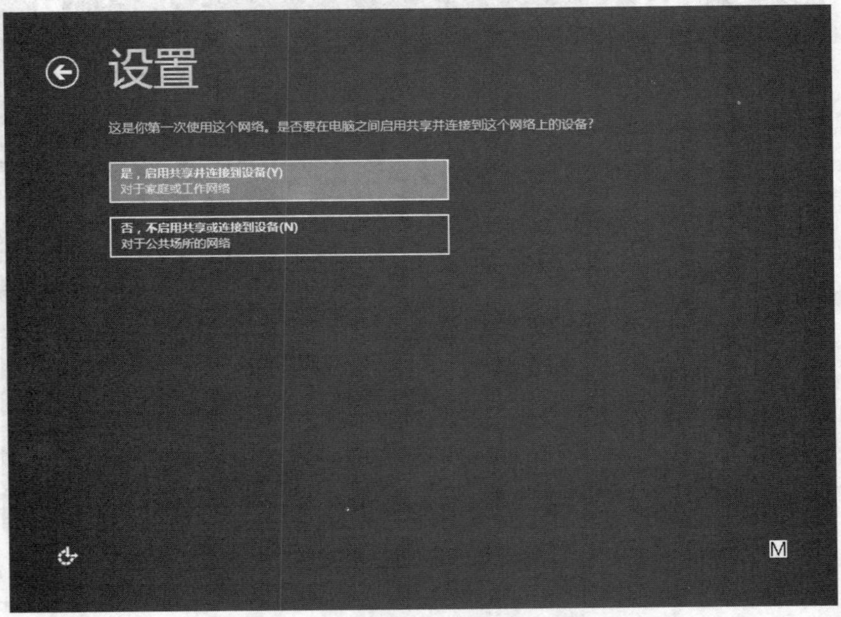

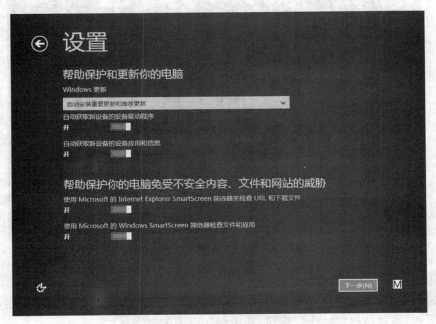

图 5.39　网络设置

（2）有关保护和更新 PC 的设定，提示用户将如何使用 Windows 更新和 Smart Screen 配置项目，如图 5.40 所示。

图 5.40　保护和更新设置

（3）有关反馈信息的设定，提示用户将如何设定反馈信息，以便微软公司能够对 Windows 8 和应用有更好的改进，如图 5.41 所示。

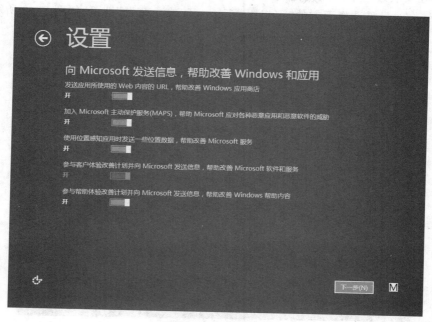

图 5.41 反馈信息

（4）有关疑难解答和应用信息共享的设定，提供了用户可以配置疑难解答的方式和应用程序共享信息的行为，如图 5.42 所示。

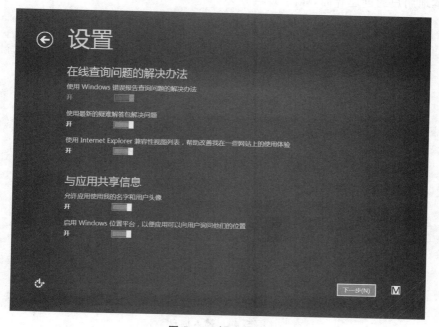

图 5.42 疑难解答

5. 创建本地用户使用 Windows 8

（1）在安装过程中的"登录到电脑"界面，如果想使用本地用户而不是网络账户来登录 Windows 8，只需选择下方的"不想用 Microsoft 帐户登录"即可，如图 5.43 所示。

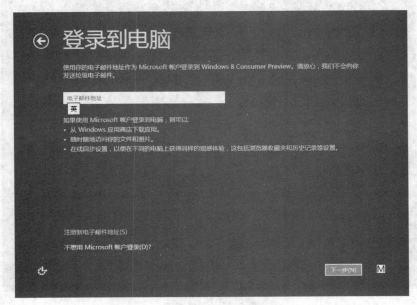

图 5.43　登录到电脑

（2）可以根据需要配置本地用户，当 Windows 没有检测到有效网络时，系统会自动跳转到本地用户的创建界面，如图 5.44 所示。

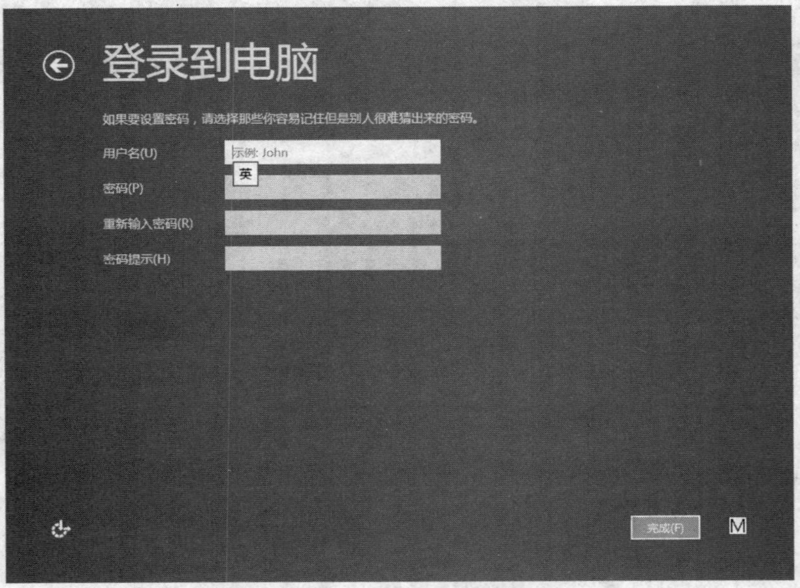

图 5.44　输入信息

归纳总结

本模块主要通过安装 Windows 7 和 Windows 8 操作系统两个活动来实现。读者应该掌握本模块的所有操作,同时应了解操作系统的基本功能,掌握其常用操作的分类及用途。

模块二　操作系统的特殊安装

任务布置

技能训练目标
掌握多操作系统共存的安装,掌握 Ghost 安装和恢复系统的操作。

知识教学目标
理解自动安装光盘工作的原理,理解多操作系统共存的方法和技巧。

任务实现

相关理论知识

操作系统的特殊安装,主要是指不同于上一个模块操作系统的安装,在现实中,这些方法更方便、省时。

多操作系统共存是指在一台计算机上安装两个或多个操作系统,一般在安装多操作系统时,要按照系统从低版本到高版本的顺序来安装,以便自动生成多启动菜单,用户只需要在启动时选择要进入的操作系统就可以了。

其安装方法与前面介绍的在现有操作系统上安装 Windows XP 或 Windows Vista 相同,这里就不作介绍了。

这种安装方式虽然很方便,但有一个致命的弱点,即当第一套系统出错时,后面的系统也就瘫痪了,给维护工作带来了不便。那么,可以想办法让每个系统都脱离对启动菜单的依赖,互不影响,而且传统多系统的程序共用、用户数据共享优点也可以实现。这就是“无选择菜单多系统共存”的安装。

在特殊安装方法中,用得最多的就是自动安装进行,在安装 Windows XP 的过程中,系统会经常需要用户输入各种信息。为了提高工作效率,可以设置无人参与安装 Windows XP 的过程。

很多爱好者为了学习与交流经验,制作有不少 Windows XP 自动安装版本,如果用户有兴趣学习这方面的知识,可以到一些 BT 下载的站点(例如 BT 之家)查找这方面的信息。这样的光盘除了全自动安装 Windows XP 外,一般还集成有一些磁盘坏道修复工具、硬盘分区工具和 Ghost 硬盘备份工具等。如果用户有这方面的实践兴趣,也可以制作这种集成软件包。制作时需要下载一款 Barts PE Builder,用它把需要制作的文件添加进来,再制作光盘用的 ISO 映像文件即可。

全自动安装光盘的原理是什么？其实只需要创建和使用一个应答文件，即自动回答安装问题的自定义脚本，然后从命令行用适当的无人参与安装选项运行安装程序。

Windows XP 安装程序自带一个向导式的安装管理器，它能够帮助用户创建一个文本文件来回答安装过程中的所有问题。Windows XP 的安装管理器在 SUPPORT\TOOLS\DEPLOY.CAB 压缩包中（除了 Windows XP 可以创建应答文件实现自动安装外，Windows 2000 安装程序也提供创建应答文件的程序，该工具位于 Windows 2000 Professional 安装光盘的 SUPPORT\TOOLS 子目录的 DEPLOY.CAB 文件中）。

相关实践知识

创建自动应答文件的方法。

（1）在 Windows XP 中，打开 SUPPORT\TOOLS 目录，找到 DEPLOY.CAB 文件，再把该文件解压缩到一个指定的文件夹中（或直接打开该文件），如图 5.45 所示。

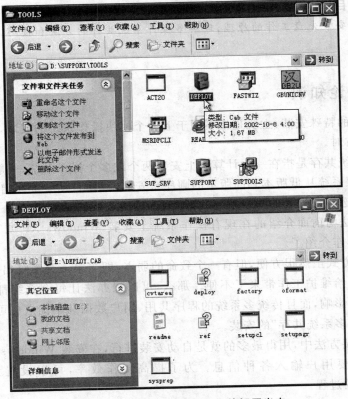

图 5.45　把 DEPLOY.CAB 文件解压出来

（2）双击 setupmgr.exe 图标，打开"欢迎使用安装管理器"对话框，如图 5.46 所示。

（3）单击"下一步"按钮，打开"新的或现有的应答文件"对话框，选中"创建新文件"单选按钮，如图 5.47 所示。

（4）单击"下一步"按钮，打开"安装的类型"对话框，选中"无人参与安装"单选按钮，

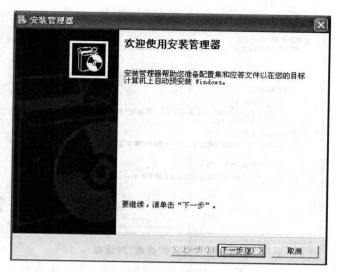

图 5.46 "欢迎使用安装管理器"对话框

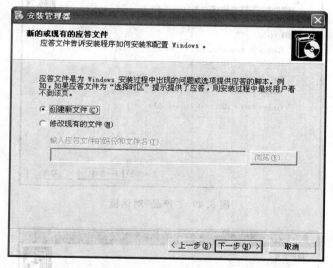

图 5.47 "新的或现有的应答文件"对话框

如图 5.48 所示。

（5）单击"下一步"按钮，打开"产品"对话框，然后选中 Windows XP Professional 单选按钮，如图 5.49 所示。

（6）单击"下一步"按钮，打开"用户交互"对话框，选中"全部自动"单选按钮，如图 5.50 所示。

（7）单击"下一步"按钮，打开"分布共享"对话框，选中"从 CD 安装"单选按钮，如图 5.51 所示。

（8）单击"下一步"按钮，然后根据向导提示按要求回答所有的问题，最后单击"完成"按钮，向导会要求输入应答文件的名称和保存的路径，如图 5.52 所示。

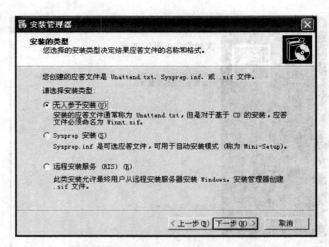

图 5.48 "安装的类型"对话框

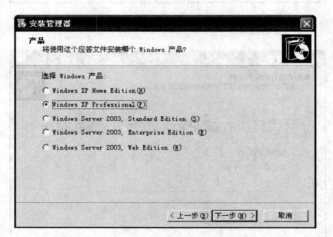

图 5.49 "产品"对话框

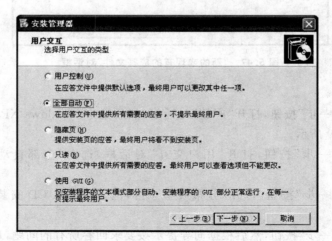

图 5.50 "用户交互"对话框

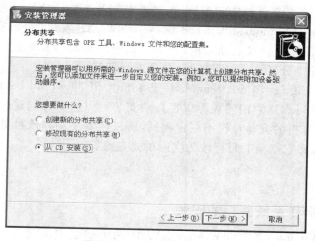

图 5.51 "分布共享"对话框

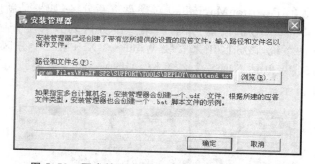

图 5.52 要求输入应答文件的名称和保存的路径

(9) 单击"确定"按钮创建自动应答文件完成,它建立了两个文件,一个是 unattend. txt 文件,另一个是 unattend. bat 文件,并提示保存到了相应的位置,如图 5.53 所示。

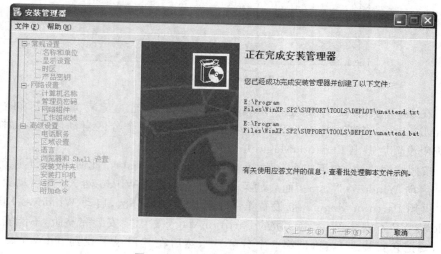

图 5.53 创建自动应答文件完成

（10）自动安装应答文件制作完毕后，在需要安装 Windows XP 时进入 DOS 系统，在 DOS 命令提示符下，执行 unattend. bat 命令，Windows XP 就以"全新安装"的方式开始自动安装了。如果需要安装双启动系统，在第一次重新启动计算机后，选择将 Windows XP 安装到硬盘的那个分区，安装程序就会自动进行安装。

另外，将 unattend. txt 和 unattend. bat（或 winnt. sif 和 winnt. bat）两个文件复制到其他计算机上，同样可以用它们实现无应答自动安装，不过，因为创建应答文件的计算机和使用该文件的计算机的光盘盘符不一定相同，所以需要手动修改批处理文件中安装文件夹（i386）的位置，将它指向的目标改为实际的光盘盘符。

任务实施

活动一：多操作系统共存的安装

下面以安装 Windows XP 和 Windows Vista 两个独立的系统为例进行说明。这里提到的内容可能要使用到项目四介绍的硬盘分区内容。

（1）使用 DOS 版的 PartitionMagic 8.0 对硬盘重新分区（如果是新硬盘则更好，直接按照需要来划分）。以 160GB 的硬盘为例，将第一个分区划分为主分区，大小为 10GB，FAT32 或 NFFS 文件系统，该分区用来安装 Windows XP；第二个分区也划分为主分区（先隐藏），大小为 15GB，也是 NFFS 文件系统。其他分区按需要划分即可，不作要求。分区结果如图 5.54 所示。

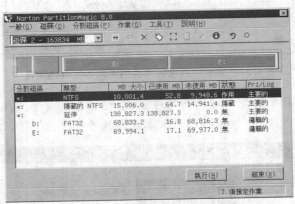

图 5.54　分区效果

（2）在第一个分区中安装 Windows XP 操作系统。安装完成后，再次使用 PartitionMagic 8.0 将第二个分区设为活动分区（此时第一个分区自动隐藏），如图 5.55 所示。应用设置后退出 PartitionMagic 并重新启动计算机。

（3）按照常规方法，在第二个分区中，安装 Windows Vista。此时，如果不进行切换，系统总是启动 Windows Vista。而启动菜单中也无法看到 Windows XP 的启动菜单。

（4）再用 PartitionMagic 8.0 设置第一个分区为活动分区，启动 Windows XP 系统，在 Windows XP 下安装 Windows 版的 PartitionMagic 8.0（要安装完整版，不能安装简装汉化版），要把它安装到 D 盘（即第 3 个分区）中，然后在其目录下找到 pqbw. exe 这个程序，如图 5.56 所示。

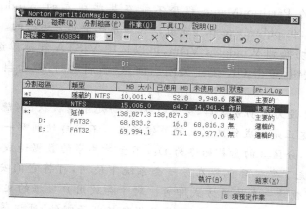

图 5.55 设置第二个分区为活动分区

图 5.56 pqbw.exe 文件

（5）双击 pqbw.exe 程序图标，打开 PowerQuest PQBoot for Windows 对话框，此时，程序已经将系统中的主分区找出来了，且在 Status（状态）字段下标示为 Active，表示该分区处于活动状态，正在工作的就是这一分区下的系统，Hidden 则表示处于隐藏状态，如图 5.57 所示。

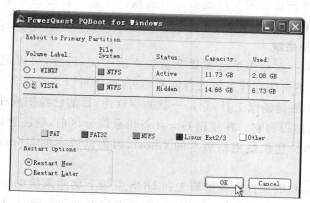

图 5.57 PowerQuest PQBoot for Windows 对话框

提示：单机版的 PartitionMagic 程序不能在某些版本的 Windows（如 Windows Server 2003）下安装，但 pqbw.exe 程序是可以在该系统中正常运行的。

（6）此时，如要切换到 Windows Vista，可以选中 VISTA 卷标单选按钮，同时选中 Restart Now 单选按钮，单击 OK 按钮关闭当前系统，启动时，就会自动启动 Windows Vista 系统。

提示：将分区 2 设为活动分区后，分区 1 将自动处于隐藏状态（隐藏后在 Windows 系统中将不可见），这正是完成独立安装的关键所在。不管启动到哪一系统下，该系统所在分区将显示为 C:，分区 3 的盘符始终为 D:，不会对共享的数据造成影响。此外，有些应用软件在一套系统下安装后也能在另一套系统下使用，可将它们安装到第 3 个分区中，再在另一系统下创建一个快捷方式即可。对于存放用户数据的文件夹，将它移动到分区 3 以方便在两个系统下都能使用，这些数据包括电子邮件、通讯簿、IE 中的收藏夹、"我的文档"等。例如，要共享 Foxmail 下的邮件，可在分区 3 中建立一个名为 Foxmail 的文件夹，再将两个系统下的邮件保存位置都指向这里即可。

如果因维护需要，将两个主分区都设为显示状态（但始终只有一个处于活动状态），则非活动主分区将排到最后。如果要同时将分区也显示出来，分区 4 显示为 E:，非活动主分区显示为 F:，也不会影响数据的共享。维护时，如果一套系统出错，就可以进入另一套系统对出错的系统进行维护，非常方便。

活动二：使用 Ghost 安装和恢复系统

目前，操作系统的体积越来越大，为了提高工作效率，一些企事业单位、计算机生产商、销售商在大批量组装计算机时，一般通过磁盘映像方式安装操作系统，当然，有些个人用户也喜用这种方式进行，这样，短短几分钟就可以把一个庞大的操作系统安装到硬盘上。但因为每台计算机配置信息应该互不相同（例如，计算机的名字和 TCP/IP 配置、声卡、显卡等），因此，要在刚安装完系统，没有安装这些硬件驱动程序之前，制作成映像文件。制作映像文件较有名的程序是 Ghost。目前，使用较多的版本一般是 Symantec Ghost 8.0。使用 Symantec Ghost 8.0 主要分为两步，第一步是先制作 ∗.gho 文件，第二步是使用 Ghost 恢复所备份的文件到指定的磁盘。恢复后将覆盖原来分区中的所有文件，所以在进行操作时一定要小心。

1. 用 Ghost 备份系统

安装或重新安装一次操作系统需要花费较多的时间，因此，可以把当前操作系统备份起来，在需要时将备份的操作系统进行恢复即可，这样可以节省很多时间。

Ghost 是有名的磁盘镜像工具，它是一款共享软件，目前已经集成在很多系统维护光盘中，用户很容易就能得到它。在使用 Ghost 备份系统分区前，应注意以下问题。

（1）使用新版本。建议使用新版本的 Ghost，因为低版本的 Ghost 无法备份 NTFS 分区。

（2）转移或删除页面文件。备份前先在 DOS 系统下删除系统的页面文件（pagefile. sys，该文件一般在 1GB 以上），否则会影响镜像文件的大小和备份时间。

（3）关闭休眠和系统还原功能。休眠功能要占用物理内存相当的空间，而且不能指定存放分区,所以必须关闭。这些功能可以在备份结束后再次打开。

(4)删除不需要的临时文件。建议删除 Windows 的临时文件夹、IE 临时文件夹和回收站中的文件,否则浪费储存空间和备份时间。

(5)备份前检查磁盘和整理磁盘碎片。在用 Ghost 备份 Windows XP 前一定要检查磁盘,保证该分区上没有交叉链接和磁盘错误。

注意:若更换了主要硬件(特别是主板),不能使用旧的 Ghost 文件来还原,否则系统会发生严重错误以致崩溃。

下面以 Symantec Ghost 8.0 版本为例,介绍使用 Ghost 备份系统的方法。在备份系统之前,最好先删除一些无用的文件,以减少 Ghost 文件的体积。通常无用的文件有 Windows 的临时文件夹、IE 临时文件夹和 Windows 的内存交换文件等。

(1)使用前面制作的 U 盘启动盘启动计算机,并进入 DOS 状态下,使用 DOS 中的 CD 命令进入 Ghost 所在的目录,或进直接进入 PE 界面然后再输入 Ghost 命令,或单击"一键备份或安装",按 Enter 键,即可进入其启动界面,也可以直接选择 Host 界面操作,如图 5.58 所示。

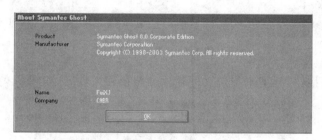

图 5.58 Symantec Ghost 8.0 的启动画面

提示:在运行 Ghost 命令之前,可以首先运行 Mouse 命令来装载鼠标驱动,这样就可以在 Ghost 中使用鼠标操作。

(2)单击 OK 按钮,进入主界面,可以看到只有一个主菜单。选择 Local(本地磁盘)菜单,该菜单有 3 个子菜单,Disk 表示备份整个硬盘,Partition 表示备份硬盘的某个分区,Check 用来检查备份的文件,如图 5.59 所示。

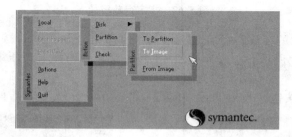

图 5.59 Ghost 的主要菜单及功能

(3)选择 Partition→To Image 命令,打开显示当前硬盘信息的对话框,可以看到,当前计算机只有一块硬盘,如图 5.60 所示。

图 5.60　显示当前计算机的硬盘个数

（4）选择该硬盘，然后单击 OK 按钮，程序将显示该硬盘的分区信息，当前硬盘有 4 个分区，这里以备份 C 盘上的数据为例，选择第 1 个分区，如图 5.61 所示。

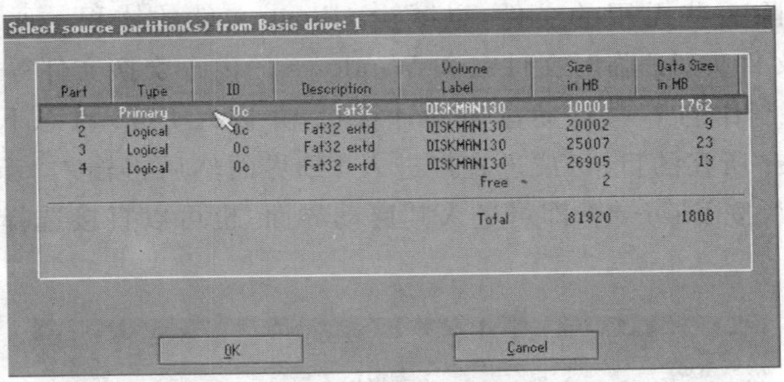

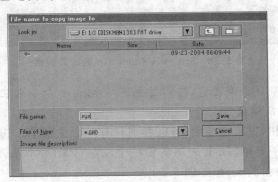

图 5.61　选择分区

（5）单击 OK 按钮，接下来指定文件存放的路径和文件名，如图 5.62 所示。

图 5.62　指定存放路径

（6）指定了文件的存放路径后，按 Enter 键或单击 Save 按钮，接着选择备份文件的压缩方式，如图 5.63 所示。在选择压缩率时，建议不要选择最高压缩率，因为最高压缩率非常耗时，且压缩率没有明显的提高。

（7）单击 Fast 按钮，Ghost 再次询问是否准备好备份分区操作，如图 5.64 所示。

图 5.63　选择压缩方式

图 5.64　询问是否准备好

（8）单击 Yes 按钮，Ghost 开始压缩，如图 5.65 所示。

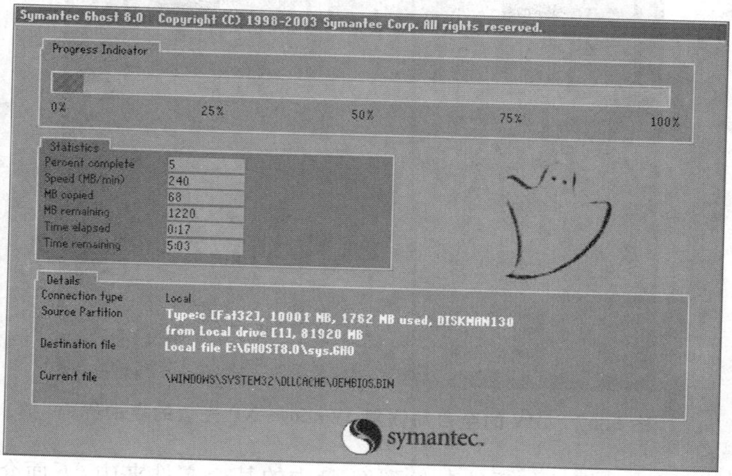

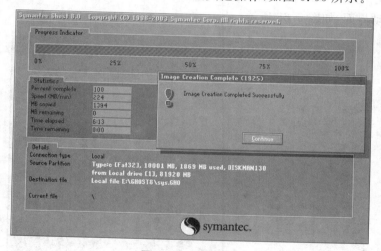

图 5.65　正在压缩

（9）压缩完成后，单击 Continue 按钮继续其他操作，如图 5.66 所示。

图 5.66　压缩完成

2. 使用 Ghost 还原系统

使用 Ghost 备份了系统后，为了方便使用，还可以把 Ghost 程序和备份的系统刻录到光盘上，这样只有一张可启动的光盘，就能随时还原系统了。但这种刻录方法只是刻录成普通数据光盘，该光盘并不能自动化，因此最好制作成全自动恢复光盘，并集成一些常用的工具在光盘内，如果用户有兴趣学习这方面的知识，可以到一些 BT 下载的站点（例如 BT 之家）查找这方面的信息，其制作也不复杂，可以使用一款名为 Barts PE Builder 的软件来实现，使用它把需要制作的文件添加进来，再制成光盘用的 ISO 映像文件就可以了。如图 5.67 所示是一款 DIY 的全自动恢复 Windows XP 光盘的启动界面。

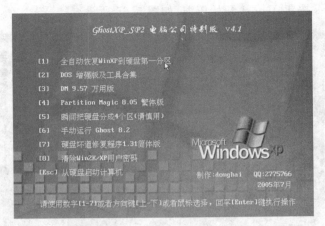

图 5.67　DIY 的全自动恢复 Windows XP 光盘的启动界面

假设已经用 Ghost 把操作系统备份到 G 盘中的某个文件夹中，下面介绍把备份的系统分区（Windows XP 系统）恢复到 C 盘的操作。

（1）使用集成有 Ghost 程序的光盘启动计算机，选择 Ghost 程序后，按 Enter 键，打开 Ghost 启动界面，如图 5.68 所示。

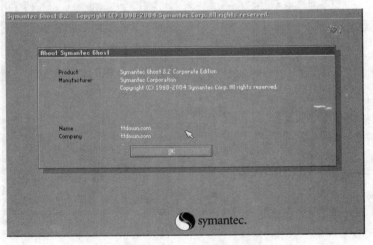

图 5.68　Symantec Ghost 8.0 的启动界面

（2）按 Enter 键（或单击 OK 按钮），进入主界面，只有一个主菜单，其中只用到 Local（本地硬盘间的操作）命令，以单机为例，Local 菜单又包括 3 个子菜单，如图 5.69 所示。

（3）选择 Partition 命令，接着出现 3 个子命令，分别是 To Partition（对分区复制）、To Image（分区内容备份成镜像）和 From Image（镜像复原到分区），如图 5.70 所示。

（4）选择 From Image 命令，打开 Image file name to restore from 对话框，指定要打开的文件所在的文件夹，选择 WINXPSP2. GHO（这个文件是已经备份好的），如图 5.71所示。

（5）单击 Open 按钮，接着会显示该 GHO 文件的分区信息，如图 5.72 所示。

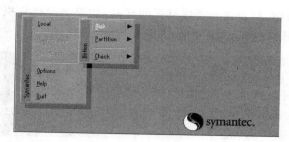

图 5.69 Ghost 的主要菜单及功能

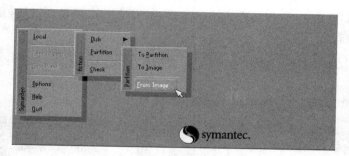

图 5.70 Partition 下拉菜单

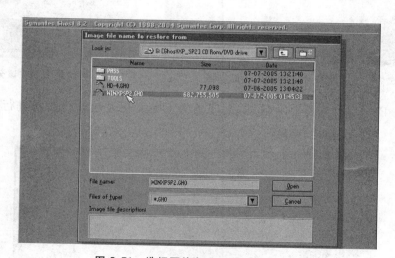

图 5.71 选择要恢复分区的 Image 文件

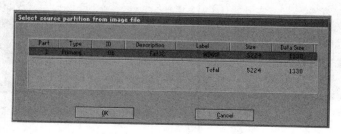

图 5.72 显示.GHO 文件的分区信息

（6）单击 OK 按钮，接着选择要恢复到的硬盘，如果当前计算机安装了多个硬盘，就需要进行选择，这里只安装了一个硬盘，如图 5.73 所示。

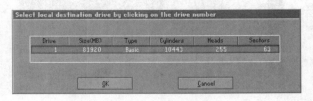

图 5.73　选择要还原数据的目的硬盘

（7）单击 OK 按钮，接着选择目的驱动器，因为是恢复 C 盘，所以这里选择第一个分区，如图 5.74 所示。

（8）单击 OK 按钮，再次确认是否要在该分区还原数据，单击 Yes 按钮，如图 5.75 所示。

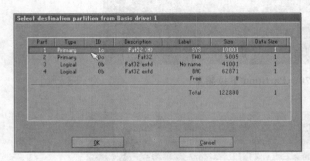

图 5.74　选择要还原数据的目的驱动器

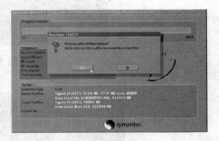

图 5.75　确认是否要在该分区还原数据

（9）按 Enter 键，开始还原数据，进度条的不断变化说明还原正在进行，如图 5.76 所示。

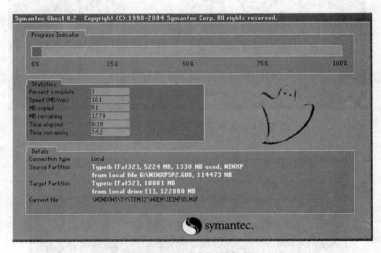

图 5.76　正在还原数据

（10）数据还原完成后,程序会提示重新启动计算机,单击 Reset Computer 按钮,重新启动计算机即可,如图 5.77 所示。

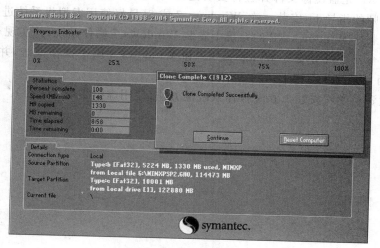

图 5.77　恢复数据完成

归纳总结

本模块主要讲解了 Ghost 的用法,通过学习读者要掌握 Ghost 的两种用法——备份和还原系统。在现实中,如果新安装系统,可以通过 Ghost 系统光盘直接安装。另外,还要注意多系统的安装方法以及自动光盘的制作方法。

思考练习

一、选择题

1. 使用下述的＿＿＿＿＿＿＿软件,可以实现无选择菜单的多系统共存安装方法。

　A. Ghost　　　　　B. PartitionMagic　　　　C. Fdisk　　　　D. setupmgr.exe

2. 下面属于 DOS 内部命令的是＿＿＿＿＿＿。

　A. format　　　　　B. diskcopy　　　　C. dir　　　　D. chkdsk

二、判断题

1. Windows 系列的服务器操作系统主要有 Windows 2000 和 Windows Server 2003 两种。（　　　）

2. 如果 PartitionMagic 程序不能在 Windows Server 2003 下安装,则 pqbw.exe 程序也不可以在 Windows Server 2003 系统中正常运行。（　　　）

3. 安装 Windows XP 和 Windows Vista 主要有 3 种方法,即,用安装光盘引导启动安装,从现有操作系统上全新安装和从现有操作系统上升级安装。（　　　）

三、综合题

1. 目前最常用的操作系统有哪些?

2. 自己制作一个 Windows XP 全自动安装程序,和从互联网上下载一款全自动安装的 Windows XP 光盘镜像文件并进行安装比较,看有什么异同。

3. 在老师的指导下,安装一次 Windows 7 或 8(最好使用虚拟机系统进行)。

4. 在安装好 Windows XP 的系统中安装 Windows 7 操作系统,并实现双系统共存。

5. 在一台计算机上安装 Windows XP 和 Windows 8 两个操作系统,并且无启动菜单选择,让两个系统互不相干。

6. 查找资料学习安装 Linux 操作系统的方法(使用虚拟机系统进行)。

项目六

project 6

驱动程序和常用软件的安装

项 目 描 述

安装驱动程序是安装操作系统后必须要做的操作。驱动程序是什么呢？它实际上是添加到操作系统中的一小块代码，代码中包含有关硬件设备的信息，有了此信息，计算机就可以与设备进行通信。也就是说，驱动程序是指对 BIOS 不能直接支持的硬件设备进行解释，使计算机能识别这些硬件设备，从而保证它们的正常运行，使其充分发挥硬件性能。而计算机软件系统分为系统软件和应用软件，操作系统只是计算机系统的基本组成部分。因此，要让计算机具有更多的功能，就需要安装更多的应用软件。不同的软件具有不同的作用，如 WinRAR 具有压缩文件功能，迅雷具有下载功能，Office 2007 具有系统的办公功能等，用户可以根据需要，有选择地安装这些软件。

项 目 知 识 结 构 图

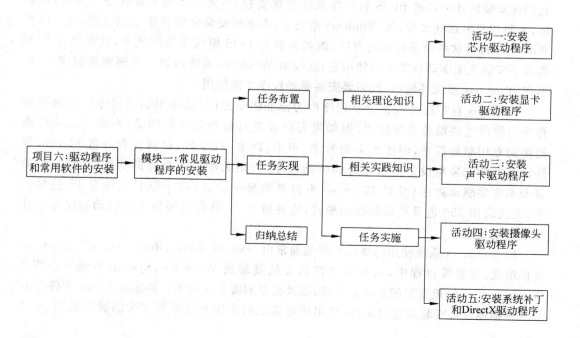

模块一　常见驱动程序的安装

任务布置

技能训练目标

掌握芯片组驱动程序、显卡驱动程序、声卡驱动程序、摄像头驱动程序和相关补丁的安装以及刷新率和分辨率的设置。

知识教学目标

了解驱动的一般工作原理以及驱动安装的一般原则,掌握驱动程序安装的几种方法。

任务实现

相关理论知识

1. 驱动程序概述

驱动程序可以说是硬件厂商根据操作系统编写的配置文件,它实际上算是硬件的一部分(例如当用户在购买一块声卡时,会随卡赠送相应的驱动软件)。根据操作系统不同,硬件的驱动程序也不完全相同,因此,各硬件厂商为了保证硬件的兼容性及增强硬件的功能会不断地升级驱动程序。

从理论上讲,所有的硬件都要安装驱动程序,否则无法正常工作。但 CPU、内存、键盘和软驱等无须驱动程序便可使用,因为上述这些硬件为 BIOS 能直接支持的硬件,所以它们在安装后就可以被 BIOS 和操作系统直接支持,不需要安装驱动程序。另外,像鼠标、光驱和显卡这些硬件,在 Windows 系统下,不需要安装驱动程序也能使用,这是因为 Windows 自带这些设备的驱动程序;而如果要在 DOS 模式下使用光驱,就需要在 DOS 模式下安装光驱驱动程序才能使用它,这说明 Windows 系统内置了光驱驱动程序,一旦不在 Windows 系统环境中,就需要安装驱动程序才能使用。

Windows 自带这些设备驱动程序称为标准驱动程序(或通用驱动程序),标准驱动程序只能使这些设备能够使用,但如果有的设备具有特定功能的话,则需要安装厂商提供的专用驱动程序,例如大多数显卡、声卡、网卡、打印机、扫描仪和外置 Modem 等外设都需要安装与设备型号相符的驱动程序,否则无法发挥全部的功能。又如,有的显卡不安装驱动程序(并且 Windows 不自带该显示驱动)时一般只工作在 16 色模式下,无法启用 256 色及更高的显示模式,这种情况下,只有安装显卡的驱动程序才能让显卡正常使用。

供 Windows 系统使用的驱动程序包通常由 .vxd(或 .386)、.drv、.sys、.dll 或 .exe 等文件组成,在安装过程中,大部分文件都会被复制到 Windows\System 目录下。那么 Windows 怎样知道安装的是什么设备,以及要复制哪些文件呢? 答案在于 .inf 文件。.inf 是一种描述设备安装信息的文件,它用特定语法的文字来说明要安装的设备类型、生产厂商、型号、要复制的文件、复制到的目标路径以及要添加到注册表中的信息。通过读取和解释这些文字，Windows 便知道应该如何安装驱动程序。

目前几乎所有硬件厂商提供的用于 Windows 下的驱动程序都带有安装信息文件。在安装驱动程序时，Windows 一般要把.inf 文件复制到 Windows\Inf 目录下，在 Inf 目录下除了有.inf 文件外，还有两个特殊文件 Drvdata.bin 和 Drvidx.bin，它们记录了.inf 文件描述的所有硬件设备。

在多数情况下，可以不打开机箱就能知道那些未知的硬件设备的型号，因为目前的 Windows XP 能检测到大部分的硬件。此外，还有很多硬件检测工具（例如 EVEREST Corporate Edition），只要及时更新它们的版本，一般都能正确识别系统中所有的硬件设备。

2. 安装驱动程序的原则

安装驱动程序也需要原则，如果驱动程序安装不正确，系统中某些硬件就可能无法正常使用，或者有可能会造成频繁的非法操作。部分硬件不能被 Windows 识别，或有资源冲突，出现黑屏和死机现象。下面是安装驱动程序时的一些原则。

（1）安装的顺序。一般有以下的原则：首先安装板载的设备，然后是内置板卡，最后才是外围设备。例如，安装 AGP 显卡的补丁可能会造成死机和黑屏现象频繁出现，所以应该放在声卡、网卡等板卡之前安装。而安装 Modem 和打印机要在最后安装，因为内置的 Modem 可能会与鼠标或打印机争夺系统资源，通常是争夺 IRQ 中断号，所以装完 IDE 和显卡的驱动程序后再安装 Modem 的驱动程序。

（2）驱动程序版本的安装顺序。一般来说新版的驱动应该比旧版的更好一些，厂商提供的驱动程序优先于公版的驱动程序。

（3）特殊设备的安装。有些硬件设备虽然已经安装好了，但 Windows 无法发现它，这种情况一般只需要直接安装厂商的驱动程序就可以正常使用了，所以在确定硬件设备已经在计算机上安装好后，可以直接把厂商的驱动程序拿来安装。

（4）摄像头驱动程序的安装。摄像头驱动程序的安装比较特殊，一般的硬件都是先安装硬件再安装软件，而目前大部分摄像头驱动程序都是先安装软件再安装硬件，不过对这种情况用户一般不需要担心，在安装说明书上会特别指出这一点。

相关实践知识

1. 安装驱动程序的常见方法

虽然说驱动程序也是一种软件，但是其安装过程与普通软件大不相同。这里面有很多学问，并且安装方法也有区别。例如，Windows 专门提供有"添加新硬件向导"来帮助用户安装硬件驱动程序，用户只要告诉硬件向导在哪儿可以找到与硬件型号相匹配的.inf 文件，剩下的绝大部分安装工作都由硬件安装向导自己完成。虽然 Windows 支持即插即用，能够为用户减轻不少工作，但由于计算机设备的型号和品牌非常多，加上新产品不断问世，Windows 不可能都能自动识别出所有设备，因此在安装时很多设备还是需要人工干预的。

下面给出安装硬件驱动程序的常见方法。

1) 利用设备管理器安装

设备管理器是操作系统提供的对计算机硬件进行管理的一个图形化工具。使用该管理工具可以更改计算机配件的配置，获取相关硬件的驱动程序的信息，以及进行更新、禁用、停用或启用相关设备等。所有的 Windows 操作系统版本都有设备管理器工具，但不同系统的"设备管理器"窗口会稍有不同，其打开方法也不完全相同。

Windows XP 系统（Windows 2000/2003 系统类似）中，可以右击桌面上"我的电脑"图标，在快捷菜单中选择"属性"命令，打开"系统属性"对话框，切换到"硬件"选项卡，然后单击"设备管理器"按钮即可打开"设备管理器"窗口，如图 6.1 所示。

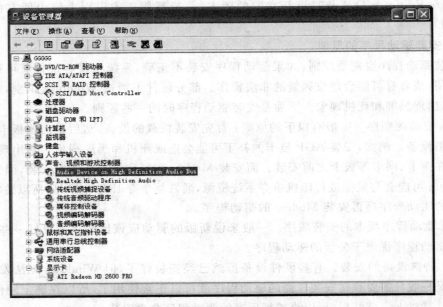

图 6.1　Windows XP 的"设备管理器"窗口

如果在"设备管理器"窗口中没有打问号和感叹号的标示而且显示正常，表明该计算机已经安装了所有的驱动程序。如果有一些驱动程序还没有成功地被安装，会在"设备管理器"的"其他设备"项中出现如下的标示。

声卡：PCI Multimedia Audio Device。

网卡：PCI Ethernet controller。

调制解调器：PCI Communication Device（简易通信控制工具）。

显卡：在"显示适配器"下显示 Standard PCI graphics adapter（VGA）。

注意：在"设备管理器"窗口中，如果发现一些硬件有"?"号时，要先把该硬件删除，再安装其驱动程序。在安装外围设备驱动程序前，应先确定设备所用的端口是否可用。如果是不需要的设备，可以在 BIOS 中禁用它，这样可以减少设备资源冲突的发生。如果出现硬件中断号冲突，可以为发生冲突的设备分配可用的资源。

在 Windows Vista 系统中，打开设备管理器的方法是：右击桌面上的"我的电脑"图标（以"传统"[开始]菜单为例），在快捷菜单中选择"属性"命令，打开"系统"窗口，在"任务"列表中,单击"设备管理器"按钮,即可打开"设备管理器"窗口,如图 6.2 所示。

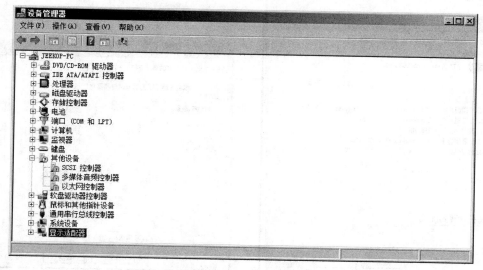

图 6.2 Windows Vista 的"设备管理器"窗口

一般情况下,在"设备管理器"窗口中,单击安装设备类型前面的＋号,然后右击需要安装驱动程序的设备名称(如显卡),在弹出的菜单中选择"属性"命令,在打开的对话框中,切换到"驱动程序"选项卡,再单击"更新驱动程序"按钮,打开"硬件更新向导"窗口,然后根据向导提示来安装其驱动程序。

2)"显示属性"对话框的应用

在 Windows XP 系统中(下面都以 Windows XP 为例介绍),对于显示器或显卡的驱动,也可以在"显示属性"对话框中安装,方法是右击桌面空白处,在弹出的菜单中选择"属性"命令,打开"显示属性"对话框,切换到"设置"选项卡,如图 6.3 所示。

单击"高级"按钮,打开 Philips 107G (107G1)和 ATI Radeon HD 2600 PRO 对话框(该对话框根据安装的显示器和显卡的不同而不同),再切换到"适配器"(或"监视器")选项卡,如图 6.4 所示。单击"属性"按钮,在打开的对话框中,切换到"驱动程序"选项卡,在此可以安装或更新其驱动程序。

3)Modem 驱动程序的安装

安装 Modem 驱动程序的另一方法是,打开控制面板,双击"电话和调制解调器选项"图标,打开"电话和调制解调器选项"对话框,切换到"调制解调器"选项卡(如图 6.5 所示),单击"添加"按钮,即可打开

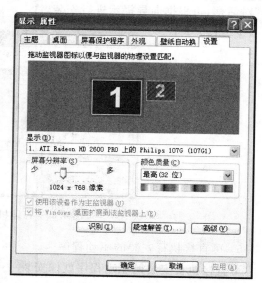

图 6.3 "设置"选项卡

"安装新调制解调器"对话框,然后按照提示操作。

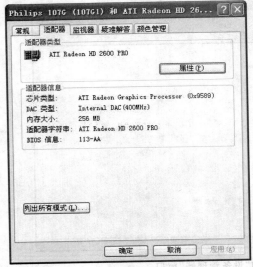

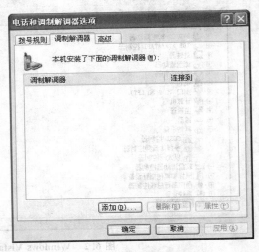

图 6.4　"适配器"选项卡　　　　　　图 6.5　"调制解调器"选项卡

4) 安装打印机驱动程序

安装打印机驱动程序与安装一般驱动程序的方法一样。当打印机与计算机连接好之后,打开打印机电源,然后启动 Windows XP,则系统会自动检测到新硬件,用户此时只要安装和指定一个驱动程序就可以了。如果没有检测到新硬件,则可以单击"开始"按钮,选择"设置"→"打印机和传真"命令,打开"打印机和传真"窗口,如图 6.6 所示。然后单击窗口左端的"打印机任务"栏中的"添加打印机"链接,打开"欢迎使用添加打印机向导"对话框,再根据向导提示进行安装。

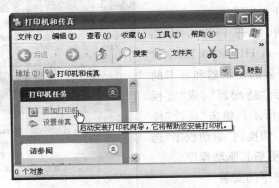

图 6.6　"打印机和传真"窗口

5) 可直接执行安装的驱动程序

可直接执行安装的驱动程序就像安装一般软件一样,安装时只需要将其驱动程序盘放在指定的驱动器中,打开安装目录所在路径(此类光盘一般会自动打开安装界面),双击其中的 Setup. exe 或 Install. exe 图标即可启动安装程序向导（具有这种驱动程序的设备一般是摄像头、声卡和显示卡等，其安装方法与安装应用软件一样），然后根据向导的提示来完成驱动的安装。如果是以. inf 文件形式存在的驱动程序，则需要手动指定其路径（后面有方法介绍）。

2. 获得驱动程序的主要途径

要安装驱动程序，首先要找到驱动程序，获得驱动程序的途径有以下几种。

1）通用驱动程序

前面说过，Windows 附带了鼠标、光驱等硬件设备的驱动程序，无须单独安装驱动程序就能使这些硬件设备正常运行，因此，把这类驱动程序称为标准驱动程序。除了鼠标、光驱等设备的通用驱动程序之外，Windows 还为其他设备（如一些著名的显卡、声卡、网卡、Modem、打印机和扫描仪等）提供了大众化的驱动程序，不过系统附带的驱动程序都是微软公司制作的，它们的性能没有硬件厂商提供的驱动程序好。

2）硬件厂商提供

一般来说，购买各种硬件设备时，其生产厂商都会针对自己的硬件设备的特点开发专门的驱动程序，并采用软盘或光盘的形式在销售硬件设备的同时提供给用户。

3）通过因特网下载

通过因特网下载途径往往能够得到最新的驱动程序。硬件厂商将相关驱动程序放到因特网上供用户下载，这些驱动程序大多是硬件的较新版本，可对系统硬件的驱动进行升级。

除了硬件厂商的网站之外，提供驱动下载的网站还有驱动之家、太平洋计算机网等。下面给出一些提供驱动程序下载的网站名称及网址，供用户参考，如表 6.1 所示。

表 6.1　驱动程序下载相关网址

网 站 名 称	网　　　址
驱动之家	http://www.mydrivers.com
太平泣下载中心—驱动下载	httrp://dlc2.pconline.com.cn/column.jsp?chnid=2
新浪网驱动下载	http://dsina.com.cn
TOM 潮流科技—驱动下载	http://software.tech.tom.com
IT168 驱动下载	http://driver.itl168.com
天极网驱动世界	http://drivers.yesky.com
霏凡软件站	http://www.crsky.com/list/r_13_1.html

任务实施

活动一：安装芯片驱动程序

在 Windows 98 时代，主板芯片组是不需要安装驱动程序的。但随着主板芯片组新技术的产生或其他核心硬件的更新（而 Windows 系统的更新太慢），Windows 系统无法识别新型号主板芯片组，造成主板的一些新技术不能使用，因此，就需要安装主板芯片组驱动程序。

安装主板芯片组驱动程序不但可以解决一些硬件与软件的兼容性问题,同时可以在一定程度上提升系统性能。

主板的芯片组型号虽然很多,但需要安装其驱动程序的一般是 Intel 系列、VIA 系列和 SiS 等几种芯片组。安装芯片组驱动程序实际上是让南桥和北桥芯片更容易沟通,其中包括安装 PCI、IDE、AGP、USB 2.0 等驱动程序,因为这些硬件接口是集成在主板芯片组上的。下面以 Intel 芯片组为例,介绍其驱动程序的安装方法。

Intel 芯片组是目前使用最多的芯片组,Intel 公司随着新品的不断推出,也在不断提供相应的芯片组驱动程序。Intel 芯片组驱动程序的具体名称一般叫 Intel Chipset Device Software 或 Intel Software Installation Utility。例如,目前最新版的 Intel Chipset Device Software 8.5 能够让 Windows 操作系统识别 865、875、915、915、945、965、975X、Q963、Q965、P965、G965、946GZ、946GL、PM965、GL960、Q33、Q35、G33、P35、G35 等 Intel 系列芯片组,让主板发挥最佳性能。

获得驱动程序的办法一般有 3 种,而 Windows 附带的通用驱动程序不能适用,因此用户只能从因特网上下载或使用主板厂商提供的主板驱动。网上下载的驱动一般要比主板厂商提供的新,但兼容性则是主板厂商提供的驱动好。

不过,在 Windows XP 系统下,一般只需安装 I875 以后的芯片组的驱动程序。对于 Windows Vista,在目前来说,可以不需要安装芯片组驱动程序,并且安装芯片组驱动可能会出现一些意想不到的问题。如果安装因特网上下载的驱动程序出现问题时,则可以使用主板供销商提供的安装光盘安装。

1. 使用主板的光盘安装

下面以盈通 CI945 战神版主板为例做介绍。

(1) 在 Windows XP 系统下,把主板的光盘放进光驱内。

(2) 此时,光盘会自动运行(如果没有自动运行,可以打开"我的电脑",右击光盘盘符,在弹出的快捷菜单中选择"自动播放"命令),打开盈通主板驱动程序安装主界面,如图 6.7 所示。

(3) 单击"INTEL 系列"按钮,打开"INTEL 系列产品"界面,如图 6.8 所示。

(4) 单击主板的型号名称,如"CI945GC 战神",打开如图 6.9 所示的界面,在这里可以选择安装驱动程序的设备。

(5) 单击"主板驱动"按钮,即可启动主板驱动程序安装向导,如图 6.10 所示。

图 6.7 盈通主板驱动程序安装主界面

(6) 单击"下一步"按钮,然后按照向导提示进行安装,安装完成后,重新启动计算机即可。

2. 从因特网上下载驱动程序进行安装

从因特网上下载驱动程序进行安装的关键是在网上下载该驱动程序。

图 6.8 "Intel 系列产品"界面

图 6.9 选择安装驱动程序的设备

图 6.10 主板驱动程序安装向导

（1）以太平洋计算机网为例，首先在该网站上找到该驱动程序，如图 6.11 所示。一般来说，这些驱动程序都支持该品牌所有系列的芯片组，只是版本新旧的问题。

图 6.11 在太平洋电脑网上找到 Intel 最新芯片组驱动程序

　　(2) 按照相关的方法,把该文件下载到本地计算机中,并把它解压到指定文件夹中,然后双击解压出来的可执行程序,打开"欢迎使用安装程序"对话框,如图 6.12 所示。

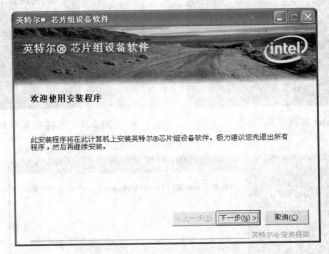

图 6.12　"欢迎使用安装程序"对话框

　　(3) 单击"下一步"按钮,打开"许可协议"对话框,如图 6.13 所示。

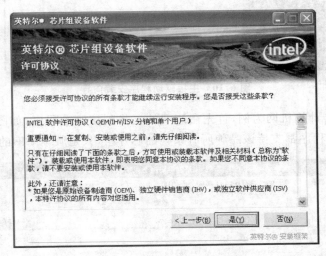

图 6.13　"许可协议"对话框

　　(4) 单击"是"按钮,打开"Readme 文件信息"对话框,在这里可以查看系统要求和安装信息,如图 6.14 所示。

　　(5) 单击"下一步"按钮,打开"安装进度"对话框,开始复制文件,如图 6.15 所示。

　　(6) 单击"下一步"按钮,打开"安装完毕"对话框,如图 6.16 所示。

　　(7) 单击"完成"按钮,重新启动计算机即可。

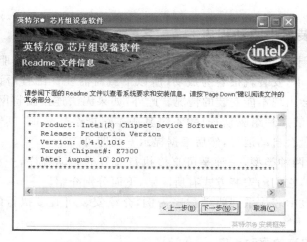

图 6.14　"Readme 文件信息"对话框

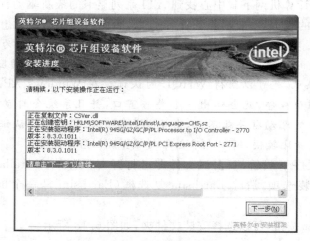

图 6.15　"安装进度"对话框

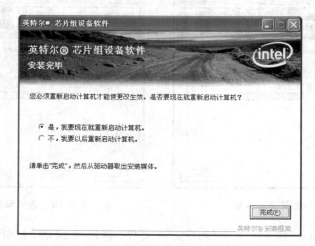

图 6.16　"安装完毕"对话框

活动二：安装显卡驱动程序

目前大部分显卡的芯片是 ATI 和 nVIDIA 两家生产的，安装其驱动程序时，只要下载到合适的驱动版本，安装就很容易成功，所以下载时需要详细查看该驱动程序对应哪些显示芯片，否则会出现不能安装的情况。此外，如果无法连接因特网，也可以使用主板提供的安装光盘安装芯片组驱动程序，不过其版本可能会比较旧，其安装方法是把该光盘放进光驱内，光盘会自动运行，然后根据提示安装即可。

驱动程序分为两种类型，一种是可直接执行安装的驱动程序，一种是以 .inf 文件形式存在的驱动程序，它们的安装方式有所区别，下面分别介绍。

以安装 ATI 显示芯片系列驱动程序为例，介绍安装可直接执行的显卡驱动程序的方法。

1. 直接执行安装的驱动程序

（1）在太平洋计算机网下载中心找到 ATI 系列显卡的最新驱动程序，最好下载通过微软 WHQL 认证的版本，一般不要下载 Beta 版，否则有可能出现意想不到的问题。

提示： WHQL 即 Windows Hardware Quality Labs 的简称，意为"Windows 硬件品质实验室"，它的目的是对驱动程序进行认证，如果硬件厂商提交的驱动程序能够通过 Windows 兼容性测试，就可以获得 WHQL 的认证。在 Windows XP 中，如果安装一个没有数字签名的驱动程序，就会弹出一个警告窗口，并且系统会自动创建一个恢复点。也并不是未经认证的驱动程序就不好，由于 WHQL 认证耗时长，认证费用高，而大部分厂商的驱动程序更新比较快，所以也不会每次都去认证后才发布。

（2）把驱动程序下载后，双击该文件即可打开 Catalyst：Installation Options 对话框，在这里设置安装选项，清除 Earthsim 复选框（Earthsim 是一个屏幕保护程序），如图 6.17 所示。

（3）单击 Next 按钮，可以选择安装文件夹，如图 6.18 所示。

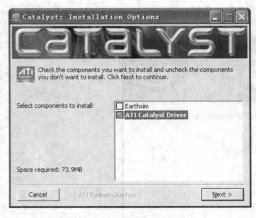

图 6.17　设置安装选项

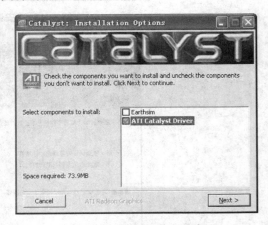

图 6.18　选择安装文件夹

（4）单击 Install 按钮，开始解压安装文件，解压完成后，打开 Welcome to the InstallShield Wizard for ATI Software 对话框，如图 6.19 所示。

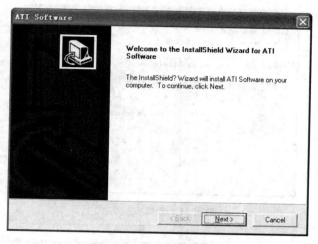

图 6.19 启动安装向导

(5) 单击 Next 按钮,打开 License Agreement(许可协议)对话框,如图 6.20 所示。

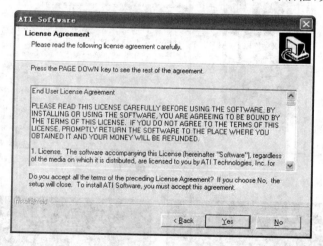

图 6.20 阅读许可协议

(6) 单击 Yes 按钮,打开 Select Components 对话框,如图 6.21 所示。可供选择的安装方式有两种,一种是 Express(快速安装),一种是 Custom(自定义安装)。

(7) 单击 Express 按钮,开始检查系统、配置安装并复制文件,最后打开 Setup Complete(安装完成)对话框,如图 6.22 所示。

(8) 选中"Yes,I want to restart my computer now."单选按钮,单击 Finish 按钮,重新启动计算机即可。

提示:如果使用厂商提供的显卡驱动程序,那么只需把光盘放进光驱内,光盘自动运行后,单击与显卡相同系列的相应型号即可启动安装向导,如图 6.23 所示。然后根据安装向导提示进行安装即可,安装完成后,同样也需要重新启动计算机。

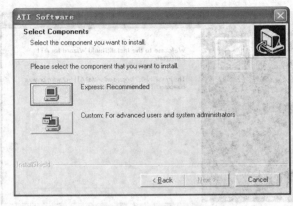

图 6.21　选择安装方式

图 6.22　安装完成

图 6.23　厂商提供的显卡驱动程序

2. 安装以.inf 文件形式存在的显示器驱动程序

目前,大部分的显示器(特别是液晶显示器)型号都会被 Windows 系统自动识别,并根据当前显示图像设定显示参数得到较佳的显示效果。所以显示器驱动程序一般不需要安装,只需要正确安装显卡驱动程序就能得到较佳的显示效果。

Windows 系统默认安装的是即插即用显示器，为了获得更好的显示效果，可能需要安装显示器厂商提供的驱动程序。显示器的驱动程序也有两种类型，如果是以 EXE 文件形式存在的，只需像一般程序一样，执行安装即可，但一般是以.inf 文件形式存在的。下面以 Windows XP 为例介绍其安装方法：

  (1) 右击桌面上的空白处，在弹出的快捷菜单中选择"属性"命令，打开"显示属性"对话框，选择"设置"选项卡。

  (2) 单击"高级"按钮，选择"监视器"选项卡，如图 6.24 所示。

  (3) 单击"属性"按钮，打开"默认监视器 属性"对话框，切换到"驱动程序"选项卡，如图 6.25 所示。

图 6.24 "监视器"选项卡

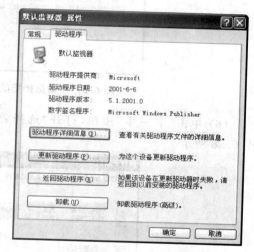

图 6.25 "驱动程序"选项卡

  (4) 单击"更新驱动程序"按钮，打开"欢迎使用硬件更新向导"对话框，选中"从列表或指定位置安装(高级)"单选按钮，如图 6.26 所示。

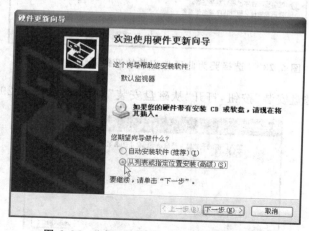

图 6.26 "欢迎使用硬件更新向导"对话框

（5）单击"下一步"按钮，打开"请选择您的搜索和安装选项"对话框，选中"不要搜索。我要自己选择要安装的驱动程序"单选按钮，如图 6.27 所示。

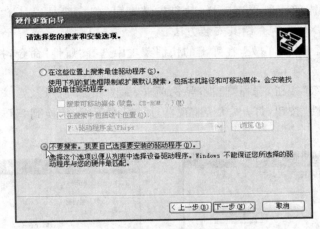

图 6.27　"请选择您的搜索和安装选项"对话框

（6）单击"下一步"按钮，打开"选择要为此硬件安装的设备驱动程序"对话框，如图 6.28 所示。

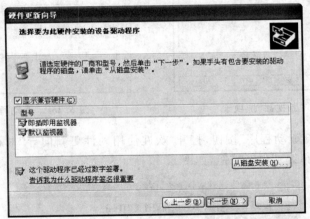

图 6.28　"选择要为此硬件安装的设备驱动程序"对话框

（7）单击"从磁盘安装"按钮，打开"从磁盘安装"对话框，如图 6.29 所示。

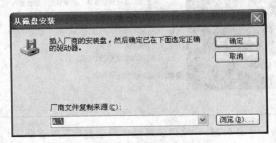

图 6.29　"从磁盘安装"对话框

（8）单击"浏览"按钮,打开"查找文件"对话框,在"查找范围"下拉列表中指定驱动程序所在的位置,并选择驱动文件,如图 6.30 所示。

图 6.30 选择驱动文件

（9）单击"打开"按钮,返回"从磁盘安装"对话框。

（10）单击"确定"按钮,返回"选择要为此硬件安装的设备驱动程序"对话框,如图 6.31 所示。

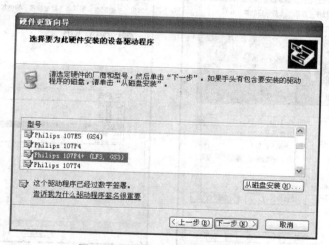

图 6.31 已经找到设备驱动程序

（11）选择其中一款对应的型号,单击"下一步"按钮,开始更新驱动程序,然后打开"完成硬件更新向导"对话框,如图 6.32 所示。

（12）单击"完成"按钮,然后重新启动计算机。

3. 设置刷新率和分辨率

安装了显卡和显示器驱动程序后,就可以设置显示分辨率和刷新率了,其操作如下。

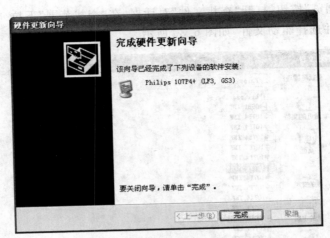

图 6.32 "完成硬件更新向导"对话框

（1）使用前面介绍过的方法，打开"显示属性"对话框，选择"设置"选项卡，分别在"颜色质量"下拉列表框和"屏幕分辨率"区中设置颜色的位数和调整显示器的屏幕分辨率，如图 6.33 所示。

（2）单击"高级"按钮，选择"监视器"选项卡，在"屏幕刷新频率"列表框中，选择刷新频率为"75 赫兹"（或"85 赫兹"），如图 6.34 所示。

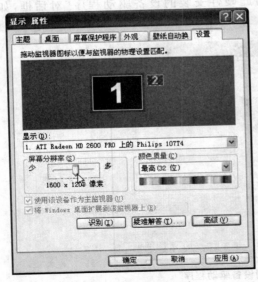

图 6.33 "设置"选项卡

图 6.34 设置显示器刷新频率

（3）最后连续单击"确定"按钮，这样显示器的显示效果就会好很多了。

注意：液晶显示器和传统的 CRT 显示器不同，CRT 显示器所支持的分辨率较有弹性，而液晶的像素间距已经固定，所以支持的显示模式没有 CRT 显示器的多。液晶显示器只有在最佳分辨率（也叫最大分辨率）下，才能显现最佳影像。一般 15 英寸液晶的最

佳分辨率为 1024×768，$17 \sim 19$ 英寸的最佳分辨率通常为 1280×1024。而刷新率为 60Hz 即可，具体还要按说明书来设置。

活动三：安装声卡驱动程序

1. 安装驱动

目前，大部分的主板都集成了 AC'97（它是一种标准而不是硬件，目前几乎所有的声卡都支持 AC'97 标准）或 HD Audio 声卡，在主板附带的光盘中都带有其驱动程序，因此安装是非常方便的，另外也可以从网上下载其最新的驱动程序。但不同芯片组的 AC'97 声卡驱动程序互不兼容，如果用户要到网上下载最新的声卡驱动程序，需要知道使用的是哪一个厂家的声卡才行，那么如何得知自己的主板集成哪种声卡呢？

这里推荐用户使用 EVEREST Corporate Edition 软件来查询（该软件是共享软件，网上可以找到，软件的使用方法将在后面项目中介绍），如图 6.35 所示，可以看到主板集成的声卡型号是 Realtek（瑞昱）ALC883。

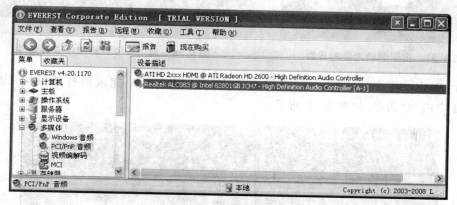

图 6.35　查看集成的声卡型号

根据这个信息，就可以在太平洋电脑网中找到其相关的声卡驱动程序了，如图 6.36 所示。

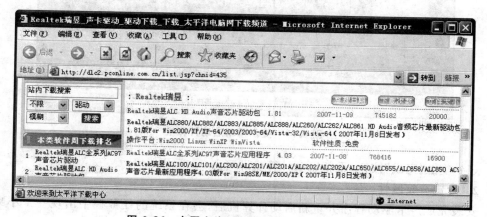

图 6.36　在网上找到其相关的声卡驱动程序

找到对应的声卡驱动程序,安装就容易了,只需按照向导提示进行操作即可。下面以主板自带的驱动为例,介绍其安装操作。

(1) 把主板提供的光盘放进光驱,此时光盘自动运行。

(2) 单击相应的型号,进入主板驱动内容的界面,如图 6.37 所示。

(3) 单击"声卡驱动"按钮,即可启动声卡驱动程序安装向导,如图 6.38 所示。

图 6.37　主板驱动内容的界面

图 6.38　启动声卡驱动程序安装向导

(4) 单击"下一步"按钮,开始复制文件并配置 Windows,完成后打开"InstallShield Wizard 完成"对话框,如图 6.39 所示。

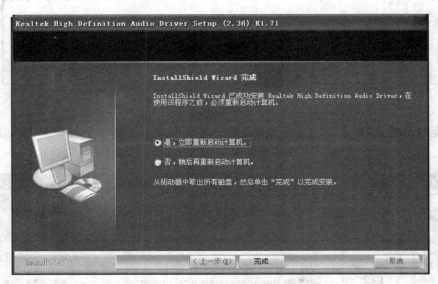

图 6.39　提示重新启动计算机

(5) 单击"完成"按钮,重新启动计算机即可。

2. 设置音频属性

安装完成声卡驱动程序并重新启动计算机后,会在系统的任务栏中出现一个小喇叭图标,说明声卡驱动程序已经正确安装了,但一般需要对声音进行一些设置,方法如下:

（1）右击小喇叭图标，弹出一个快捷菜单，如图 6.40 所示。

（2）选择"打开音量控制"命令，即可打开"主音量"对话框，如图 6.41 所示，在这里可以调整声音的波形大小。

（3）选择"调整音频属性"命令，将会打开"声音和音频设备 属性"对话框，在这里可以调整声音设备的属性，如图 6.42 所示。

图 6.40　快捷菜单

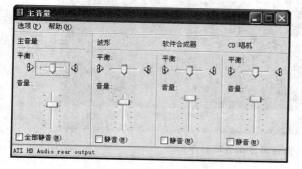

图 6.41　"主音量"对话框

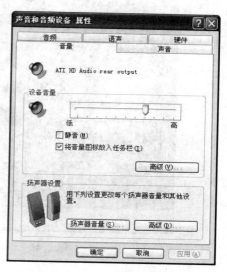

图 6.42　"声音和音频设备 属性"

活动四：安装摄像头驱动程序

安装摄像头驱动程序的方法比较特殊，下面以天兴阳光 3 号摄像头为例，介绍其安装操作方法。

（1）把摄像头提供的驱动光盘放进光驱内，光盘会自动运行，打开"选择安装语言"的界面，如图 6.43 所示。

（2）单击"简体中文"按钮，在打开的界面中单击"安装摄像头驱动程序"按钮，如图 6.44 所示。

图 6.43　"选择安装语言"界面

图 6.44　开始安装摄像头驱动程序

（3）启动摄像头驱动程序安装向导，在该界面中，直接单击"下一步"按钮，如图 6.45 所示。

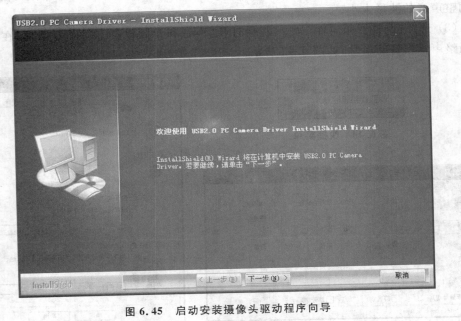

图 6.45 启动安装摄像头驱动程序向导

（4）安装程序开始复制文件，文件复制完成后，打开"InstallShield Wizard 完成"对话框，如图 6.46 所示。

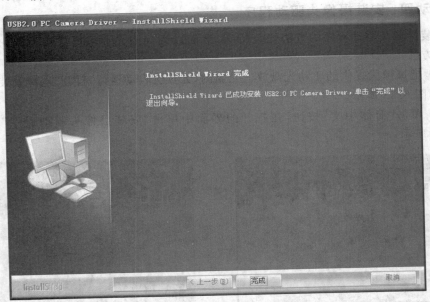

图 6.46 "InstallShield Wizard 完成"对话框

（5）单击"完成"按钮，然后把摄像头连接到计算机的 USB 接口上，此时计算机会打开"找到新的硬件向导"窗口(针对 Windows XP SP2 系统),在此选中"否,暂时不"单选按钮,如图 6.47 所示。

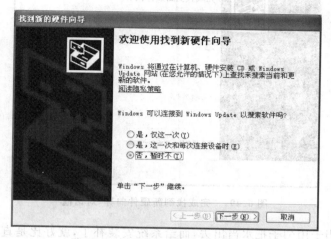

图 6.47 选中"否,暂时不"单选按钮

(6) 单击"下一步"按钮,选中"自动安装软件"单选按钮,如图 6.48 所示。

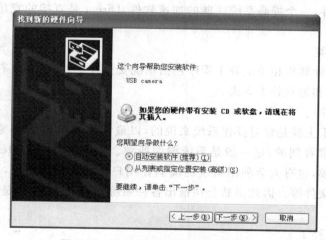

图 6.48 选中"自动安装软件"单选按钮

(7) 单击"下一步"按钮,开始安装软件,安装完成后,打开"完成找到新硬件向导"对话框,如图 6.49 所示。

(8) 单击"完成"按钮即可。安装后如果还不能使用,可能需要重新启动计算机。

活动五:安装系统补丁和 DirectX 驱动程序

病毒会通过系统的漏洞入侵用户的计算机系统,即使用户装了防火墙,也只是阻止这些病毒的发作,而不能阻止它的侵入。系统补丁是通过安装相应的补丁软件,补上系统中的漏洞,杜绝同类型病毒的入侵。系统补丁可以理解为是一个修正系统的小软件,用来修正系统中存在的漏洞。系统存在漏洞,就好像船的某些地方有裂缝,进水了,使用

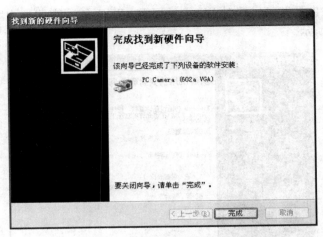

图 6.49　"完成找到新硬件向导"对话框

杀毒软件,就相当于用勺子把水舀出去,而给系统安装补丁,就好比是直接用焊枪把这个洞修补好,水就进不来了。

DirectX 是一种图形应用程序接口(Application Program Interface,API),简单地说,它是一个辅助软件,一个提高系统性能的加速软件,Direct 是直接的意思,X 可表示很多东西。

1. 补丁的分类

一般说来,和计算机相关的补丁程序包括系统安全补丁、程序 bug 补丁、英文汉化补丁、硬件支持补丁和游戏补丁 5 类。

1)系统安全补丁

系统安全补丁主要是针对操作系统来说的,以最常用的 Windows 来说,蓝屏死机或"非法错误"是经常看到的,这一般是系统漏洞所致。除此之外,在 Internet 上冲浪以及与好友交流的时候,也有人会利用系统的漏洞让用户无法连接因特网,甚至侵入用户的计算机盗取重要文件等。因此微软公司推出各种系统安全补丁,主要是为了增强系统的安全性和稳定性。

2)程序 bug 补丁

和操作系统相似,应用程序也不是十全十美,比如浏览器、Outlook 邮件程序、Office程序等都存在着或大或小的缺陷,别人可以通过嵌套在网页中的恶意代码、附加在邮件中的蠕虫病毒或者是只对 Office 文档起作用的宏病毒来影响用户的正常使用,其后果将导致部分文件丢失或者程序无法正常使用。还有一部分应用程序会造成与其他软件的冲突,如某个超级解霸版本无法在 Windows XP 下正常运行等,针对这类应用程序,软件厂商也推出了不同的补丁(或者直接把软件升级为更高的版本),以解决已知的各种问题。

3)英文汉化补丁

目前,很多优秀的程序都是英文版本,这对于一些英语不好的用户来说不方便使用。因此一些编程高手(也有一些软件厂商针对中国人开发了汉化补丁)就对一些优秀软件进行了汉化操作,安装了这些汉化补丁就能够看见熟悉的中文界面,使用起来更加方便。

4) 硬件支持补丁

以芯片组来说,一些芯片组和一些硬件设备之间的兼容性不是很好,或者无法将硬件的全部功效完全发挥出来。因此,就需要硬件厂商根据操作系统的更新拿出更适合大家使用的补丁程序。例如,在早些时期,采用 VIA(威盛)芯片组的主板,在安装操作系统完毕后一般要安装主板四合一补丁。

5) 游戏补丁

当一款游戏推出之后,很可能发现一些以前没有在意的问题(比如对某些型号的显卡支持不好、使用某些型号声卡无法使游戏发出声音等),这时游戏厂商就会发布更新的补丁程序,此外,为了扩充游戏的可玩性和真实性,一些游戏迷会针对游戏制作相应的补丁程序,比如免光盘补丁、网络游戏外挂程序等。

2. 安装系统补丁

使用"自动更新"功能,Windows 会例行检查可以保护计算机免受最新病毒和其他安全威胁攻击的更新。这些更新包括安全更新、重要更新或 Service Pack 等。

使用过 Windows 的用户可能会知道,在"开始"菜单中有一个 Windows Update 的命令,只要计算机连接到因特网,单击该菜单,就会打开微软公司的主页,再按照网页上的系统升级提示,就可以安装相应的补丁了。

此外,对于 Windows XP SP2 以上版本的系统来说,系统本身就具有自动更新的功能,它集成在系统的"安全中心"中。启动安全中心的方法是:在"控制面板"窗口,双击"安全中心"图标,即可打开"Windows 安全中心"对话框,界面用来管理"防火墙"、"自动更新"和"病毒防护"的设置,单击"自动更新"图标,即可打开"自动更新"对话框。

(1)"自动(建议)。"连接到 Internet 时,Windows 将在后台查找并下载更新,在更新时不会干扰其他下载。默认情况下,已下载到计算机中的更新将在凌晨 3 点安装,如果当时计算机处于关闭状态,Windows 将在下次启动计算机时安装更新。

(2)"下载更新,但是由我来决定什么时候安装。"即连接到 Internet 时,Windows 将在后台查找并下载更新。下载完成之后,"Windows 更新"图标将显示在通知区域,并弹出提示,告知更新已就绪,可以进行安装了。

(3)"有可用下载时通知我,但是不要自动下载或安装更新。"即 Windows 检查重要更新,然后在有任何可用更新时通知用户,但不会将这些更新传送或安装到计算机中。

(4)"关闭自动更新。"即有重要更新时,也不会向用户发送任何通知,并且也不会要求用户下载并安装。

启用自动更新之后,不必联机搜索更新或担心错过重要的修复程序,Windows 会自动为用户下载并安装。

除此之外,使用第三方软件也可以下载并安装 Windows 更新。

归纳总结

本模块主要以 Windows XP 为平台,对硬件对应的驱动程序的安装作了介绍,要求读者在此基础上学习和掌握相应补丁的更新或安装操作。有时候可以使用第三方软件

（比如驱动精灵等）进行安装。

思 考 练 习

一、选择题（可多选）

1. 在计算机系统中，下列硬件中_____不需要安装驱动程序也能使用。

    A. 内存条   B. CPU   C. 打印机   D. 扫描仪

2. 在"运行"对话框中输入_____，单击"确定"按钮，即可打开"DirectX 诊断工具"对话框。

    A. msconfig   B. DirectX   C. regedit   D. dxdiag

3. 下面的_____不是与计算机相关的补丁程序。

    A. .inf 文件补丁   B. 硬件支持补丁

    C. 程序 bug 补丁   D. 英文汉化补丁

二、判断题

1. 液晶显示器只有在最佳分辨率下才能显现最佳影像。（   ）

2. 一般来说，每一个 Windows 操作系统版本都自带 DirectX，而 Windows XP SP2 自带的是 DirectX 10.0。（   ）

3. 按照版权类型分，软件的类型可分为汉化软件、免费软件和演示软件。（   ）

三、综合题

1. 安装驱动程序的常见方法有哪几种？

2. 什么是绿色软件？

3. 安装解压缩软件 7-Zip 或 ALZip。

4. 安装邮件处理软件 FoxMail 或 KooMail。

5. 安装下载软件"网际快车"。

6. 在网上查找绿色软件 KMPlayer，并把它下载到本地计算机上。

项目七

主要配件的选购与测试

project 7

项 目 描 述

　　计算机配件和其他 IT 硬件是更新最快的科技产品。其硬件产品更新快,所以其型号多而且很复杂,让用户难以区分其好坏。为了解决这些麻烦,可以用一些专门测试软件,自己动手测试计算机硬件性能。通过测试硬件性能,可以了解计算机系统存在的瓶颈,合理配置计算机或方便以后升级等,也可以根据测试给出的结果,合理优化硬件。

项 目 知 识 结 构 图

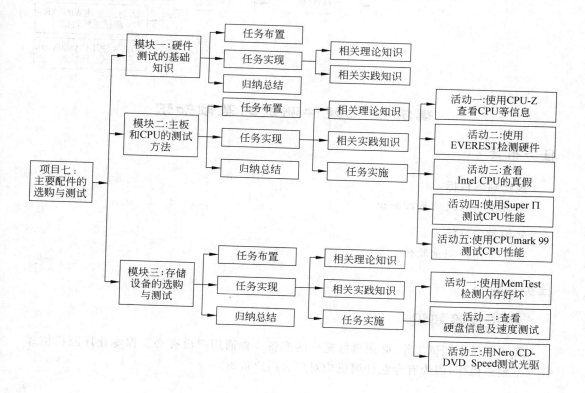

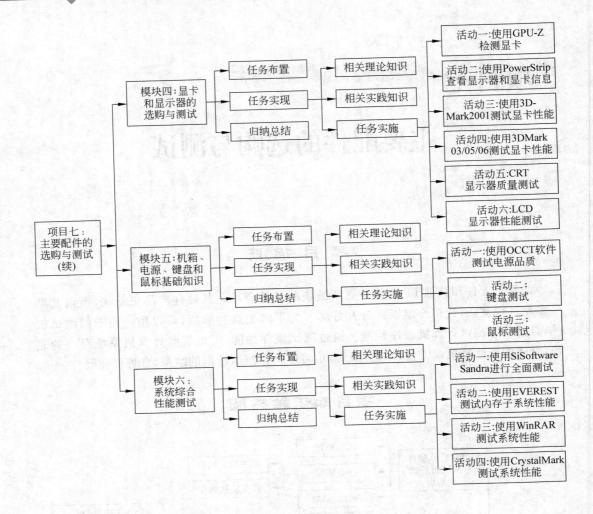

模块一　硬件测试的基础知识

任务布置

技能训练目标

掌握硬件测试的基础知识。

知识教学目标

了解常用的测试软件。

任务实现

相关理论知识

要真正做好测试工作,必须做好充分的准备。普通用户没有必要像专业评测机构那样严格地来操作,因为有专业评测机构对广大用户负责。

对于 DIY 用户来说,网站上硬件测试性能的文章具有指导选购的作用,通过阅读评测报告,比较相关的数值,可以选择较为理想的产品,但不同的平台测试成绩会有所不同,所以还是应自己亲自动手测试,了解所选计算机的性能。

1. 测试的重要性

通过测试了解计算机的性能,然后按照实际情况来使用计算机。测试的主要作用有以下几方面。

(1) 识别硬件真伪。在采购硬件时,经常会碰到假货。硬件高手们能通过自己的眼睛和经验识别假货,但绝大部分用户不是硬件高手。测试软件具有"火眼金睛",只要使用它进行测试,就会知道该硬件设备的好坏。

(2) 了解硬件的性能表现。用户平常可在使用计算机时通过使用操作系统、应用软件和游戏等来感性认识整台计算机的快慢,不过这些毕竟只是个人感觉,不能真正说明问题。如果通过测试软件进行系统测试,得到一些详细的数据,可更准确地了解整机及各配件的性能表现。

(3) 确定系统瓶颈,合理配置计算机。计算机是由一个个配件组成的整体,一台计算机的整体性能表现不是靠某一个配件"撑"起来的,必须要考虑性能的整体均衡性,然后再根据自己的实际需要来向某个性能方面倾斜。测试软件能将系统各部分的性能用数据展现出来,通过测试软件的测试,可以找到一台计算机的系统瓶颈,结合自己的需要配置出更加合理的计算机。

(4) 优化硬件及系统性能。测试与硬件优化、系统优化没有直接的联系,但硬件设备驱动程序的优劣对硬件设备的性能表现有很大的影响,驱动程序的优劣可以通软件过测试来确认。以 nVIDIA 芯片组的显卡为例,其驱动程序就有公用版和专用版之分,这些驱动程序更新速度非常快,需要通过测试来找到最适合的显卡驱动。

2. 测试时应当注意的问题

为保证测试正常进行,一般要注意以下问题。

(1) 搭建硬件测试平台。普通用户测试的对象是自己的计算机,只要待测计算机能够正常使用,这个硬件平台就建好了。其实对个人用户而言,计算机的硬件设置并不是最关键的,相反还可以通过这些不同设置来测试外界因素对计算机性能的影响。

(2) 搭建软件测试平台。正规的测试对系统的版本有严格要求,基本要求是使用英文版 Windows,但这一点对个人用户没有必要。如果使用的是 Windows XP,则最好安装有 Service Pack 1 补丁,否则会影响测试结果。

(3) 使用相应的测试软件。要测试就离不开测试软件,目前测试软件都能从网上下载,且大部分是共享软件,普通用户可免费使用这些测试软件。

(4) 安装好驱动程序及补丁。除了最基本的操作系统与测试软件,还要安装主板芯片组驱动程序,另外 3DMark 2003 还需要 9.0 版以上的 DirectX,因此在安装这类测试软件之前首先要安装好相关的驱动程序。

(5) 让硬件电气性能稳定后才开始测试。对于大部分电器而言,刚开机那段时间由于各种因素的影响,其性能并不能达到最佳状态,也就是还不很稳定,建议将计算机开机半小时后再开始测试。测试显示器时,最好能让显示器开机两小时之后再进行测试。此外,最好将 BIOS 设置中的优化设置还原成默认值。

(6) 注意 CPU 的温度。由于软件测试的时间较长,且测试时整个系统的工作压力大,CPU 会因温度过高而导致计算机死机。

(7) 其他注意事项。为了给测试软件一个干净的环境,在测试前一定要将所有的系统自启动程序关闭,如超级解霸的播放探测器以及各种实时防病毒软件等。此外,测试前整理磁盘是必不可少的工作,否则当测试硬盘性能时,其成绩将大打折扣,甚至还有可能导致测试失败。

相关实践知识

下面列出一些常见测试软件的名称及作用。

1. 查看硬件信息的工具

下面列出一些常见的查看硬件信息的工具,可根据需要选择,也可以选用多种软件分开进行检测。

CPU-Z:能够查看的信息包括 CPU 名称和厂商、内核进程、内部和外部时钟、局部时钟监测和 CPU 的 FSB 频率和倍频等。该软件大小为 1MB 左右,并且是免费软件。

WCPUID:能够检测 CPU 的 ID 信息、内/外部频率、倍频数和是否支持 MMX 以及 3Dnow! 指令等信息。此软件大小为 300KB 左右,为免费软件。

EVEREST:原名叫 AIDA32,支持检测各种 CPU,支持识别 3400 种以上的主板和 360 种以上的显卡,并支持检测并口、串口和 USB 这些即插即用的设备。此软件为绿色软件,解压缩后即可使用,软件大小为 2850KB,为免费软件。

HWiNFO:可以检测处理器、主板及芯片组、PCMCIA 接口、BIOS 版本、内存等信息。另外还提供了对处理器、内存、硬盘以及 CD-ROM 的性能进行测试的功能。

PowerStrip:可以查看显示器、显卡的详细信息,还可以执行调整桌面尺寸、更新频率、放大缩小桌面、调整屏幕位置、桌面字型调整、鼠标游标放大缩小、图形与显示卡系统信息、显卡执行效能调整等操作。此外,还可以调节显卡的核心、显存频率,以及修正 NT 内核操作系统的游戏刷新率问题。此软件是目前显卡、显示器超频调试工具中较优秀的软件,软件大小为 800KB,为共享软件。

2. 查看 CPU 真假和测试 CPU 性能的常用工具

下面列出一些查看 CPU 真假和测试 CPU 性能的常用工具。

Intel Processor Frequency ID Utility(中文名称为"英特尔处理器频率标识实用程序")是 Intel 公司开发的、专用于辨别 Intel CPU 真假的工具。它使用频率确定算法来确定处理器的内部频率,然后检查处理器中的内部数据,并将此数据与检测到的频率进行比较,再将比较结果告诉用户,如果 CPU 频率与出厂频率不符,就会以红色标示。此软件大小为 1000KB 左右,为免费软件。

Super Ⅱ 是一款圆周率计算程序,用它可以测试 CPU 的稳定性。Super Ⅱ 可以作为判断 CPU 稳定性的依据。它要求 CPU 有很强的浮点运算能力,同时对于系统内存也有较高的要求。软件大小为 120KB 左右,为免费软件。

CPUmark 99 是一款测试 CPU 的整数运算能力的元老级软件,它的测试成绩反映了处理器、高速缓存和内存之间的通道子系统运行 32 位代码的处理能力,可以通过它的得分衡量主板是否能够较好地发挥处理器的能力,再给 CPU 打分。分数越高,表示 CPU 速度越快。

HotCPUTester 是系统稳定度的测试工具,找出超频或是有缺点的 CPU,对于超频 CPU 来说,可以测试超频后的系统是否稳定。

3. 测试显卡性能的常用工具

下面列出一些测试显卡性能的常用工具。

3DMark2001:权威的显卡评测工具,它采用先进的绘图引擎,给显卡一个全面评估。测试中提供"赛车追逐"、"神龙在天"、"黑客帝国"以及"自然风光"4 种游戏模式供测试,最后给出一个权威的评估分数。

3DMark2003:3DMark2003 和 3DMark2001 都是 MadOnion.com(2002 年 12 月 11 日宣布更名为 FutureMark)公司开发的显卡测试工具,3DMark2003 实际上是 3DMark2001 的升级版。作为一款最新的显卡测试软件,3DMark2003 也提供了 4 种游戏的测试,3DMark2003 对硬件的要求会相对高一些。此外,3DMark2003 几乎不受处理器、内存和主板的影响,它只专注测试显卡着色能力,因此,显卡的效能高低将成为 3DMark2003 得分的关键。另外,3DMark2003 内置了一个 CPU 测试项目,可以进行深度的处理器测试。

3DMark2005 和 3DMark2006:3DMark 测试软件已经逐渐成为 3D 显卡性能的基准测试软件。随着硬件的发展,3DMark2003 已经显得力不从心了,因此,FutureMark 公司又推出了完全支持 DirectX 的 3DMark2005。3DMark2005 有 3 个版本,Free 版本功能有限,如果想体验 3DMark2005 的强大功能,需要注册使用 Pro 版本或 Business 版本。此后,FutureMark 公司还推出了 3DMark2006。其官方主页为 http://www.aquamark3.com。

4. 其他硬件性能测试工具

MemTest:内存测试软件,可以检测出内存是否有错误,并提醒用户。

Nokia Monitor Test:该软件可以测试和调整显示器屏幕属性。

HD Tune:一款小巧易用的硬盘测试软件,其主要功能为硬盘传输速率检测、健康状态检测、温度检测及磁盘表面扫描等。

HD_speed:一款测试硬盘传输速率并加以分析的工具,以图形显示状态,此外,也可检测软盘、DVD 和 CD 的传输速率。

Nero CD-DVD Speed:一款光驱测试软件,它能检测出光驱是 clv、cav 还是 p-cav 格式,并能测出光驱的真实速度、随机寻道时间、CPU 占用率和速度等。

KeyboardTest:台式计算机键盘一般不需要进行测试,此软件主要用于笔记本计算机键盘的测试,帮助快速了解笔记本键盘有无损坏。

5. 综合性能测试工具

SiSoftware Sandra:该软件是一套功能强大的系统分析评比工具,拥有超过 30 种以上的测试项目,主要包括处理器、硬盘、光驱/DVD、内存、主板和打印机等。此外,它还可将分析结果报告列表存盘。该软件除了提供详细的硬件信息外,还可以做产品的性能对比,提供性能改进建议,是一款功能强大的测试工具。

PCMark05:它是测量个人计算机性能的优质工具,它可以测试 CPU、硬盘和内存的性能,还包括 HD 录影自动译码、数字式音乐内码和基于追踪的硬盘性能测试。能真实客观地表现在最新的个人计算机平台和体系结构的最新技术,能准确评价用户的计算机。

CrystalMark2004:它可以测试 CPU(ALU 和 FPU)、内存、磁盘(硬盘)和图形卡,可以进行整体测试,也可以进行分类测试。测试完成后,CrystalMark2004 会生成一个详细的测试报告。

BenchMarX:简洁的性能测试软件,适用于个人用户,下载后无须安装即可运行。主要测试处理器、内存、显卡和硬盘,测试结果用易懂的柱状图形式表示。除了测试功能以外,还可以查看关于个人计算机的各种信息资料。

测试硬件性能的软件有很多,用户可以登录一些软件站点找到这些软件。

归纳总结

本模块主要讲解了硬件测试的基础知识,通过学习读者应了解测试的重要性以及各种硬件对应的常用测试软件。

模块二　主板和 CPU 的测试方法

任务布置

技能训练目标

掌握常见主板和 CPU 的品牌、型号、选购及测试。

知识教学目标

了解主板的构成、主板和 CPU 的主要性能参数。

任务实现

相关理论知识

主板和 CPU 是计算机的最核心部件。如果把 CPU 比作计算机的心脏,那么主板就是计算机的神经网络,而主板的芯片组则是决定主板性能优劣的关键。计算机中的各种硬件都是通过主板来连接并工作的,它为 CPU、内存、声卡、网卡和打印机等设备提供接口。

1. 主板的构成

从外观上看,主板是一块矩形的印制电路板,在电路板上分布着各种电容、电阻、芯片和插槽等元器件,一般包括 BIOS 芯片、I/O 控制芯片、面板控制开关接口、各种扩充插槽、供电电源插座和 CPU 插座等,部分主板还集成了音效芯片或显示芯片等。一款普通主板的外观如图 7.1 所示。

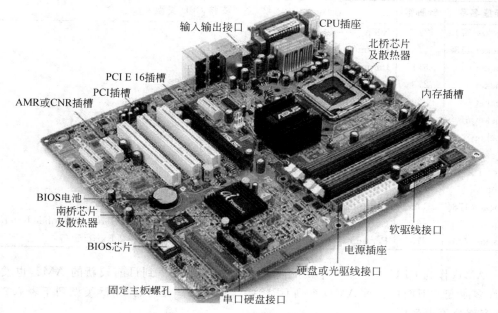

图 7.1 主板的外观

下面简单介绍主板上的各个部件。

1）CPU 插座

CPU 插座是主板上最醒目的部件，该插座与 CPU 针脚是对应的，在主板中地位极为重要。CPU 插座主要分为 Intel Pentium 和 AMD 两大类。目前市场的主流 CPU 多采用 Socket 插针式接口，而从首次采用 Socket 接口的 80486 到现在 Core 2 Duo 的 CPU，Socket 接口已经存在了将近 20 年，这中间也出现过其他插针形式的插座，但最终还是走回 Socket 插针形式。

早期的 CPU 是 Intel 占主导地位，下面把 Intel 的大部分 CPU 插座针数及其支持的CPU 类型列于表 7.1 中，帮助用户了解主板和 CPU 的演变过程。

表 7.1 Intel 的 CPU 插座针数及其支持的 CPU 类型

插座名称	针脚数	支持 CPU 类型
Socket 0	168	486DX
Socket 1	169	486DX、486SX
Socket 2	238	486DX、486SX
Socket 3	237	486DX、486SX、5X86
Socket 8	387	Pentium Pro
Socket 423	423	Pentium 4
Socket 463	463	Nx586
Socket 603	603	Xeon Mobile P4
Socket 604	604	Xeon

续表

插座名称	针脚数	支持 CPU 类型
Socket 771	771	Xeon
Socket 418	418	Itaninum
Socket 611	611	Itaninum 2
Socket 4	273	Pentium 66 等
Socket 5	320	Pentium 133 等
Socket 6	235	486DX
Socket 7	321	Pentium MMX K5、K6、M2
Socket 370	370	Celeron、Pentium-Ⅲ、Cyrix-Ⅲ、C3
Slot 1	242	Celeron、Pentium-Ⅱ、Pentium-Ⅲ
Slot 2	330	Pentium- Xeon、Pentium- Xeon
Socket 478	178	Pentium 4、Celeron 4、Celeron D、Core
Socket 479	463	Core Duo、Core 2 Extre-me、Pentium M、Pentium 4、Celeron M、Mobile Celeron
Socket 775	775	Pentium 4、Pentium D、Celeron D、Core 2 Duo、Core 2 Extreme 等

　　AMD 作为 CPU 的第二大生产厂商,其接口从 Super 7 到目前较新的 AM2,也发生了许多演变。下面把各种 AMD 系列 CPU 插座针数及其支持的 CPU 类型列于表 7.2 中(兼容部分不再列出)。

表 7.2　AMD 的部分 CPU 插座针数及其支持的 CPU 类型

插座名称	针脚数	支持 CPU 类型
Socket Super 7	321	K6-2、K6-Ⅲ
Slot A	242	
Socket 940	940	Athlon 64 FX、Opteron
Socket S1	638	Turion 64 X2
Socket F	1207	Opteron
Socket 462	462	Athlon、Duron、Athlon XP、Sempron
Socket 754	754	Athlon 64、Sempron、Turion 64
Socket 939	939	Athlon 64、Athlon 64 FX、Opteron Athlon 64 FX X2
Socket M2	940	Athlon 64、Athlon 64 FX、Opteron Athlon 64 X2、Sempron、Athlon X2 BE

　　目前,AMD 的 CPU 插槽类型主要是 Socket AM2,早期的 Socket 754、Socket 939 都已经统一为该类型接口。

　　2) 内存插槽

　　内存插槽是指主板上所采用的内存插槽类型和数量。内存条通过金手指(正反两面)与内存插槽连接,金手指可以在两面提供不同的信号,也可以提供相同的信号。主板所支持的内存种类和容量都由内存插槽来决定。

　　(1) 内存插槽的类型

　　内存插槽常见的类型有 SIMM、DIMM 和 RIMM。SIMM(Single Inline Memory Module,单内联内存模块)用于早期的 FPM 和 EDD DRAM,后来被 DIMM 技术取代。DIMM 是目前的主流类型。DIMM 分为 3 种,SDRAM DIMM 为 168 针 DIMM 结构,金

手指上有两个卡口,用来避免插入插槽时,错将内存反向插入而导致烧毁;DDR DIMM则采用 184 针 DIMM 结构,金手指上只有一个卡口;而 DDR2 DIMM 为 240 针 DIMM 结构,金手指每面有 120 针,与 DDR DIMM 一样金手指上也只有一个卡口,但是卡口的位置与 DDR DIMM 稍微有一些不同,它们互不兼容。此外,笔记本内存插槽则是在 SIMM 和 DIMM 插槽基础上发展而来,基本原理并没有变化,只是在针脚数上略有改变。RIMM 是 Rambus 公司生产的 RDRAM 内存所采用的接口类型,此类内存插槽类型目前很少见。

（2）接口类型

接口类型是根据内存条金手指上导电触片的数量来划分的,金手指上的导电触片也习惯称为针脚数。不同的内存采用的接口类型各不相同,每种接口类型所采用的针脚数也各不相同。笔记本内存一般采用 144 针和 200 针的接口;台式机内存则基本使用 168 针、184 针和 240 针接口。图 7.2～图 7.6 是几种不同针脚数及不同类型的内存插槽,从中可以看出一些内存的演变过程。

图 7.2 72 针的 SIMM 插槽

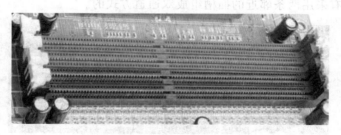

图 7.3 168 针的 SIMM 插槽

图 7.4 168 针 DIMM 插槽

图 7.5 184 针 DIMM 插槽（DDR）

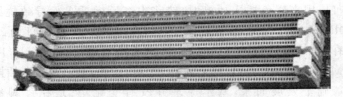

图 7.6　240 针 DIMM 插槽(DDR 2)

(3) 双通道内存技术

双通道内存技术是一种内存控制和管理技术,是在北桥(又称为 MCH)芯片级里设计两个内存控制器,这两个内存控制器可相互独立工作,每个控制器控制一个内存通道,可分别寻址、读取数据,从而使内存的带宽增加一倍。因为双通道体系的两个内存控制器是独立的、具备互补性的智能内存控制器,因此二者能实现彼此间零等待时间,即同时运作。两个内存控制器的这种互补可让有效等待时间缩减 50%,从而使内存的带宽翻倍。

双通道技术是一种主板芯片组所采用的新技术,与内存本身无关,因此,任何 DDR内存都可工作在支持双通道技术的主板上。目前,大多数主板的芯片组都支持双通道内存技术。

双通道内存的安装方法可以参看主板说明书,如 4 根 DIMM 从上到下命名为 A、B、C、D,那么安装时一般是 A、C 构成一个通道,B、D 构成另一个通道,如图 7.7 所示。但也不是绝对的,也有采用两条邻近的插槽组成双通道方式的。

图 7.7　双通道内存插槽

3) 板卡扩展槽

板卡扩展槽是用来接插各种板卡的,如显卡、声卡、Modem 卡以及网卡等。板卡扩展槽常见的类型有 ISA、PCI、AGP、PCI Express、AMR 和 CNR。

(1) ISA(Industry Standard Architecture,工业标准结构总线)是 IBM 公司为 286 计算机制定的工业标准总线。它在 80286 至 80486 时代应用非常广泛,总线宽度是 16 位,总线频率为 8MHz。此外,还出现过 EISA 和 VEISA 总线,目前都已被淘汰。ISA 插槽一般是黑色的,长度明显超过 PCI 插槽,稍旧点的主板上一般有一个 ISA 插槽,新型的主板上面已经没有了。

(2) PCI(Peripheral Component Interconnect)总线是早期最流行的总线之一,它使用的是 32 位的带宽,并且是以 33.3MHz 的频率工作,因此其只有 133.3MB/s 的传输速度,计算方法是 32×33.3MHz÷8＝133.3MB/s。对于 Ultra ATA100 的硬盘(100MB/s

的传输速度)来说,PCI 总线足可以应付当时的周边设备了。随着硬盘传输能力的发展,出现了串口硬盘和 SCSI 硬盘,硬盘的传输速度已经达到了 160MB/s,因此,又出现有 PCI 2.X 总线,按照其规格定义来看,它支持 64 位的带宽,工作频率也提升到 66MHz,因此它的最大传输速度理论上可以达到 533.3MB/s。PCI 插槽用于 PCI 总线的插卡,主板上一般有 2～5 个 PCI 插槽,插槽颜色一般为白色,其工作频率为 33MHz,它可用来安装显卡和网卡等。

(3) AGP 是 Accelerated Graphics Por 的缩写,意为图形加速接口,也称 AGP 总线。严格地说,AGP 不能称为总线,它与 PCI 总线不同,它是点对点连接,即连接控制芯片和 AGP 显卡,但习惯上依然称其为 AGP 总线。AGP 接口基于 PCI 2.1 版规范并进行扩充修改而成,工作频率为 66MHz。AGP 总线直接与主板的北桥芯片相连,且通过该接口让显示芯片与系统主内存直接相连,避免了窄带宽的 PCI 总线形成的系统瓶颈,增加 3D 图形数据传输速度,同时在显存不足的情况下还可以调用系统主内存。AGP 总线的时钟频率为 66.6MHz,其传输速度为 $32 \times 66.6\text{MHz} \div 8 = 266.6\text{MB/s}$,是 PCI 总线传输速度的两倍。此外,因为 PCI 的带宽为所有外围设备部件共用,所以如果主板上连接了 5 个 PCI 设备,那么平均每个 PCI 设备只能分配到 26.7MB/s(133.3MB/s÷5)的带宽。而 AGP 总线使用的是一个专用的图形连通线,没有其他设备与它分享。

AGP 技术分 AGP 1X、AGP 2X、AGP 4X 和 AGP 8X。以 AGP 2X 来说,它的每个工作周期可送出两次信号,所以它的理论带宽可以达到 533.3MB/s;AGP 4X 模式代表每个工作周期可以送出 4 次信号,所以它的理论带宽可达到 1.06GB/s;AGP 8X 的理论带宽更是可达到 2.13GB/s。因为工作电压不同,AGP 8X 只能向下兼容 AGP 4X(相当于 AGP 4X 的显卡使用),不能兼容 AGP 1X 和 AGP 2X。一块主板一般只有一个 AGP 插槽,但很多集成了显卡的主板上面没有 AGP 插槽。

实际上,AGP 共分为 3 个版本,即 AGP 1.0、AGP 2.0 和 AGP 3.0,它们对应的模式如表 7.3 所示。AGP 8X 规格与旧的 AGP 1X/2X 模式不兼容。而对于 AGP 4X 系统,AGP 8X 显卡仍可在其上工作,但仅会以 AGP 4X 模式工作,无法发挥 AGP 8X 的优势。

表 7.3 AGP 各个版本对应的模式和功能

功能　　　　　版本模式	AGP 1.0		AGP 2.0	AGP 3.0
	AGP 1X	AGP 2X	AGP 4X	AGP 8X
工作频率/MHz	66	66	66	66
传输带宽/(MB/s)	266	533	1066	2133
工作电压/V	3.3	3.3	1.5	1.5
单信号触发次数	1	2	4	4
数据传输位宽/b	32	32	32	32
频率/MHz	66	66	133	266

(4) PCI Express 是由 Intel 等合作伙伴联合开发的一种总线结构,其目的是取代传统的 AGP 和 PCI 总线。PCI Express 与 PCI 属于截然不同的两个体系,PCI 为并行总线,而 PCI Express 则是一种串行总线,因此一度被人称为串行 PCI。PCI 总线采用带宽

和频率都有限的并行协议,而 PCI Express 采用的是可升级的串行模式。PCI 总线上只能有一个设备进行通信,PCI 总线上挂接的设备增多,每个设备的实际传输速率就会下降。PCI Express 总线是一种点对点串行的设备连接方式,点对点意味着每一个 PCI Express 设备都拥有自己独立的数据连接,各个设备之间并发的数据传输互不影响,目前,PCI Express 取代传统的 PCI 和 AGP 总线已成定局。除了显卡之外,还有很多基于 PCI Express 总线的千兆网卡、视频编辑卡以及多媒体卡面市。实际上,PCI Express 是南桥的扩展总线,它与操作系统无关,所以也保证了它与原有 PCI 的兼容性,也就是说在很长一段时间内在主板上 PCI Express 接口将和 PCI 接口共存,这也给用户的升级带来方便。PCI Express 总线规格分为×1(250MB/s)、×2、×4、×8、×12、×16 和×32 的通道。目前,PCI Express 是主流显卡的总线接口,在传输速率方面,PCI Express 总线利用串行的连接特点能轻松地将数据传输速度提到一个很高的频率,其频率为 2.5GHz,每个接口都独占 250MB/s 的数据传输率,它的规格允许实现×1(250MB/s)、×2、×4、×8、×12、×16 和×32 的通道,PCI Express-16 的带宽将达到 4.0GB/s,而且由于 PCI-E 是一种双向互连的设计,所以其相反方向也具有同样高的带宽,那么其有效带宽将达 8GB/s,因此,AGP 最后将完全被 PCI Express 取代。PCI Express 各种传输模式的速度如表 7.4 所示。

表 7.4　PCI Express 各种传输模式的速度

PCI Express 模式	×1	×2	×4	×8	×16	×32
数据传输模式	250MB/s	500MB/s	1GB/s	2GB/s	4GB/s	8GB/s
双向传输模式	500MB/s	1GB/s	2GB/s	4GB/s	8GB/s	16GB/s

(5) 除了上面几种插槽外,有一些主板上面会有 AMR(或 CNR)插槽。AMR 即 Audio/Modem Riser(声音/调制解调器插卡),是一套开放工业标准,它定义的扩展卡可同时支持声音及 Modem 功能,采用这种设计,可有效降低成本。继 AMR 插槽之后,Intel 公司又开发出了 CNR(Communication Network Riser,通信网络接口)插槽,它们的外观基本一样,但本质上的区别还是很大,目前的 CNR 插槽专供未来结构更加简单和紧凑的网卡或 Modem 使用。

4) 输入输出口和其他部件

输入输出口(也称 I/O 接口)是用于连接各种输入输出设备的接口,一般包括有 2~8 个 USB(Universal Serial Bus,通用串行总线)接口(目前有很多外接设备都使用了 USB 接口,如移动硬盘、数码相机和 USB 键盘、鼠标等)、一个 PS/2 键盘接口、一个 PS/2 鼠标接口、两个串行口、一个并行口(或称为打印口)和一个游戏口,如图 7.8 所示。

5) 硬盘接口和软驱接口

硬盘接口分为 IDE 接口和 SATA 接口。IDE 接口和软驱接口在主板上分别是两个 40 针和一个 28 针排线插座,IDE 设备主要指硬盘、光驱以及使用 IDE 接口的其他设备等,SATA 接口用来连接串口硬盘。有的主板为了加强兼容性,既提供 IDE 接口也提供 SATA 接口。

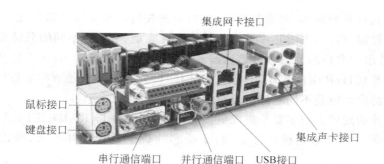

图 7.8 主板上的输入输出接口

6）电源插座

电源插座主要给主板和主板上的其他硬件提供电能。在计算机的内部硬件中，一般除了光驱、硬盘和软驱直接由电源供电外，其他的设备由主板供电。目前计算机使用的电源一般为 ATX 架构，其电源接口由原来的 20 针更改为 24 针，但它可以向下兼容 20 针接口。此外，还有一种专用电源插座，和一般主板的电源插座不同，如图 7.9 所示。

图 7.9 电源插槽

7）BIOS 芯片

BIOS 芯片实际上是一段程序，这段程序在开机后首先运行，对系统的各个部件进行监测和初始化。BIOS 程序保存在可擦除的只读储存器（EEPROM 或者 Flash ROM）中，系统断电后靠一个锂电池来维持数据。

现在有很多主板将原来单独的插卡上面的功能都做到了主板上（即集成），但目前大部分此类主板都是板载网卡（芯片）和声卡（芯片），而只有板载显卡的才叫真正的集成主板。

2. 主板的芯片组

芯片组（chipset）是主板的核心组成部分，按照在主板上的排列位置的不同，通常分为北桥芯片和南桥芯片。北桥芯片（north bridge）是主板芯片组中起主导作用的最重要的组成部分，也称为主桥（host bridge）。其中 CPU 的类型、主板的系统总线频率、内存类型、容量和性能、显卡插槽规格都是由芯片组中的北桥芯片决定的。整合型芯片组的北桥芯片还集成了显示芯片，一般情况下，芯片组的名称就是以北桥芯片的名称来命名的。

南桥芯片不与处理器直接相连，而是通过一定的方式（不同厂商各种芯片组有所不同）与北桥芯片相连。南桥芯片负责 I/O 总线之间的通信，如 PCI 总线、USB、LAN、

ATA、SATA、音频控制器、键盘控制器、实时时钟控制器和高级电源管理等,这些技术相对来说比较稳定,所以,不同芯片组的南桥芯片可能是一样的,不同的只是北桥芯片。目前,主板芯片组中北桥芯片的数量要远远多于南桥芯片,例如,Intel 945 系列芯片组都采用 ICH7 或者 ICH7R 南桥芯片,但也能搭配 ICH6 南桥芯片。还有些主板厂家生产的少数产品采用的南北桥是不同芯片组公司的产品。

南桥芯片的发展方向主要是集成更多的功能,例如网卡、RAID、IEEE 1394 甚至 Wi-Fi 无线网络等。相对于北桥芯片来说,南桥芯片数据处理量并不大,所以一般没有散热片。

主板芯片组的南桥和北桥结构如图 7.10 所示。

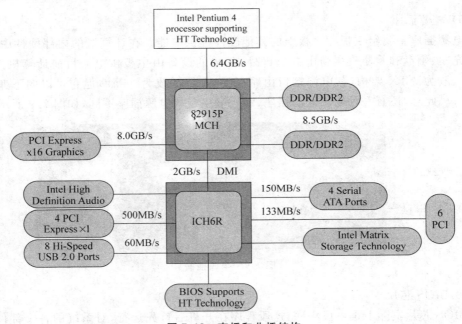

图 7.10 南桥和北桥结构

此外,由于 AMDK8 核心的 CPU 将内存控制器集成在了 CPU 内部,于是支持 AMDK8 芯片组的北桥芯片变得简化多了,甚至还能采用单芯片芯片组结构。因此,北桥芯片的功能会逐渐单一化,为了简化主板结构,提高主板的集成度,以后主流的芯片组很有可能变成南北桥合一的单芯片形式。事实上,SIS 等早就发布了不少单芯片芯片组,在 2003 年,nVIDIA 推出了 nForce3 芯片组时,首次引入了单芯片组设计,将传统的南北桥功能整合到一颗芯片中。

到目前为止,全世界能够生产芯片组的厂家有 Intel(美国)、VIA(中国台湾)、SiS(中国台湾)、ULI(中国台湾)、AMD(美国)、nVIDIA(美国)、ATI(加拿大,已被 AMD 收购)、IBM(美国)、HP(美国)等,其中以 Intel、nVIDIA 以及 VIA 的芯片组最为常见。目前,大部分主板都是基于 Intel 和 AMD 两家 CPU 来设计,因此以 CPU 的类型来分,芯片组可以分为 AMD 平台芯片组和 Intel 平台芯片组。

相关实践知识

1. 主板和 CPU 的主要性能参数

为了方便理解主板和 CPU 的主要性能参数，在介绍前，先用 CPU-Z（或 CrystalCPUID）检测系统的 CPU 参数，如图 7.11 所示。

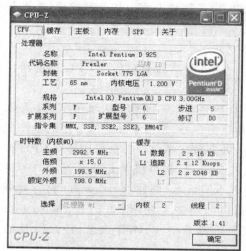 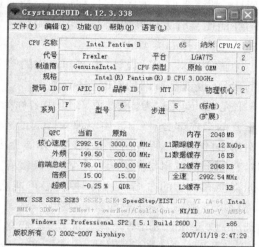

图 7.11 检测 CPU 参数

1）系统总线

计算机系统中，总线有内部总线、系统总线和外部总线。内部总线是微机内部各外围芯片与处理器之间的总线，用于芯片一级的互连；系统总线是微机中各插件板与系统板之间的总线，用于插件板一级的互连，系统总线也称前端总线（或 FSB），是 CPU 跟外界沟通的唯一通道；外部总线则是微机和外部设备之间的总线，计算机是通过总线和其他设备进行信息与数据交换的。简单地说，在计算机各部件之间传递数据信息的线路就叫做总线。

总线的带宽越宽，能传输的数据就越多，而总线速度越高，数据传输的速度就越快。在 PC133 的时代，系统总线与系统外频的速度是一样的，目前，AMD 和 Intel 在 FSB 上使用不同的方式计算。在 AMD 方面，FSB 与 DDR 内存同速，也就是说，如果 CPU 的实际外频是 200MHz，那么 FSB 就是 400MHz。而在 Intel 方面，FSB 实现的是"4 条通道"，即实际外频是 200MHz，那么 FSB 就是 800MHz。例如，P4 2.8C 的 FSB 频率是 800MHz，则该型号的外频是 200MHz；又如 Barton 核心的 Athlon XP 2500＋的外频是 166MHz，那么它的 FSB 频率是 333MHz。

2）主频、外频和倍频

在电子技术中，脉冲信号是指一定时间内连续发出信号的多少，将第一个脉冲和第二个脉冲之间的时间间隔称为周期；将在 1 秒时间内产生的脉冲个数称为频率。频率的标准计量单位是 Hz（赫），其相应的单位还有 kHz（千赫）、MHz（兆赫）和 GHz（吉赫），其中 1GHz＝1000MHz，1MHz＝1000kHz。

CPU 主频的高低与 CPU 的外频和倍频有关,其计算公式为:主频＝外频×倍频。在安装 CPU 时,需要将主板进行跳线(也可以在 BIOS 中设定),来设定 CPU 的外频(倍频一般是 CPU 厂家锁定的,不能设置),在理论上说,可以通过提高倍频的方法来使 CPU 超频。不过,当 CPU 不在标准外频工作时,对 PCI 总线和 AGP 总线会有影响。例如,当 CPU 工作在 180MHz 这个外频时,PCI 接口和 AGP 接口分别工作在 45MHz 和 72MHz,都高于原来的频率,这样可能会造成这些设备超频失败。如果超频成功,则计算机的性能便会有大幅度提升。

3) CPU 核心类型

为了便于对 CPU 设计、生产和销售的管理,CPU 制造商会对各种 CPU 核心给出相应的代号,也就是所谓的 CPU 核心类型。

核心(Die,又称为内核,图 7.11 中名称为"代码名称",不同软件叫法不一样)是 CPU 最重要的组成部分。CPU 中心那块隆起的芯片就是核心,是由单晶硅以一定的生产工艺制造出来的,CPU 所有的计算、接受/存储命令、处理数据都由核心执行。各种 CPU 核心都具有固定的逻辑结构,一级缓存、二级缓存、执行单元、指令级单元和总线接口等逻辑单元都会有科学的布局,但同一种核心可能会有不同版本(例如 Northwood 核心就分为 B0 和 C1 等版本)。每一种核心类型都有其相应的制造工艺(例如 $0.25\mu m$、$0.18\mu m$、$0.13\mu m$ 以及 $0.09\mu m$ 等)、核心面积、核心电压、电流大小、晶体管数量、各级缓存的大小、主频范围、接口类型(例如 Socket 370、Socket 478、Socket 775 等)和前端总线频率(FSB)等,因此,核心类型在某种程度上决定了 CPU 的工作性能。

4) CPU 的制造工艺

平常所说的 $0.18\mu m$(微米)、$0.13\mu m$,就是指制造工艺(图 7.11 中显示为"工艺")。而 $0.18\mu m$、$0.13\mu m$ 这个尺度就是指 CPU 核心中线路的宽度,线宽越小,CPU 的功耗和发热量就越低。早期的 Pentium CPU 的制造工艺是 $0.35\mu m$,Pentium Ⅱ和赛扬可以达到 $0.25\mu m$,2004 年,Intel 刚推出 Socket LGA775 架构的 CPU 时,采用的是 $0.09\mu m$ 的制造工艺,目前的 Core 2 Duo 采用的是 65nm 和 45nm 的制造工艺。

5) 缓存

缓存分为一级缓存(L1)、二级缓存(L2)和三级缓存(L3)等。因为 CPU 的频率要比内存频率快得多,所以在 CPU 与内存之间增加一种容量较小但速度很高的存储器,可以大幅度提高系统的性能。CPU 集成的高速缓存越多越好,当然价钱也会随之增加。

6) 工作电压

工作电压指的是 CPU 正常工作所需的电压。随着 CPU 的制造工艺与主频的提高,CPU 的工作电压有逐步下降的趋势,低电压能解决耗电过大和发热过高的问题。如果主板上具有调节 CPU 核心电压和 I/O 供电电压功能的话,可以更容易让超频的 CPU 稳定工作。

有的主板可以调整 CPU 或内存的电压,称为电压可调,在提高 CPU 的核心电压后,CPU 功率增大,可以使超频 CPU 工作稳定。而提高 I/O 电压也可以使内存、显卡等超频后更加稳定。因此,电压可调是利用主板的电源管理来满足超频爱好者的愿望。

7) CPU 的指令集

由于 CPU 制造技术越来越先进,集成度也越来越高,其内部的晶体管数达到几百万个。CPU 的内部结构分为控制单元、逻辑单元和存储单元 3 大部分,在此基础上,Intel和 AMD 还在 CPU 的内部增加了各种指令集,来增强 CPU 的运算能力。

从具体运用看,CPU 的扩展指令集有 Intel 的 MMX(Multi Media Extended)、SSE、SSE2(Streaming-Single instruction multiple data-Extensions 2)、SSE3 和 AMD 的3DNow!、3DNOW! -2,它们增强了 CPU 的多媒体、图形图像和 Internet 等的处理能力。通常会把 CPU 的扩展指令集称为"CPU 的指令集"。

8)超线程技术

超线程技术(Hyperthreading Technology,HT)就是通过采用特殊的硬件指令,把两个逻辑内核模拟成两个物理芯片,在单处理器中实现线程级的并行计算,同时在相应的软硬件的支持下大幅度地提高运行效能,从而实现在单处理器上模拟双处理器的效果。从实质上说,超线程是一种可以将 CPU 内部暂时闲置处理资源充分"调动"起来的技术。目前,实现超线程需要 CPU、主板芯片组、主板(主板厂商必须在 BIOS 中支持超线程)、操作系统(WindowsXP 专业版及后续版本支持此功能)和应用软件的支持,一般来说,只要能够支持多处理器的软件均可支持超线程技术,例如 Office 2003 等。

2. 双核心和 64 位 CPU

1)双核处理器

双核处理器(dual core processor)就是将两个物理处理器核心整合入一个内核中,即在一个处理器上集成两个运算核心,从而提高计算能力。事实上,双核架构并不是什么新技术,"双核"的概念最早是由 IBM、HP、Sun 等高端服务器厂商提出的,主要运用于服务器上,而台式机上的应用则是在 Intel 和 AMD 公司的推广下,才开始普及的。

目前 Intel 推出的台式机双核心处理器有 Pentium D、Pentium EE(Pentium Extreme Edition)和 Core Duo 这 3 种类型,三者的工作原理有很大不同。而 AMD 推出的双核心处理器分别是双核心的 Opteron 系列和全新的 Athlon 64X2 系列处理器。

2)64 位 CPU

64 位技术是相对于 32 位技术而言的,位数指的是 CPUGPRs(General-Purpose Registers,通用寄存器)的数据宽度为 64 位,64 位指令集就是运行 64 位数据的指令,也就是说处理器一次可以运行 64 位数据。其实 Sun、IBM 和 HP 公司很早就生产出 64 位处理器。

64 位的计算能力并不是说 64 位处理器的性能是 32 位处理器性能的两倍。在 32 位应用下,32 位处理器的性能会比 64 位处理器更好。64 位处理器主要有两大优点:一是可以进行更大范围的整数运算;二是可以支持更大的内存。此外,要实现真正意义上的64 位计算,光有 64 位的处理器是不行的,还必须有 64 位的操作系统以及 64 位的应用软件才行。

目前新出的 CPU 几乎都支持 64 位技术,在操作系统和应用软件方面,目前适合于个人使用的 64 位操作系统主要是 Windows Vista、Windows 7 和 Windows 8 等。

3. 常见 Intel 的 CPU 型号

表 7.5 列出一些有代表的 Core 2 Duo 处理器的型号及参数(仅供参考)。

表 7.5　一些 Core 2 Duo 处理器的型号及参数

类　别	工艺/nm	处理器型号	外频、倍频和主频	FSB/MHz	核心名称	功率/W	核心电压/V	L2/KB
Pentium Dual Core (65nm)(低端)	65	Pentium E 2140	200×8=1600	800	Allendale	65	1.25	512 * 2
	65	Pentium E 2160	200×9=1800	800	Allendale	65	1.25	512 * 2
	65	Pentium E 2180	200×10=2000	800	Allendale	65	1.25	512 * 2
	65	Core 2 Duo E4300	200×9=1800	800	Allendale	65	1.32	1024 * 2
	65	Core 2 Duo E4400	200×10=2000	800	Allendale	65	1.35	1024 * 2
	65	Core 2 Duo E4500	200×11=2200	800	Allendale	65	0.85~1.5	1024 * 2
	65	Core 2 Duo E6300	266×7=1860	1066	Allendale	65	1.25	1024 * 2
Core 2 Duo 双核（65nm）（中端）	65	Core 2 Duo E6320	266×7=1860	1066	Conroe	65	1.25	2048 * 2
	65	Core 2 Duo E6400	266×8=2130	1066	Allendale	65	1.32	1024 * 2
	65	Core 2 Duo E6600	266×9=2400	1066	Conroe	65	1.32	2048 * 2
	65	Core 2 Duo E6700	266×10=2660	1066	Conroe	65	1.32	2048 * 2
	65	Core 2 Duo E6750	333×8=2660	1333	Conroe	65	1.35	2048 * 2
	65	Core 2 Duo E6800	266×11=2930	1066	Conroe	65	1.32	2048 * 2
	65	Core 2 Duo E6850	333×9=3000	1333	Conroe	65	1.25	2048 * 2
Core 2 Extreme 双核 （65nm） （45nm）（高端）	65	Core 2 Extreme X6800	266×11=2930	1066	Conroe	65	1.35	2048 * 2
	45	Core 2 Duo E8200	333×8=2660	1333	Wolfdale	65	—	3.072 * 2
	45	Core 2 Duo E8300	333×8.5=2830	1333	Wolfdale	65	—	3.072 * 2
	45	Core 2 Duo E8400	333×9=3000	1333	Wolfdale	65	—	3.072 * 2
	45	Core 2 Duo E8500	333×9.5=3160	1333	Wolfdale	75	—	3.072 * 2
Core 2 Extreme 四核 （65nm） （45nm）	65	Core 2 Q6600	266×9=2400	1066	Kentsfield	105	0.85~1.35	4MB * 2
	65	Core 2 Extreme QX6850	375×8=3000	1333	Kentsfield	105	1.3	4MB * 2
	45	Core 2 Extreme QX9300	375×8=2500	1333	Yorkfield	95	—	3MB * 2
	45	Core 2 Extreme QX9400	375×8=2660	1333	Yorkfield	95	—	6MB * 2
	45	Core 2 Extreme QX9550	375×8=2830	1333	Yorkfield	95	—	6MB * 2
	45	Core 2 Extreme QX9650	375×8=3000	1333	Yorkfield	130	—	6MB * 2
	45	Core 2 Extreme QX9770	400×8=3200	1600	Yorkfield	136	—	6MB * 2

4. AMD 的 CPU 型号

早期的 CPU 名称都直接以实际频率来标示,后来,AMD 公司率先将 CPU 名称以 PR 值标称,例如,Athlon 64X2 4200+,不过这个计算标准一改再改,让用户对 CPU 的命名规律感到模糊。Intel 公司最终也改掉了直接以频率标称的方法,可见,CPU 的主频并不是衡量 CPU 性能的主要标准。

AMD K8 架构统一了桌面、移动和服务器处理器,还统一 CPU 接口为 SocketAM2。AMD K8 架构处理器升级到 AM2 接口以后,仍然整合了内存控制器,AMD 平台芯片组主要是 nVIDIA 推出的 nForce500 和威盛的 K8T900/K8T890,AMD 也在 2006 年推出的新一代处理器中加入 DDR Ⅱ 内存的支持,于是 940 针脚的 Socket AM2 平台应运而生。在 2006 年 5 月前后,AMD 发布了 AM2 接口的 Athlon 64 FX、Athlon 64 X2、Athlon 64 和 Sempron 处理器。AM2 接口的 Athlon64 系列除了 Virtualization Technology(虚拟多操作系统运行)以外,微处理架构几乎不变。一款 AMD Athlon 64 X2 5000+ 的 CPU 如图 7.12 所示。

图 7.12 一款 AMD Athlon 64 X2 5000+ 的 CPU

5. CPU 散热器

CPU 的工作温度关系到计算机的稳定性和使用寿命。因此,要让 CPU 的工作温度保持在合理的范围内,除了降低计算机的工作环境温度外,还要给 CPU 进行散热处理。

散热工作按照散热方式可以分成主动式散热和被动式散热两种,目前 PC 几乎都采用被动式散热方式。而按照散热介质来分,被动式散热可以分成风冷、水冷、半导体制冷和化学制冷 4 种散热方式。其中,最常用的是风冷散热方式,风冷即是利用风扇和散热片给 CPU 降温,因此可以从风扇和散热器两方面选择。

风扇选择可以从下面几方面考虑。

(1) 功率:风扇功率越大,通常风扇的风力越强劲,散热的效果越好。而其功率与转速又联系在一起,正常情况下风扇的转速越快越好。目前计算机市场上出售的风扇直流电压为 12V,功率为 1~3W,理论上是功率越大越好。

(2) 口径:在允许的范围之内,风扇的口径越大,出风量越大,风力面也就越大。

(3) 转速:风扇的转速与功率是密不可分的,转速越高,CPU 获得的冷却效果越好,但速度越快产生的噪声越大,一般选择转速为 3500~5000 转。

(4) 排风量:风扇排风量是一个比较综合的指标,也是衡量一个风扇性能最直接的因素。对散热风扇的排风量来说,扇叶的角度是决定性因素。

(5) 噪声:通常功率越大,转速也就越快,此时噪声也越大。常见的风扇分为含油轴承、单滚珠轴承(也就是含油加滚珠)和双滚珠轴承。滚珠轴承的优点在于它的使用寿命长,自身发热量小,噪声小,比较稳定。

散热器的选择可以从下面两方面考虑。

(1) 材质:散热片可以扩大 CPU 表面积,从而提高散热速度。此外,散热片材料也决定传递热量的速度。目前导热性能最好的是金(黄金和白金),然后是铜质散热片,但铜质加工难度较大,因此,目前散热器多数采用铝材制作。

(2)散热片的形状:既然散热片是为了扩大 CPU 的表面积,那么如何使表面积最大化就是设计的重点。普通的散热片是压铸成的,常见的形状是多叶片的"韭"字形。较高档的散热片则使用铝模经过车床车削而成,车削后的形状呈多个齿状柱体。散热片的鳍片或齿状柱体越多,其表面积肯定也越大。不过必须保证金属底板有一定的厚度,这样才能有更好的散热效果。

如图 7.13 所示是一个 CPU 风扇和散热器的外观图。

图 7.13   CPU 风扇和散热器

任务实施

活动一:使用 CPU-Z 查看 CPU 等信息

CPU-Z 是一款著名的 CPU 检测软件,使用它不但可以查看 CPU 和主板等信息,而且还能检测内存的频率等相关信息,例如,常用的内存双通道检测。

下面以 CPU-Z 1.41 版本为例,介绍 CPU-Z 的用法。

(1)把 CPU-Z 程序(该程序是免费软件,网上一般有其汉化版)下载下来后,解压到指定的文件夹中,双击其目录下的 CPUZ.exe 程序图标,即可运行 CPU-Z。

图 7.14   "主板"选项卡

(2)首先打开的是 CPU 选项卡,从界面中可以看到,CPU 的名称为 Intel Pentium D925,主频为 2992.7MHz,倍频为 15.0,额定外频为 798.1MHz(理论上是 800MHz),制造工艺是 65nm,另外,还有 L1、L2 的数据缓存和指令集等信息,如图 7.11 所示。

(3)切换到"缓存"选项卡,可以查看 CPU 各级缓存的大小、位置等详细的信息,但该信息与 CPU 选项卡中的 L1、L2 的信息类似。

(4)切换到"主板"选项卡,这里列出了主板芯片组的信息,如图 7.14 所示。

(5)切换到"内存"选项卡,可以查看内存的类型、大小、是否双通道等情况,例如当前显示内存类型为 DDR2,容量大小是 2048MB。

（6）切换到 SPD 选项卡,可以查看每一条内存的大小、内存带宽、内存频率以及内存的 CAS 等信息。

活动二：使用 EVEREST 检测硬件

除了可以使用 CPU-Z 检查主板和 CPU 信息外,还可以使用 EVEREST(EVEREST Corporate Edition)更详细地检查系统的任意硬件,一般在 EVEREST 的识别下,大部分的硬件都会露出原形,下面介绍其使用方法。

（1）EVEREST 是一个共享软件,把该软件从网上下载下来后(最好下载绿色版),解压到指定的文件夹中,然后双击文件夹中的 everest.exe 程序,打开其主界面,如图 7.15 所示。

图 7.15　EVEREST Ultimate Edition 主界面

（2）计算机运行时,CPU 的温度是大家比较关心的,可以单击"计算机"前面的加号,选择"传感器"选项,即可以查看主板、CPU 的温度、GPU(显卡芯片)、硬盘温度等(根据主板不同,显示也不完全相同),如图 7.16 所示。

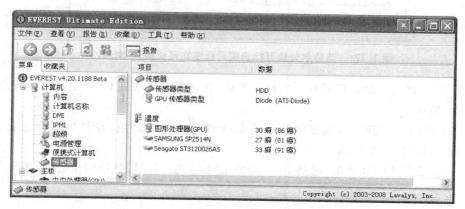

图 7.16　系统中某些重要部件的温度

（3）再单击"主板"展开，选择"中央处理器"选项，可查看 CPU 的详细信息，包括功率、电压和制造工艺等。

（4）单击"显示设备"前面的加号，选择"图形处理器"选项，可以看到显卡芯片的代码名称为 RV630，显存容量为 128MB，GPU 时钟频率为 594MHz，而显存频率为 693MHz，结合模块四中的知识，就能分辨显卡的真假。

其他信息可以按需要选择检测，这里不一一介绍了。

活动三：查看 Intel CPU 的真假

Intel 公司开发了一种专门检测 Intel CPU 真假的工具——英特尔处理器标识实用程序，使用该工具可以轻松辨别 Intel CPU 的真假，下面介绍它的用法。对于 AMD 的 CPU，建议使用 CrystalCPUID 来检测。

（1）从网上把"英特尔处理器标识实用程序"下载下来，双击下载的文件，启动其安装向导，然后根据向导提示进行安装。

（2）安装了该软件后，从"开始"→"程序"菜单中启动它，启动时会先打开"英特尔处理器标识实用程序许可证协议"对话框，如图 7.17 所示。

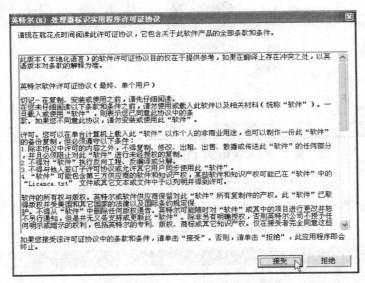

图 7.17　"英特尔处理器标识实用程序许可证协议"对话框

（3）单击"接受"按钮，即可打开软件主界面，在这里可以看到 CPU 主频和系统总线，如图 7.18 所示。

如果 CPU 已经超频了，其主频和系统总线就会显示为红色，并且界面中也会出现"超频"两字，如图 7.19 所示。

（4）切换到"CPUID 数据"选项卡，可查看 CPU 类型、系列、型号和步进等，如图 7.20 所示。

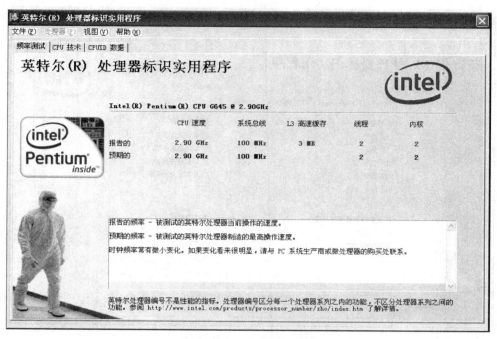

图 7.18 查看 CPU 主频和系统总线

图 7.19 已经超频了的 CPU

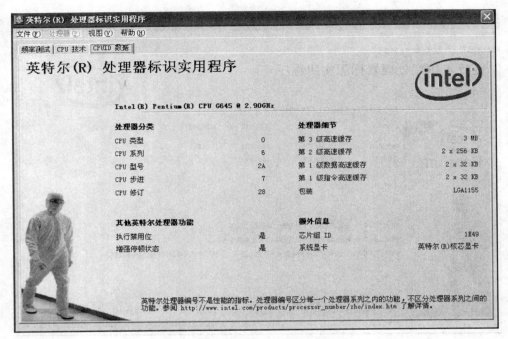

图 7.20　查看 CPUID 参数

活动四：使用 Super π 测试 CPU 性能

Super π 是由日本人制作的一款通过计算圆周率来检测处理器性能的工具，该项测试可以有效地反映包括 CPU 在内的运算性能。目前，它已经成为测试主板和 CPU 的主要工具之一，使用 Super π 测试 CPU 性能的方法如下。

（1）把 Super π（大小为 200KB 左右）程序下载下来后，解压到指定的文件夹中，然后双击文件夹中的 Super_pi. exe 程序，打开 Super π 主界面。

（2）单击"开始计算"按钮，打开"设定"对话框，在"计算次数选择"下拉列表中，选择最常用的测试 104 万位，如图 7.21 所示。

（3）单击"了解"按钮，打开 START 提示对话框。

（4）单击"确定"按钮，接着开始测试，测试结束后会打开"完成"对话框，可以看到当前计算机的测试得分为 43 秒，如图 7.22 所示。

（5）单击"确定"按钮结束。测试成绩需要比较才有意义，图 7.23 以图示方式给出了一些流行 CPU 的测试分数（104 万位）供用户参考。

活动五：使用 CPUmark 99 测试 CPU 性能

CPUmark 99 是 ZDLabs 实验室的一个测试软件，这个测试软件使用了 32 位的测试指令，可以有效地对 CPU 的 32 位性能做出一个快速评价，分数越高，表示 CPU 速度越快。为了让 CPUmark 99 更准确地反映 CPU 的速度指标，在使用 CPUmark 99 之前，最好重新启动计算机，并关闭所有自动启动的程序，确保计算机中软件运行的最佳状态。

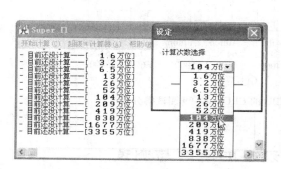

图 7.21　选择最常用的测试 104 万位　　　　　**图 7.22　测试结束**

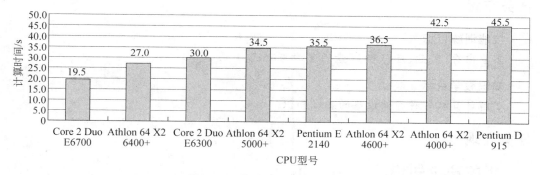

图 7.23　其他 CPU 的测试得分

（1）CPUmark 99 可以从网上找到，大小为 500KB 左右。下载 CPUmark 99 后，解压到指定的文件夹。

（2）双击其文件夹中的 CPUmark.exe 程序，就可以打开主界面。

（3）界面中只有两个按钮，即 Run Test 与 Quit。单击 Run Test 按钮，即开始测试。

（4）在测试结束之后，会显示 CPU 分数，如图 7.24 所示。

（5）为了对这个分数进行比较，下面给出了一些流行 CPU 的 CPUmark 99 测试得分，数据仅供参考，如图 7.25 所示。

图 7.24　CPUmark 99 测试结果

归纳总结

本模块主要讲解了计算机核心部件主板和 CPU 的基础知识，通过学习读者要了解常见的主板和 CPU 的品牌和型号。

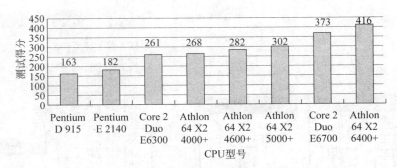

图 7.25　一些流行 CPU 的 CPUmark 99 测试得分

模块三　存储设备的选购与测试

任务布置

技能训练目标

掌握内存、硬盘、光驱和 U 盘的选购与测试。

知识教学目标

了解计算机各种存储设备的基础知识。

任务实现

相关理论知识

存储器包括内存、硬盘、光驱(或刻录机)和软盘(或 U 盘)这些设备,最主要的外部存储器就是硬盘,而读取光盘的驱动器称为光驱。内存是 CPU、芯片组和外部存储器进行数据传输的中转站,它只是暂时存放程序和数据,一旦关闭电源,运行中的数据就会丢失。而硬盘能长期保存信息,计算机断电后其信息也不会丢失。

1. 内存的分类和性能指标

内存的外表结构并不复杂,如图 7.26 所示是一款 DDRⅡ 内存的外观。

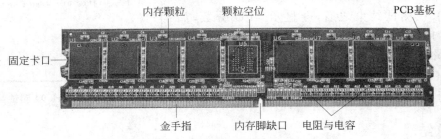

图 7.26　一款 DDRⅡ 内存的外观

其中比较重要的有以下 3 项。

（1）内存颗粒：这是内存条的"灵魂"，内存的性能、速度和容量都是由内存颗粒决定。市场内存种类虽然很多，但内存颗粒的型号并不多，常见的有 HY（LGS）、KINGMAX、WINBOND、TOSHIBA、SEC 和 MT 等。不同厂商的内存颗粒的速度、容量、发热和封装模式等也不尽相同。

（2）PCB 基板：内存条上的整个电路基板称为 PCB，现在电路板都采用多层设计，例如 4 层或 6 层等，PCB 内部也有金属布线。PCB 制造严密，从肉眼上较难分辨 PCB 的层数，只能借助一些印在 PCB 上的符号或标识来断定。

（3）SPD：SPD 是 PC100 时代诞生的产物，是一个八脚的小芯片，它实际上是一个 EEPROM 可擦写存储器，其容量有 256B，可以写入内存的标准工作状态、速度和响应时间等信息，以协调计算机更好工作。

目前，最常用的内存有 SDRAM（168 线）、DDR（184 线）和 DDRⅡ（232 线）共 3 种。

（1）168 线的 SDRAM 内存。CPU 的主频＝系统外部频率×倍频，内存与 CPU 的工作外频是一致的，它有 66MHz（PC66）、100MHz（PC100）和 133MHz（PC133）共 3 种普通的标准规格。此外，一些内存厂商为了满足一些超频用户的需求，还推出了 PC150 和 PC 166 的内存，但这类内存并不是一种标准，它们是专为超频爱好者定义的。如图 7.27 所示是一款 SDRAM 内存的外观。

图 7.27　一款 SDRAM 内存的外观

（2）DDR 内存与 SDRAM 内存相比，由 168 线改为 184 线，4～6 层印制电路板。在其他组件或封装上则与 SDRAM 模块相同。DDR 内存有 184 个引脚，只有一个缺口，如图 7.28 所示，它与 SDRAM 的模块并不兼容。

图 7.28　DDR 内存的外观

DDR 内存在命名原则上也与 SDRAM 内存不同。SDRAM 内存是按照时钟频率来命名的，例如 PC100 与 PC133。而 DDR 内存则是以数据传输量作为命名原则，例如 PC1600 以及 PC2100，单位为 MB/s。所以 DDR 内存中的 DDR200 其实与 PC1600 规格相同，数据传输量为 1600MB/s（64b×100MHz×2÷8），而 DDR 266（PC2100）则为 64b×133MHz×2÷8＝2128MB/s。

（3）DDRⅡ内存是 DDR 内存的换代产品，它的工作时钟有 533MHz、667MHz、800MHz 和 1000MHz 等。

虽然 DDRⅡ内存和 DDR 内存一样，都采用了在时钟的上升沿和下降沿同时进行数据传输的基本方式,但 DDR Ⅱ 内存拥有两倍于 DDR 内存的预读取系统命令数据的能力。也就是说,在同样 100MHz 的工作频率下,DDR 内存的实际频率为 200MHz,而 DDR Ⅱ 内存则可以达到 400MHz。

同等工作频率的 DDR 内存和 DDR Ⅱ 内存,后者的内存延时要慢于前者。DDR Ⅱ 内存采用 1.8V 电压,相对于 DDR 内存标准的 2.5V,具有更小的功耗与更小的发热量。其实,DDR Ⅱ 内存技术最大的突破点不在于两倍的传输能力,而是在采用更低发热量、更低功耗的情况下,DDR Ⅱ 内存可以获得更快的频率提升。

为了便于比较,表 7.6 列出了 DDR 内存和 DDR Ⅱ 内存技术对比的数据。

表 7.6 DDR 内存和 DDR Ⅱ 内存技术参数对比

内存类型	DDR	DDR Ⅱ
规格	DDR 200、DDR 333、DDR 266、DDR 400	DDR Ⅱ 400、DDR Ⅱ 533、DDR Ⅱ 667、DDR Ⅱ 800
内存频率/MHz	100、133、166、200	100、133、166、200
总线频率/MHz	100、133、166、200	200、266、333、400
传输标准	PC1600、PC2100、PC2700、PC3200	PC2 3200、PC2 4300、PC2 5300、PC2 6400
数据传输率/(MB/s)	1600、2100、2700、3200	3200、4300、5300、6400
CAS Latency	1.5、2、2.5	3、4、5
封装形式	TSOP	FBGA
发热量	较大	较小
引脚数	184	240

内存的参数通常可以在 BIOS 中进行设置,内存的好坏一般也体现在这些参数中。

(1) 内存的容量。

内存的单位叫做兆字节,用 M 表示(1MB＝1024KB,1KB＝1024B,1 个汉字占两个字节,1MB 大约相当于 50 万个汉字),一般大家都省略了"字节"两个字,简称"兆"。

168 线内存的容量有 16MB、32MB、64MB、128MB、256MB、512MB 等。

184 线内存的容量有 128MB、256MB、512MB、1GB 等。

232 线内存的容量有 512MB、1GB 等。

(2) 存取速度和频率。

内存在存取数据时,必须在规定时间内送出 4 种信号,即列地址选择信号、行地址选择信号、读出或写入信号、读出或写入数据,完成这 4 个动作所需的时间即内存的存取速度。内存的存取速度用－7、－6、－5 等标示,－6 表示 60ns,－5 表示 50ns,该数值越小,说明内存速度越快。

内存的存取速度与频率成反比关系,两者可以互相换算。例如 15ns 同步的 SDRAM 内存,它的时钟频率是 1/15,换算为秒要乘以 10^9,结果是 66 666 666Hz(即每秒钟的振荡频率),但通常以 MHz(每秒钟百万次)为单位,所以换算的结果是 66.6MHz。表 7.7 给出常见内存的存取时间、工作频率对照表。

表 7.7 常见内存的存取时间和工作频率对照表

存取时间/ns	工作频率/MHz	存取时间/ns	工作频率/MHz	存取时间/ns	工作频率/MHz
100	10	13	75	4	250
83	12	12	80	3.3	300
62	16	10	100	3	333
50	20	8.3	120	2.8	350
40	25	7.5	133	2.5	400
30	33	6.6	150	2.2	450
25	40	6	166	2	500
20	50	5.5	180	1.8	550
16	60	5	200		
15	66	4.2	233		

（3）内存的数据带宽。

内存的数据带宽是指在读取时传输数据的最大值，也就是每秒钟可以传送多少 MB 的数据，它的算法是：

$$数据带宽(MB/s)=\frac{数据位宽(b)\times 工作频率(MHz)\times 每个周期传送的次数}{8}$$

早期的 30 针内存数据位宽是 8 位，72 针的内存数据位宽是 32b，而 168 针内存的数据位宽是 64b。由于 DDR 内存每个工作周期可以传送两次数据，所以 133MHz 外频的 DDR 内存带宽就是 133MHz 的 2 倍。

因此，66MHz 的内存带宽为

$$\frac{64\times 66}{8}=\frac{4224}{8}=528(MB/s)$$

而 DDR266 的内存带宽为

$$\frac{64\times 133\times 2}{8}=\frac{17024}{8}=2128(MB/s)$$

表 7.8 给出常见内存的规格和带宽比较表。

表 7.8 常见内存的规格和带宽比较表

内存型号	工作频率/MHz	数据位宽	每个周期传送的次数	数据带宽/(MB/s)
PC100	100	8B(或 64b)	1	800
PC133	133	8B(或 64b)	1	1064
PC800	800	2B(或 16b)	2	3200
PC1600(DDR 200)	100	8B(或 64b)	2	1600
PC2100(DDR 266)	133	8B(或 64b)	2	2100
PC2700(DDR 333)	166	8B(或 64b)	2	2700
PC3200(DDR 400)	200	8B(或 64b)	2	3200
PC3700(DDR 466)	233	8B(或 64b)	2	3700
PC4000(DDR 500)	250	8B(或 64b)	2	4000

（4）CAS Latency。

CAS Latency（简称 CL）是内存的一种反应速度，即内存的 CAS 信号需要经过多少个时钟周期后才能开始读写资料。当 CL＝2 时，表示 CAS 经过两个时钟周期后可以读写资料；当 CL＝3 时，必须等 3 个时钟周期，效率比较低。这些值一般可以在 BIOS 中进行设置。

（5）颗粒封装。

颗粒封装其实就是内存芯片所采用的封装技术类型，封装就是将内存芯片包裹起来，以避免芯片与外界接触，防止外界对芯片的损害。不同的封装技术在制造工序和工艺方面差异很大，封装后对内存芯片自身性能的发挥起到至关重要的作用。内存芯片的封装技术多种多样，有 DIP、POFP、TSOP、BGA、QFP 和 CSP 等 30 多种。

2. 硬盘的结构和品牌

硬盘是计算机的数据存储中心，用户所使用的应用程序和文档数据几乎都是存储在硬盘上或者从硬盘上读取的，因此硬盘是计算机中不可缺少的存储设备。

按计算机的结构形式来分，计算机可分为个人台式计算机（PC）、便携式计算机（又称笔记本计算机）和服务器，因此，硬盘也可以分为台式机硬盘、笔记本硬盘和服务器硬盘。

常见的个人计算机硬盘都是 3.5 英寸产品，在硬盘的顶部贴有产品标签，标签上是一些与硬盘相关的内容，硬盘的底部则是一块控制电路板。在硬盘的一端有电源接口、硬盘主从状态跳线和数据线接口，硬盘的外观如图 7.29 所示。

图 7.29　硬盘的外观

硬盘接口是硬盘与主机系统间的连接部件，其作用是在硬盘缓存和主机内存之间传输数据。硬盘接口决定着硬盘与计算机之间的连接速度，计算机的硬盘接口有 4 种，即 IDE 接口（早期主流硬盘接口，目前还占有不少市场份额）、SCSI 接口（多用于服务器上）、SATA 接口（又叫串口硬盘，是目前的主流）和光纤通道（用于高级服务器上），此外还有一种 USB 接口，但 USB 接口是通过转接口实现的，所以不算在其中。

在 IDE 和 SCSI 的大类别下，又可以分出多种具体的接口类型，其各自拥有不同的技术规范，具备不同的传输速度，表 7.9 列出早期常见 IDE 硬盘接口的各种规格。

表 7.9　早期常见 IDE 硬盘接口的各种规格

接口名称	传输模式	传输速度/（MB/s）	连接线
ATA1	单字节 DMA 0	2.1	40 针
	PIO	3.3	
	单字节 DMA 1,多字节 DMA 0	4.2	
	PIO-1	5.2	
	PIO-2 ,单字节 DMA 2	8.3	
ATA2	PIO-3	11.1	40 针
	多字节 DMA 1	13.3	
	PIO-4,多字节 DMA 2	16.6	
ATA3	PIO-4,多字节 DMA 2	16.6	40 针
ATA4	多字节 DMA 3,Ultra DMA 33	33.3	40 针
ATA5	Ultra DMA 66	66.7	40 针 80 芯
ATA6	Ultra DMA 100	100.0	40 针 80 芯
ATA7	Ultra DMA 133	133.0	40 针 80 芯

3. 硬盘的品牌和选购

目前,市场上的硬盘厂商主要有 Maxtor（迈拓）、Seagate（希捷）、WD（Western Digital,西部数据）、SAMSUNG（三星）等,在选购时,可以根据硬盘性能参数进行选择。

（1）硬盘数据传输率（Data Transfer Rate,DTR）。是表示硬盘工作时的数据传输速度。硬盘数据传输率分为内部数据传输率和外部数据传输率。内部数据传输率是指硬盘磁头与缓存之间的数据传输率,简单地说是硬盘将数据从盘片上读取出来,然后存储在缓存内的速度。目前主流硬盘内部数据传输率一般是 50～90MB/s 左右。外部数据传输率是指硬盘缓存和计算机系统之间的数据传输率,也就是计算机通过硬盘接口从缓存中将数据读出交给相应的控制器的速率。一般来说,在 ATA 133 接口的硬盘中,133 就代表着这块硬盘的外部数据传输率理论最大值是 133MB/s;而 SATA Ⅱ 接口的硬盘外部理论数据最大传输率可达 300MB/s。在实际应用中,传输速度只取决于内部数据传输率。

（2）转速。硬盘的主轴电动机带动盘片高速旋转,产生浮力使磁头飘浮在盘片上方,要将所要存取数据的扇区带到磁头下方,转速越快,等待时间也就越短。目前,硬盘转速有 5400rpm（笔记本硬盘）、7200rpm 等,数字越大,转速越快,但转速提高的同时也带来了温度升高、主轴磨损加大、工作噪声增大等负面影响。

（3）容量。作为计算机系统的数据存储器,容量是硬盘最主要的参数。硬盘的容量以兆字节（MB）或吉字节（GB）为单位,1GB=1024MB。硬盘厂商在标称硬盘容量时通常取 1G=1000MB,但实际可用的容量是进行格式化后的容量,因此在 BIOS 中看到的容量比厂家的标称值小。

（4）缓存（cache）。硬盘里 cache 起数据缓存作用，其作用是提高硬盘与外部数据的传输速度。目前硬盘的缓存容量多为 2MB、4MB 或 8MB 等，其数值越大越好。

（5）平均寻道时间。指在磁盘面上移动磁头到所指定的磁道所需的时间，它也是衡量硬盘速度的重要指标。平均寻道时间实际上是由转速、单盘片容量等多个因素综合决定的一个参数，目前硬盘的这项指标都在 9～10ms 之间，数值越小越好。

（6）单盘容量。硬盘是由多个存储盘片组合而成的，而单盘容量（storage per disk）就是一个存储盘片所能存储的最大数据量。硬盘厂商在增加硬盘容量时，可以通过两种手段：一是增加存储盘片的数量，但受到硬盘整体体积和生产成本的限制，盘片数量会受到限制，一般都在 5 片以内；另一种办法是增加单盘容量。在硬盘转速相同的情况下，单盘容量越大，在相同的时间内可以读取的文件越多，传输速率也更快。对于硬盘的单盘容量大小，用户可以通过硬盘的编号获知。

（7）磁头数。硬盘磁头是硬盘读取数据的关键部件，它的主要作用就是将存储在硬盘盘片上的磁信息转化为电信号向外传输，是硬盘中最精密的部件之一。为避免磁头和盘片的磨损，在工作状态时，磁头悬浮在高速转动的盘片上方，而不与盘片直接接触，只有在电源关闭之后，磁头才会自动回到盘片上的固定位置（称为着陆区，是盘片的起始位置）。

（8）传输模式。硬盘传输模式主要有 Ultra DMA/33、Ultra DMA/66、Ultra DMA/100 和 Ultra DMA/133 等，而 Ultra DMA/100 即 ATA/100。无论是 ATA/100 还是 ATA/133 标准的硬盘，都必须配合支持 ATA/100 接口技术的主板并使用相应的数据线才能发挥其性能。

近年来硬盘的容量不断增加，硬盘接口也由以前的 UDMA 66/100 发展到理论上外部传输速率可达 150MB/s 的 SATA 接口，不过硬盘的内部读写速度仍然没有很大的提高，相对较慢的硬盘速度已经成为计算机性能一个最大的瓶颈。

目前，影响硬盘性能的主要因素如下。

（1）硬盘的转速。即平时所说的 5400 转或 7200 转。目前笔记本硬盘的转速主要是 5400 转、台式机几乎已经普及 7200 转了，高端的甚至已经有了 10 000 转的产品。从理论上说，转速越快，数据的读写速度就越高。

（2）主板芯片组的磁盘控制器性能。如 Intel ICH5 系列、SIS 的 9 系列、VIA 的 8237 系列南桥的磁盘控制器性能都较为优秀。

（3）磁盘密度与磁盘缓存的大小。理论上磁盘密度越大、缓存越大，磁盘性能越好。

4. 光驱和 DVD 驱动器（刻录机）

光驱是读取光盘数据的重要设备，不过目前光驱已经被 DVD 驱动器取代。以后 DVD 驱动器也可能会被 DVD 刻录机代替。DVD（Digital Versatile Disc）即数字通用光盘的意思，是由飞利浦和索尼与松下和时代华纳两大 DVD 阵营制定的新一代数据存储标准。DVD 技术可以轻易地将单面单层的存储量提高到 4.7GB。

目前，新推出的光储设备一般没有了以前的耳机插孔、音量控制、播放/跳道等按钮，如图 7.30 所示。

而光驱的背面有电源接口、跳线、数据线接口和音频线接口 4 部分，如图 7.31 所示。

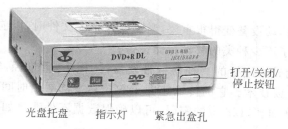

光盘托盘　　指示灯　　紧急出盒孔

打开/关闭/停止按钮

图 7.30　DVD 驱动器正面

光储设备接口也决定着驱动器与系统间数据传输速度,与硬盘接口一样,其接口类型也有 ATA/ATAPI 接口、USB 接口、IEEE1394 接口和 SCSI 接口等。

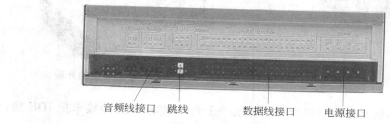

音频线接口　　跳线　　数据线接口　　电源接口

图 7.31　驱动器的背面

购买 DVD 驱动器时,随产品所附赠的附件一般有使用说明手册、连接线、说明书和驱动程序光盘等,而具备刻录功能的刻录机产品还会额外附带刻录软件等。

5. 移动存储器

移动存储器一般是指 U 盘和移动硬盘。长期以来,软盘一直是用户之间交换数据的设备,但由于软盘容量小且易损坏,因此已经被淘汰。目前,最流行的移动存储器是 U 盘和移动硬盘。

1)U 盘

U 盘的连接非常简单,只需将 U 盘与计算机的 USB 接口连接即可。U 盘分为硬件部分和软件部分组成,其中,硬件部分包括 Flash 存储芯片、控制芯片、USB 端口、PCB、外壳、电容、电阻和 LED 等。软件部分则由嵌入式程序与应用软件组成,嵌入式程序嵌入在控制芯片中,是闪存的核心技术,它决定了该 U 盘是否支持双启动和是否支持 USB 2.0 协议等。

U 盘按其功能可以分为以下 3 种类型。

(1)加密型 U 盘。该类型 U 盘可以对存储的数据进行加密,如果使用时密码不符就无法使用,也可以当作普通 U 盘来使用。

(2)无驱动型。该类型 U 盘的特点是在几乎所有的操作系统中无须安装驱动程序就可以使用,真正实现了 USB 的"即插即用"功能。

(3)启动型。如果主板支持 U 盘启动的话,那么可以使用这种 U 盘直接启动计算机,这也是软驱在计算机中消失的主要原因。其引导方法是,在计算机启动后,U 盘就被认作一个硬盘以实现启动。

U 盘的外观如图 7.32 所示。

2）移动硬盘

在存储设备中，移动设备变得很重要，当需要携带大文件时，以前的软盘就显得力不从心了，因此就产生了不少种类的移动存储设备。

移动硬盘是目前较为流行的一种易携带硬盘，体积小，重量轻，安全性较高，多采用USB接口，支持热插拔技术。它的传输速度12Mb/s，平均寻道时间为12ms。一些移动存储设备还内置数据加密，128位的密码，可以确保数据不外泄。如图7.33所示是一款移动硬盘的外观。

图7.32　U盘的外观　　　　　　　图7.33　移动硬盘的外观

其实移动硬盘就是在小型硬盘外面套上一个壳子，然后通过转接卡把IDE接口转换成为USB接口，达到方便连接和方便携带的目的。

任务实施

活动一：使用MemTest检测内存好坏

MemTest是一款运行于Windows系统下的免费内存检测工具，它不但可以彻底检测内存的稳定度，还可同时测试内存的存储与检索数据的能力，了解计算机上正在使用的内存是否值得信赖。在测试之前需要关闭所有应用程序，否则应用程序所占用的那部分内存将不会被检测到。

（1）首先从网上找到该软件，并下载到本地硬盘中，如果是压缩文件，则要先解压，然后运行该程序，将会打开一个欢迎提示对话框。

（2）单击"确定"按钮，即可打开MemTest测试主界面，此时，需要在空格内填写想要测试的内存容量（如果不填写，则默认为"所有未用的内存"），如图7.34所示。

（3）单击"开始检测"按钮，打开"首次使用提示信息"对话框，如图7.35所示。

（4）单击"确定"按钮，即开始测试内存，如图7.36所示。测试过程中，MemTest会

图7.34　所有未用的内存　　图7.35　"首次使用提示信息"对话框　　图7.36　正在检测内存

循环不断地对内存进行检测,如果内存出现任何质量问题,会出现提示。测试的时间较长,一般需要 20 分钟以上,也可以单击"停止检测"按钮随时终止测试。

提示:判定一个内存测试软件的好坏,就是看它在测试过程中能否在比较短的时间内找出内存条上坏的地方。对存在 bug 的内存,MemTest 一般能够检测出来,但有时也会无法检测出来,因此还应结合其他测试软件进行测试,在此推荐使用 Windows Memory Diagnostic(选择 Extended Tests 方式)检测内存条的好坏与稳定性。

活动二:查看硬盘信息及速度测试

对于硬盘的一般信息,可以上网查询或者观察硬盘标签上的参数,但实际的硬盘性能、硬盘健康状态以及硬盘坏道等是查不到的,需要使用硬盘测试工具来检查。

目前硬盘的测试软件主要有 Ziff-Davis Winbench、FC Test 和 HD-Tach 等,此外,PCMark05 和 SiSoftware Sandra 这些整体测试程序也有磁盘测试的选项。而 HDD Scan 可用来检查硬盘坏道,HD Tune 可用来检测硬盘的健康状态。

HD Tune 是一款小巧易用的硬盘工具软件,其主要功能有硬盘传输速率检测、健康状态检测、温度检测及磁盘表面扫描等。另外,它还能检测出硬盘的固件版本、序列号、容量、缓存大小以及当前的 Ultra DMA 模式等。该软件把所有这些功能集于一身,非常小巧,速度也快,并且是免费软件。

下面具体介绍如何用 HD Tune 来检测硬盘的健康状态。

(1)把 HD Tune 汉化版下载下来,解压到一个指定的文件夹中。

(2)双击 HD Tune.exe 程序图标,即可运行 HD Tune 程序,在主界面中,可以看到其主要包括 4 个选项卡,即"磁盘测试"选项卡、"磁盘信息"选项卡、"健康状况"选项卡、"扫描错误"选项卡,如图 7.37 所示。SAMSUNG SP2514N 表示当前的硬盘,如果安装有多个硬盘,可以在该下拉列表中选择,可以看到当前硬盘的生产厂家,在其右边可以看到当前硬盘的温度。

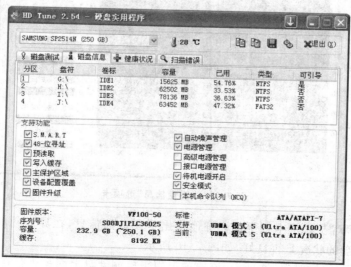

图 7.37 HD Tune 程序主界面

（3）"磁盘测试"选项卡主要是测试硬盘的传输速度，可用曲线表现出来，用户只需单击"开始"按钮，即可进行测试，其结果如图 7.38 所示。

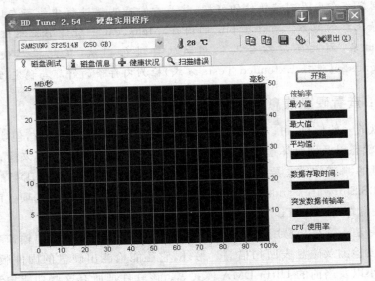

图 7.38　测试硬盘的传输速度

（4）"磁盘信息"选项卡可以查看逻辑分区的详细情况，以及盘符、容量、使用率、类型及硬盘的详细信息，分别标出了硬盘的缓存和标准（硬盘规格），如图 7.39 所示。

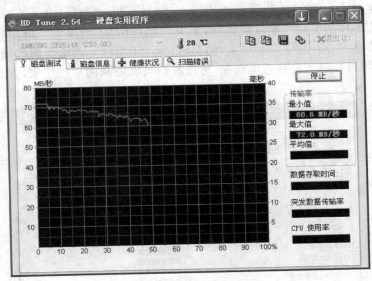

图 7.39　"磁盘信息"选项卡

（5）"健康状况"选项卡则更加详细地指出了硬盘的信息，在界面的底部显示硬盘通电时间以及硬盘的状况是否良好，如图 7.40 所示。

（6）切换到"扫描错误"选项卡，该选项卡用来检测硬盘上面是否存在物理损坏，如果

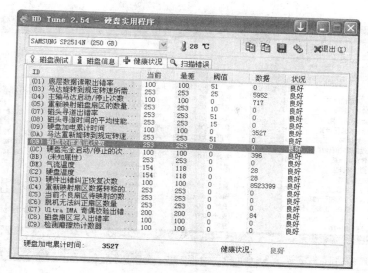

图 7.40 "健康状况"选项卡

测试时间不多,则可以选中"快速扫描"复选框。然后单击"开始"按钮,即开始检测硬盘上的坏道,绿色代表良好,红色代表坏道,如图 7.41 所示。

图 7.41 扫描硬盘的错误

用来检测硬盘的工具除了 HD Tune 外,常用的还有 Drive Health?、HD Tach、HDD Scan 和 MHDD 等,下面分别简单介绍一下。

(1) Drive Health 是一款可以在 Windows 9x/Me/NT/2000/XP 等系统平台下使用的硬盘监视软件,这个工具可以预测硬盘可能出现的错误以防止丢失重要的数据。它利用了专业的 S. M. A. R. T 技术,对硬盘的各个指标作出科学的评判。此外,Drive Health? 提供了对硬盘驱动访问的监视,对其稳定性与可靠性实现了实时报警,如果你觉得硬盘已到寿命,可以立即备份数据。Drive Health? 程序界面如图 7.42 所示。

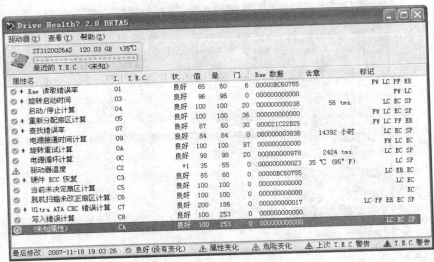

图 7.42　Drive Health？程序界面

（2）HD Tach 是一款常用的硬盘测试及对比工具。它主要通过分段复制不同容量的数据到硬盘中进行测试,可以测试硬盘的连续数据传输率、随机存取时间及突发数据传输率、读取速度、写入速度以及随机寻道时间,从而获知硬盘工作的稳定性。它使用的场合并不仅只是针对硬盘,还可以用于软驱和 ZIP 驱动器测试。HD Tach 使用方法如下：启动软件,选择一个驱动器盘符,单击“开始测试”按钮,开始执行测试,如图 7.43 所示,测试结束后,会得到一个结果,如图 7.44 所示,如果需要对比数据,可以单击“对比其他驱动器”按钮即可。

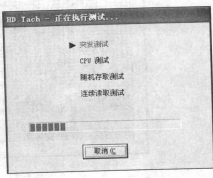

图 7.43　执行 HD Tach 测试

（3）HDD Scan 是一个运行于 Windows 2000/XP 操作系统的免费程序,不但可以对 ATA/SATA/SCSI 等接口的硬盘进行诊断,而且还支持 RAID 阵列、USB/Firewire (1394)接口的硬盘、Flash 卡等存储设备。它执行标准的 ATA/SATA/SCSI 指令,不论是何种型号的硬盘都可以使用。它的功能有扫描磁盘表面、清零、查看 SMART 属性、运行 SMART Selftest 测试、调整硬盘的 AAM(噪声管理)和 APM(电源管理)等参数。不过,使用 HDD Scan 可能对你的硬盘或硬盘上的数据造成永久的损坏,并且如果以纠错模式运行 HDD Scan 的话，数据都会丢，因为 HDD Scan 会以填零的方式改写数据来达到纠错的目的。如果由于使用了 HDD Scan 而导致数据丢失，则很难恢复这些数据，所以建议一般用户不要使用，它只适用于专业的硬盘维修人员。

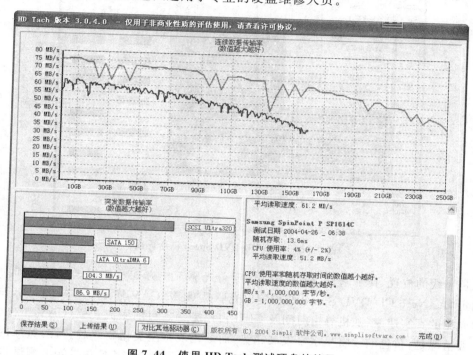

图 7.44　使用 HD Tach 测试硬盘的结果

活动三：使用 Nero CD-DVD Speed 测试光驱

Nero CD-DVD Speed 是一款光驱、DVD 光驱测试软件，它的测试功能十分强大，而且使用起来也非常方便，使用该软件前需要注意以下几点。

（1）测试的 CD 光盘必须在 630MB 以上（DVD 光盘在 4.0GB 以上），这样才能尽可能地真实测试出光驱的实际性能。

（2）测试最好使用盘片光滑无污痕的正版光盘，这样程序的读取识别会很顺利。

（3）关闭一切不利于测试的加重系统负担的在线程序。

（4）确认设置好光驱参数（如开启对 DMA 的支持等）。

上述几点的正确执行与否将在很大程度上影响测试的结果。下面介绍具体操作。

（1）把光盘放进光驱，然后关闭其他正在运行的程序，打开 Nero CD-DVD Speed 程序后，可以看到其界面，界面上的"开始"按钮只执行默认的速度测试，需要在"运行测试"菜单中选择其他项目进行测试，如图 7.45 所示。

（2）单击主界面中的"开始"按钮，或选择"运行测试"菜单中相应的命令，这样就开始进行收集数据了。测试曲线是否平滑在一定程度上取决于光驱性能及光盘质量的好坏，界面中间有一个大的坐标轴，其中，纵坐标左边标识的是光驱倍速大小，右边标识的是光驱轴转速；横坐标则标识光盘容量。测试开始时，程序将根据放入的光盘容量的大小决

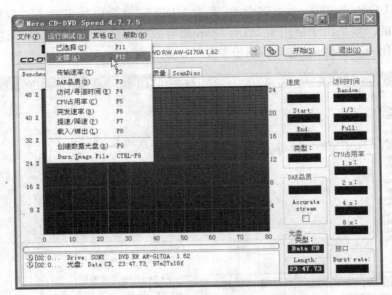

图 7.45 Nero CD-DVD Speed 程序界面

定红色竖线的位置,接下来黄、绿两条线将随着光驱工作方式及数据读取的不同而呈现不同走向。Nero CD-DVD Speed 能检测出光驱是 CLV、CAV 还是 P-CAV 格式,并且测试出光驱的真实速度、随机寻道时间及 CPU 占用率等。目前主流光驱(CAV 工作方式)的一般情况是,黄色的线将呈水平发展趋势,而绿色线将呈类抛物线趋势,当黄绿两线接触到红色竖线的位置时,测试即告一段落。在测试的同时,程序下方将给出测试进度状况,并且还在状态栏显示出一些相关信息,如图 7.46 所示。

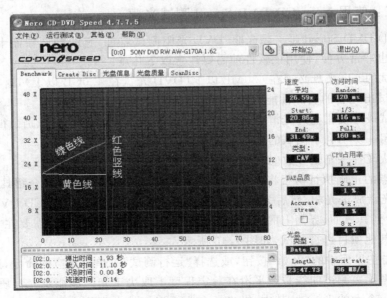

图 7.46 Nero CD-DVD Speed 的测试结果

在结果中,可以看到平均速度、起始速度、终止速度、工作类型、光盘类型、寻道时间和 CPU 占用率等(分别表示光驱在以 1 速、2 速、4 速和 8 速读取时对 CPU 的占用率)。可以根据这些参数了解光驱的性能。

归纳总结

本模块主要讲解了计算机各种存储设备的基础知识,读者通过学习要掌握存储设备的选购与测试方法。

模块四 显卡和显示器的选购与测试

任务布置

技能训练目标

掌握显卡和显示器的选购技巧。

知识教学目标

了解显卡和显示器的性能指标。

任务实现

相关理论知识

显卡也叫显示卡或图形加速卡等,它是计算机中不可缺少的重要配件,它的主要作用是对图形函数进行加速和处理。显示器顾名思义就是将电子格式的文件通过特定的传输设备显示到屏幕上再反射到人眼的一种显示仪器。从广义上讲,电视机的荧光屏、手机、快译通等的显示屏都算是显示器的范畴,但一般的显示器是指与计算机主机相连的显示设备。

1. 显卡概述

现在的显卡都是图形加速卡,也就是指加速卡上的芯片集能够提供图形函数计算能力,这个芯片集通常也称为加速器或图形处理器(GPU),它拥有自己的图形加速器和显存,可以专门用来执行图形加速任务。例如,我们想画个圆圈,如果让 CPU 做这个工作,它就要考虑需要多少个像素来实现,还要考虑用什么颜色,但是,如果图形加速卡芯片具有画圈这个函数,CPU 只需要告诉它"给我画个圈",剩下的工作就由图形加速卡来进行,这样 CPU 就可以执行其他更多的任务,从而提高了计算机的整体性能。

每一块显卡基本上都是由显示主芯片、显存、BIOS、数字模拟转换器(RAMDAC)、显卡的接口及卡上的电容、电阻、散热风扇或散热片等组成。多功能显卡还配备了视频输出以及输入。随着技术的发展,目前显卡都将 RAMDAC 集成到了主芯片上。

显卡的基本结构如图 7.47 所示。此外,还有显卡 BIOS、显存和显示芯片(散热装置盖住)等,下面分别介绍显卡各部分的功能。

1）显卡总线结构

显卡要插在主板上才能与主板相互交换数据，这就需要一种总线结构。目前的显卡主要有 AGP 和 PCI Express 两种总线结构，以前的显卡有 ISA、PCI 这两种总线结构。显卡的总线结构要与主板上的插槽对应才能安装使用。

2）VGA 插座

VGA（Video Graphics Array）接口，也叫 D-Sub 接口。显卡所处理的信息最终都要输出到显示器上，VGA 接口就是显卡的输出接口，是计算机与显示器之间的桥梁，它负责向显示器输出相应的图像信号。CRT 显示器只能接受模拟信号输入，这就需要显卡能输入模拟信号，VGA 接口就是显卡上输出模拟信号的接口。VGA 接口是一种 D 型接口，上面共有 15 针空，分成 3 排，每排 5 个，如图 7.48 所示。VGA 接口是显卡上应用最为广泛的接口类型，绝大多数的显卡都带有此种接口。

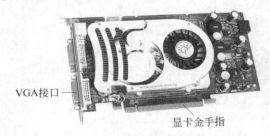

图 7.47　显卡的基本结构

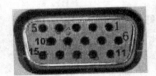

图 7.48　VGA 接口

液晶显示器则可以直接接收数字信号（但有的低端的液晶显示器也采用 VGA 接口）。DVI（Digital Visual Interface）是一个数字信号的接口，DVI 传输的是数字信号，数字图像信息不需经过任何转换，就会直接被传送到显示设备上，减少了数字→模拟→数字烦琐的转换过程，大大节省了时间。而且 DVI 接口无须进行这些转换，避免了信号的损失，使图像的清晰度和细节表现力都得到了大大提高。DVI 接口分为两种，一种是 DVI-D 接口，只能接收数字信号，接口上只有 3 排 8 列共 24 个针脚，其中右上角的一个针脚为空，不兼容模拟信号。另一种则是 DVI-I 接口，可同时兼容模拟和数字信号，但兼容模拟信号并不意味着模拟信号的 D-Sub 接口可以连接在 DVI-I 接口上，必须通过一个转换接头才能使用，一般采用这种接口的显卡会附带这种转换接头。目前显卡一般会采用 DVD-I 接口，这样可以通过转换接头连接普通的 VGA 接口。

DVI-D 接口和 DVI-I 接口分别如图 7.49 和图 7.50 所示。

数字信号引脚　　显示数据通道　空引脚

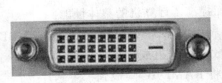

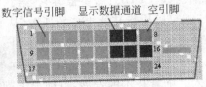

图 7.49　DVI-D 接口

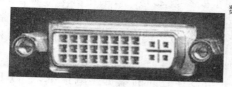
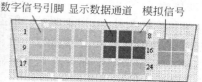

数字信号引脚　显示数据通道　模拟信号

图 7.50　**DVI-I 接口**

3）显存

显存是用来暂存显示芯片要处理的图形数据,是显卡中用来临时存储显示数据的地方,其位宽与存取速度对显卡的整体性能有非常大的影响,而且还将直接影响显示的分辨率及色彩位数,其容量越大,所能显示的分辨率及色彩位数就越高。

显示内存越大,显卡图形处理速度就越快,在屏幕上出现的像素就越多,图像就更加清晰。除了显存大小以外,衡量显存的性能高低的还有显存频率和显存位宽,因此就涉及显存的类型和品牌。显存实际上与主机上使用的内存类似,只是显存的选择要更加严格。在屏幕上所显示出的每一个像素,都由 4～32 位数据来控制它的颜色和亮度,加速芯片和 CPU 对这些数据进行控制,RAMDAC 读入这些数据并把它们输出到显示器。如果 3D 加速卡有一颗很好的芯片,但是板载显存却无法将处理过的数据即时传送,那么就无法得到满意的显示效果,可见显存是衡量显卡性能的一个指标。

(1) 显存类型。早期的显卡采用的显存类型有 EDORAM、MDRAM、SDRAM、SGRAM、VRAM 和 WRAM 等,而现在已经广泛采用 SDRAM、DDR、DDR2、DDR3 显存和 DDR SGRAM 等,目前,DDR 显存是市场中的主流(包括 DDR2 和 DDR3)。

(2) 显存频率。显存频率是指默认情况下该显存在显卡上工作时的频率,以 MHz 为单位。显存频率一定程度上反映该显存的速度,显存频率随显存的类型、性能的不同而不同,SDRAM 显存频率一般为 166MHz。DDR 显存则提供较高的显存频率,DR3 显存是目前高端显卡采用最为广泛的显存类型。不同显存能提供的显存频率也差异很大,主要有 400MHz、500MHz、600MHz、650MHz 等,高端产品中还有 800MHz、1200MHz、1600MHz,甚至更高。与内存一样,显存频率与显存时钟周期成反比例关系,即显存频率＝1/显存时钟周期。用于显卡的显存虽然和主板用的内存同样叫 DDR、DDR2 甚至 DDR3,但是由于规范参数差异较大,因此也可以称显存为 GDDR、GDDR2、GDDR3。

(3) 显存时钟周期。显存时钟周期就是显存时钟脉冲的重复时间,是衡量显存速度的重要指标。显存速度越快,单位时间交换的数据量也就越大,在同等情况下显卡性能将会得到明显提升。显存的时钟周期一般以 ns 为单位,工作频率以 MHz 为单位。显存时钟周期跟工作频率一一对应,它们之间的关系为:工作频率＝1÷时钟周期×1000。如果显存频率为 166MHz,那么它的时钟周期为 1÷166×1000＝6ns。对于 DDR SDRAM 或者 DDR2、DDR3 显存来说,在显存时钟周期相同的情况下,DDR 显存的等效输出频率是 SDRAM 显存的两倍。例如,5ns 的 SDRAM 显存的工作频率为 200MHz,而 5ns 的 DDR SDRAM 或者 DDR2、DDR3 显存的等效工作频率就是 400MHz。常见显存时钟周期有 5ns、4ns、3.8ns、3.6ns、3.3ns、2.8ns、2.0ns 或更低。

(4) 显存位宽。显存位宽是显存在一个时钟周期内所能传送数据的位数,位数越大则瞬间所能传输的数据量越大,这是显存的重要参数之一。目前市场上的显存位宽有 64 位、128 位和 256 位 3 种,习惯上叫的 64 位显卡、128 位显卡和 256 位显卡就是指其相应的显存位宽,显存位宽越大,性能越好,价格也就越高,因此 256 位宽的显存更多应用于高端显卡,而主流显卡基本都采用 128 位显存。

(5) 显存带宽。显存带宽是指显示芯片与显存之间的数据传输速率,它以 B/s 为单位。显存带宽与显存位宽的计算公式为:显存带宽＝工作频率×显存位宽/8。目前大多中低端的显卡都能提供 6.4GB/s、8.0GB/s 的显存带宽,而对于高端的显卡产品则提供超过 20GB/s 的显存带宽。在条件允许的情况下,尽可能购买显存带宽大的显卡,在显存频率相当的情况下,显存位宽将决定显存带宽的大小,比如,显存频率同样为 500MHz 的 128 位和 256 位显存,它们的显存带宽将分别为 500×128/8＝8GB/s 和 500×256/8＝16GB/s,可见显存位宽在显存数据中的重要性。显卡的显存由一颗或多颗显存芯片构成,因此,显存总位宽同样也是由显存颗粒的位宽组成,即:显存位宽＝显存颗粒位宽× 显存颗粒数。

4) 显示芯片(GPU)

显示芯片也称图形处理芯片,也就是我们常说的 GPU(Graphic Processing Unit,图形处理单元),它是显卡的"大脑",负责绝大部分的计算工作。显示芯片是显卡的心脏,决定该卡的档次和大部分性能,同时也是 2D 显卡和 3D 显卡区分的依据。2D 显示芯片在处理 3D 图像和特效时主要依赖 CPU 的处理能力,被称为"软加速"。如果将三维图像和特效处理功能集中在显示芯片内,即所谓"硬件加速"功能,就构成了 3D 显示芯片。显示芯片的主要参数有频率、位宽和制造工艺等。

显卡的核心频率是指显示芯片的工作频率,与 CPU 类似,其工作频率在一定程度上可以反映出显示芯片的性能,但显卡的性能是由核心频率、显存、像素管线和像素填充率等多方面的情况所决定的,因此在显示芯片不同的情况下,核心频率高并不代表此显卡性能就更强。

显示芯片位宽是指显示芯片内部数据总线的位宽,也就是显示芯片内部所采用的数据传输位数。采用更大的位宽意味着瞬间所能传输的数据量更大。就好比是不同口径的阀门,在水流速度一定的情况下,口径大的能提供更大的出水量。市场主流显示芯片包括 nVIDIA 公司的 GeForce 系列和 ATI 公司的 Radeon 系列显卡全部采用 256 位的位宽,而在未来几年将使用 512 位的位宽。

显示芯片的制造工艺与 CPU 一样,也是用微米来衡量其加工精度的。制造工艺的提高,意味着显示芯片的体积将更小,集成度更高,可以容纳更多的晶体管,性能会更加强大,功耗也会降低。显示芯片制造工艺在 1995 年以后,从 $0.5\mu m$、$0.35\mu m$、$0.25\mu m$、$0.18\mu m$、$0.15\mu m$、$0.13\mu m$、$0.11\mu m$ 一直发展到目前的 90nm,然后进一步发展到 65nm。但显示芯片在制造工艺方面基本上总是落后于 CPU 的制造工艺一个时代。

5) 常见显示芯片和显卡生产厂家

目前设计、制造显示芯片的厂家只有 nVIDIA、ATI、SIS、VIA、Intel、Matrox 和 Trident 等公司,其中 SIS、VIA、Intel 几乎只做集成在主板上的显卡,因此在显示芯片市场里,除了集成显卡之外,就是 nVIDIA 和 ATI 两大品牌。集成显卡就是将主板上的内存共享给显卡使用,通过北桥芯片的控制,提供了一个特殊的数据输出通道给显卡,集成显卡的快慢就取决于这个通道的大小和数据传输的速度。显示芯片的主要生产厂商虽然只有 ATI 和 nVIDIA 两家,但两家都提供显示芯片给第三方的厂商,因此,生产显卡的厂家非常多,例如华硕(ASUS)、微星(MSI)、双敏(Unika)、昂达(onda)和磐正(EPOX)等。表 7.10 列出了部分生产显卡的厂商名称。

表 7.10 部分生产显卡的厂商名称

微星(MSI)	天扬(GRANDMARS)	万丽(MANLI)	影驰(GALAXY)
迪兰恒进(PowerColor)	蓝宝石(SAPPHIRE)	华硕(ASUS)	丽台(WinFast)
斯巴达克(SPARK)	宇派(Vertex)	小影霸(HASEE)	捷波(JETWAY)
艾尔莎(ELSA)	七彩虹(Colorful)	硕泰克(Soltek)	双敏(Unika)
太阳花(TAIYANFA)	奥美嘉(aomg)	技嘉(GIGABYTE)	盈通(YESTON)
翔升(ASL)	迈创(MATROX)	映泰(Biostar)	联冠(LK)
铭瑄(MAXSUN)	金凤凰(GPHOENIX)	昂达(onda)	磐正(EPOX)

2. 显示器概述

显示器是计算机的主要输出设备,它是人们与计算机打交道的桥梁。显示器的性能很重要,在影响健康的三要素中,最重要的是显示器,同时人们希望有更大、更清晰、色彩更鲜艳的显示效果。

按显示管分类,显示器可以分为 CRT(阴极射线管)显示器和 LCD(液晶)显示器。CRT 显示器又可以分为球面、平面直角、柱面、纯平面等,从 1998 年开始,许多公司都陆续推出真正意义上的平面显示器。

按屏幕大小来区分,显示器可以分为 15 寸、17 寸、19 寸、21 寸或者更大,这里的寸为英寸,1 英寸=25.4mm。17 寸、15 寸是指显像管的尺寸,而实际可视区域达不到这个数,一般来说,17 寸显示器的可视区域在 15.5～16 寸之间。

目前,多数用户都是选购液晶显示器,但还是有一部分的用户选择 CRT 显示器,除了价格的因素之外,CRT 显示器还具有液晶显示器无法比拟的优点。

1) CRT 显示器性能指标

下面先来看看 CRT 显示器的主要性能指标。

(1) 显像管尺寸。显像管尺寸是指对角线长度,以英寸为单位,显像管的尺寸决定了显示器的尺寸,目前,CRT 显示器以 17 寸纯平的居多。

(2) 分辨率。分辨率是定义显示器画面解析度的标准,由每帧画面的像素数决定,用水平显示的像素个数×垂直扫描线数来表示。如 1024×768 指每帧图像由水平 1024 个像素,垂直 768 条扫描线组成。

(3) 点距。点距是同一像素中两个颜色相近的磷光粉像素间的距离(由于显像管的显像原理产生了变化,所以对点距的定义也不尽相同)。点距越小,显示的图形越清晰、细腻,分辨率和图像质量也就越高。屏幕越大,点距对视觉效果影响也越大。

(4) 刷新率。刷新率即屏幕刷新的速度,刷新率越低,图像闪烁和抖动就越厉害,眼睛疲劳就越快,采用 70Hz 以上的刷新频率才能基本消除闪烁感。显示器所支持的最高刷新频率能够代表显示器的技术水平,但是刷新频率这一指标是和分辨率结合在一起的,如一台显示器在 1024×768 的分辨率下可能达到 150Hz,而在 1280×1024 分辨率下只能支持 100Hz 的刷新频率,在新的显示器无闪烁标准下,刷新频率必须达到 85Hz,才能有效地减少显示器对眼睛的伤害。

(5) 带宽。带宽是显示器非常重要的一个综合性能参数,决定显示器性能的好坏。带宽决定着一台显示器可以传送信号的能力,主要是指电路工作的频率范围。显示器工作频率范围在电路设计时就已固定了,主要由高频放大部分元件的特性决定。高频处理能力越好,带宽能处理的频率就越高,显示器显示控制能力也越强,显示效果越好。带宽的计算公式为:带宽=水平像素(行数)×垂直像素(列数)×刷新频率×1.4。

(6) 认证。在选购显示器时,消费者对辐射、节能、环保、画面品质等方面的要求越来越高,产品是否具有某种认证标志成为人们考虑的重要因素之一。认证是权威机构对电子产品或电器的安全性、电磁辐射、环保和节能等指标的检测结果达标的认定。常见的认证有 UL(安全性)、FCC(电磁干扰)、TCO'95 和 TCO'99(低辐射)、TUV/EMC(电磁兼容)和 Energy Star(能源之星)等。通过的认证会在显示器上标出来。

(7) CRT 显示器调节的属性。所有的显示器都可以进行调节,以满足不同使用者对效果的需要。如今市场上绝大多数显示器都采用了数字调节方式,如图 7.51 所示。

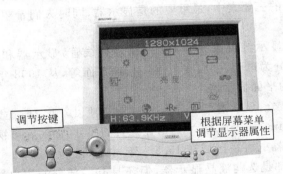

图 7.51　CRT 显示器的调节属性

一般的 CRT 显示器的下方有一个大的按钮是电源开关,其余的小按钮是调节屏幕亮度、对比度和画面比例的,用户可以根据屏幕上的图案标志通过按钮进行调节,各图案标志的作用如图 7.52 所示。

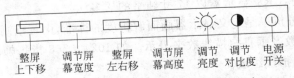

图 7.52　CRT 显示器调节属性的图案标志

2) 液晶显示器的性能参数

按使用范围来说,液晶显示器分为笔记本计算机中的液晶显示器和桌面计算机液晶显示器,如图 7.53 所示。液晶显示器具有节能、环保等特点。

购买桌面计算机的液晶显示器时,在其包装附件中,一般提供变压器、VGA 延长线和产品说明书等。有的液晶显示器会自带微型扬声器,对于普通的应用也能够满足需求。高端的液晶显示器都采用 DVI＋D-Sub 接口设计,如图 7.54 所示,以满足用户需求。在产品配件中,有的液晶显示器提供的 DVI 线接口为 DVI-I 接口,即可同时兼容模拟和数字信号的 DVI 接口,兼容模拟信号并不意味着模拟信号的接口 D-Sub 可以连接在 DVI-I 接口上,而是必须通过一个转换接头才能使用,一般采用这种接口的显卡都会带有相关的转换接头,而不是一般的 DVI 线的 DVI-D 接口。在如图 7.55 所示的两个DVI 接口中,左边为 DVI-D 接口,右边为 DVI-I 接口。

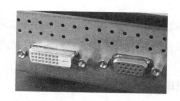

图 7.53　桌面液晶显示器　　　图 7.54　采用 DVI＋D-Sub 接口　　　图 7.55　DVI-D 接口和
　　　　　　　　　　　　　　　　设计的液晶显示器图　　　　　　　　DVI-I 接口

此外,液晶显示器与 CRT 显示器一样,也有用于操控整体参数的按钮,一般有自动调整、亮度、对比度、菜单、工作状态指示灯和电源开关等。

液晶显示器的性能参数主要有以下几项。

(1) 亮度和对比度。LCD 的亮度以流明/平方米(cd/m^2)或者 nits 为单位,目前亮度普遍在 $300cd/m^2$ 或以上,已接近 CRT 显示器的亮度。对比度是直接体现 LCD 显示器能否体现丰富的色阶的参数,对比度越高,还原的画面层次感就越好。目前市面上的液晶显示器的对比度普遍在 150∶1 到 350∶1 范围内,高端的液晶显示器还不止这个数。

(2) 响应时间。响应时间是 LCD 显示器的一个重要参数,它指的是 LCD 显示器对于输入信号的反应时间,LCD 显示器由于过长的响应时间导致其在还原动态画面时有比较明显的拖尾现象,在播放视频节目的时候,画面没有 CRT 显示器那么生动,目前市面上销售的 15 寸液晶显示器响应时间可以达到 16ms 左右。

(3) 最佳分辨率。液晶显示器属于数字显示模式,其显示原理是直接把显卡输出的模拟信号处理为带具体"地址"信息的显示信号,任何一个像素的色彩和亮度信息都是跟屏幕上的像素点直接对应的,所以液晶显示器不支持多个显示模式。比如,15 寸 LCD 的最佳显示效果是 1024×768,切换到其他模式的效果就不够理想。

相关实践知识

从目前显卡市场来看,显卡显存一般以 128MB 居多,同时也有不少显存为 256MB

和 512MB 的产品存在。在默认的分辨率情况下,显卡所要求的显存不多,只有在 1600×1200 高分辨率下,256MB 显存才能发挥其高容量的优势。下面是选购显卡的一些建议和方法。

1. 价格的定位

购买显卡要看计算机配置情况,如果是一台高端配置的计算机,那么显卡肯定也要用好的;如果是一台普通计算机,那么就选择普通的显卡,并且也需要与显示器搭配,不要购买一款高档显示芯片的显卡而配置一台只有 15 英寸的显示器。显卡与主板的搭配有着一定的灵活性,比如说用中端显卡搭配高端主板,或用低端显卡搭配中端主板,但不要拿高端显卡搭配中低端主板,这样会影响高端显卡的性能发挥。

2. 确定显卡的类型

显卡的厂商虽然多,但其显示芯片只有两个选择,即 nVIDIA 或 ATI 的产品。nVIDIA 和 ATI 的产品型号非常多,足够用户选择出一款合适的产品。

3. 确定厂商

就图形显示市场来看,目前已经形成微星、丽台、七彩虹、小影霸等十多个国内知名品牌齐头并进的格局。一般应考虑厂家的品牌显卡,此外,用户可以参考一些硬件报价网站,如中关村在线网等。

4. 查看显存和 GPU 频率

选购显卡时,显存和显示芯片的频率是决定速度和频率的重要因素。选购显存一是看品牌(如三星等),二是看显存频率和位宽,显存颗粒的容量＝显存颗粒的位容量×颗粒位宽,相同封装的显存颗粒会有几种不同的规格,其区别就在于位容量和位宽不同。

5. 查看 PCB

看到显卡的时候,首先要看 PCB(电路板),从颜色上看,墨绿色的是比较好的,那种绿得不自然或者颜色怪异的 PCB(技嘉和 ELSA 除外)很可能都是廉价的淘汰型 PCB。同时 PCB 还分为 4 层板和 6 层板,后者有更好的电器性能以及抗电磁的能力,同时更方便显卡的布线。

显示器占了整机价格的四分之一甚至三分之一,显示器的寿命也是所有计算机部件中最长的,显示器可以说是计算机中最保值的东西,因此,与其购买一个更贵的 CPU,不如买个更好的显示器。在购买显示器前,首先确认所用计算机应用于哪些方面。

(1) 家用:满足一般要求,价格便宜。

(2) 商用:需要控制精确,聚焦精细,色彩丰富,价格较贵。

(3) 专业用:显示器要有非常高的精度,对环境适应能力强,价格非常贵。

显示器的品牌很多,著名的名牌有三星(SAMSUNG)、LG、飞利浦(Philips)、优派(ViewSonic)、明基(BenQ)、索尼(Sony)、三菱、美格(MAG)、爱国者(Aigo)、CTX、冠捷(AOC)、神州数码和 NEC 等,它们质量高、品质好、售后服务有保证。在购买显示器之前,用户可以登录一些报价的网站,了解各显示器的性能和价格,如中关村在线网、太平洋电脑网等,此外,还要确认要购买的是 CRT 显示器还是 LCD 显示器。

任务实施

活动一：使用 GPU-Z 检测显卡

GPU-Z 是一款显卡识别软件，它与 CPU-Z 一样，都是 TechPowerUP 开发的。GPU-Z 能够正确识别目前所有的独立显卡，对于 DIY 爱好者来说是一款不可多得的硬件辅助工具。它是一款免费绿色软件，支持 Windows 2000/XP/Vista 系统。

使用时，把软件下载下来，解压运行即可，其主界面如图 7.56 所示。这里可清楚地看到显卡芯片的名称、核心名称、制造工艺、显存类型、显存大小、显存频率和核心频率等，对于普通用户来说，这些信息足够了解显卡的基本参数了。

图 7.56　使用 GPU-Z 检测显卡

活动二：使用 PowerStrip 查看显示器和显卡信息

PowerStrip 是功能非常强大的显卡/屏幕功能配置工具，其功能有调整桌面尺寸、屏幕更新频率、放大缩小桌面、屏幕位置调整、桌面字型调整、鼠标游标放大缩小、图形与显卡系统信息以及显卡执行性能调整等。该软件可以让用户轻松识别显示器和显卡的真假。

（1）PowerStrip 是一款共享软件，在网上可以找到它。下载下来后双击安装文件，在安装向导的指引下即可完成程序的安装。安装完成后，会在桌面建立快捷方式，运行 PowerStrip 后，PowerStrip 便会驻留在内存中，并在状态栏中显示其工作图标。

（2）单击 图标，弹出相应的系统菜单，其中，最主要的是"选项"和"性能设定"两个菜单，如图 7.57 所示。

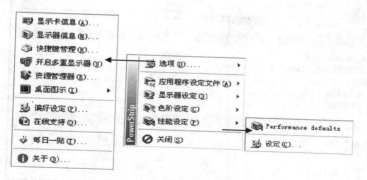

图 7.57　PowerStrip 系统菜单

（3）选择"选项"→"显示卡信息"命令，打开"显示卡信息"对话框，从这里可以看到显卡的 ID 类型、存储器地址、IQR、显存情况和诊断报告等信息，如图 7.58 所示。

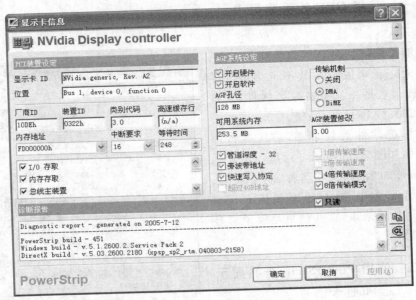

图 7.58 "显示卡信息"对话框

（4）选择"选项"→"显示器信息"命令，打开"显示器信息"对话框，其中"产品标识符"的信息包括生产厂家、型号以及生产日期等。

（5）在主菜单中，选择"显示器设定"→"设定"命令，可打开"显示器设定档"对话框，如图 7.59 所示。在这里可以设置显卡的颜色、分辨率和刷新率等，这些设置都可以在 Windows 中完成，不过，在 Windows 中刷新率只能是 75、85 等数值，使用 PowerStrip 就

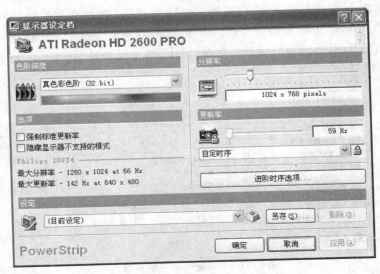

图 7.59 "显示器设定档"对话框

可以将刷新率设置成非标准数值,也就相当于超频显示器了。

　　(6) 使用 PowerStrip 可以修改显卡显存和芯片内核的工作频率,这就是常说的"软超频"。方法是选择"性能设定"→"设定"命令,打开"性能设定档"对话框,通过向上拉动调整频率的滑块,即可提高显示卡的芯片时钟频率和显存时钟频率的值,在调整时,一次调高的幅度不能太大,否则可能会烧毁显卡,一点一点往上调,才能安全地挖掘出显卡的最大潜力。超频之后,如果不想每次开始都重新设置,可以选中"关闭频率控制"复选框,如图 7.60 所示,最后单击"应用"按钮即可。

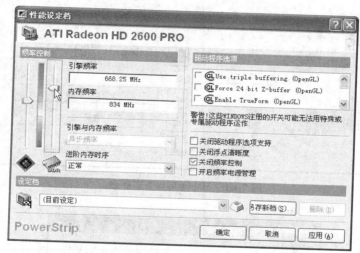

图 7.60　对显卡进行超频

活动三：使用 3DMark2001 测试显卡性能

　　3DMark2001 是显卡性能测试的标准软件,该软件的普通版本具有完整的功能,3DMark 测试软件以亮丽的画面和动感的音乐两大法宝成为测试显卡的标准软件。该工具适合用于测试显卡的 DX8 性能。

　　下面介绍 3DMark2001 专业版测试显卡性能的方法。

　　(1) 3DMark2001 可以在天空软件站找到,如果英文不是很好的用户,在下载时应一起下载其汉化补丁,下载后进行安装,然后使用补丁进行汉化,安装完成后,在"开始"→"程序"菜单中运行该程序,其主界面如图 7.61 所示。

　　(2) 在进行测试前,可以单击"选择的测试"区中的"改变"按钮,打开"选择测试"对话框,然后选择或清除需要测试的项目,如图 7.62 所示。

　　(3) 选择测试的项目之后,单击"确定"按钮返回主界面,然后单击"基准测试"按钮开始测试。

　　(4) 测试过程一般为 10 分钟左右。测试结束后,就会得到一个分数,如图 7.63 所示。

　　为了便于比较,下面列出一些其他显卡使用 3DMark2001 测试的结果,如图 7.64 所示。

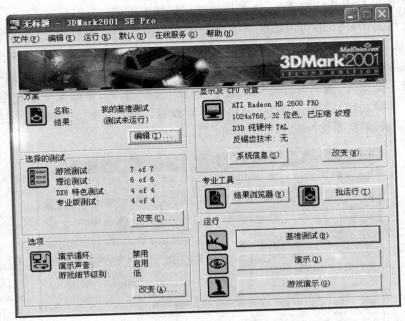

图 7.61　3DMark2001 主界面

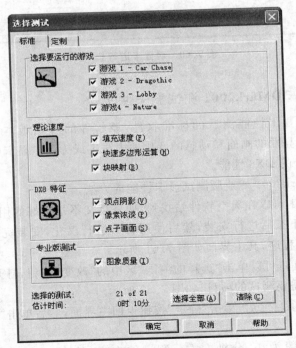

图 7.62　选择需要测试的项目

图 7.63 3DMark2001 的测试结果

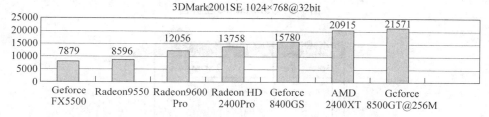

图 7.64   一些其他显卡使用 3DMark2001 测试的结果

活动四：使用 3DMark03/05/06 测试显卡性能

除了 3DMark2001 外，测试显卡 3D 性能的还有 3DMark03、3DMark05 和 3DMark06，它们都是 FutureMark 公司出品的 3DMark 系列软件（此外还有 JoWooD 公司出品的 AquaMark3）。它们的测试方法类似，不过同一个显卡，使用其他软件测试的分数要比使用 3DMark2001 测试的分数低一些，并且其硬件的要求也高一些。3DMark03、3DMark05 和 3DMark06 这几款软件的安装和使用方法几乎一样，下面简单介绍一下。

（1）首先是安装，与其他软件安装一样，按照提示进行即可，在安装 3DMark05 过程中会提示输入注册码，不输入同样可以正常使用软件，但不能定制测试项目，只能按照软件默认的项目进行测试。

（2）安装完成后，双击桌面的上的快捷方式，运行程序，其主界面如图 7.65 所示。

（3）3DMark03、3DMark05 和 3DMark06 这几款软件都是英文版的，可以参考汉化后的 3DMark2001 来熟悉它们，下面以 3DMark05 为例讲解几个主要部分的意义。

① Select。单击该按钮，打开 Select Tests 对话框，这里可以对 3DMark05 测试的项目进行选择如图 7.66 所示，其测试的项目分为 4 大类。

Game Tests。3DMark05 主要是通过 3 个游戏来了解显卡的性能，这 3 个游戏场景中包含了 DirectX 9.0 中的很多特效，因此可以最大限度地发挥显卡的性能。可以通过这些游戏场景直观地看到自己显卡的工作情况。

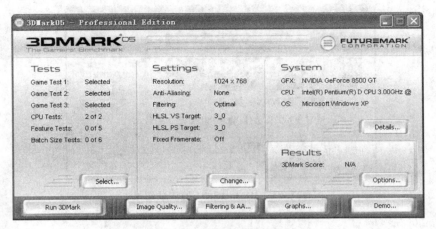

图 7.65　3DMark05 主界面

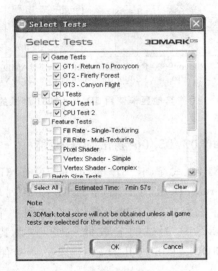

图 7.66　选择测试的项目

CPU Tests。选中这里将对 CPU 进行测试,测试的内容仍是 Game Tests 中的游戏,不同的是这里将所有显卡的工作都交给了 CPU 来完成。

Feature Tests。这一项将对显卡的显示特性进行测试,包括"物理填充测试"、"像素渲染测试"、"顶点渲染测试"等,这些特效在相关游戏中得到体现。

Batch Size Tests。这一项对了解显卡的性能作用不大,因此可以不进行测试。

② Change。该按钮是软件的设置选项,在这里可以设置测试时的分辨率、VS(像素渲染)和 PS(顶点渲染)等选项。参数设置得越高,对显卡的考验越大。

③ Image Quality。该按钮的作用是方便在测试中截图,包括连续截图。

(4) 了解这些选项后,就可以开始对显卡进行测试了。选中 Tests 中的 Game Tests 和 CPU Tests(游戏测试和 CPU 测试),然后单击 OK 按钮,返回主界面中,单击界面左下角的 Run 3DMark 按钮,即可开始测试。

（5）测试过程中,首先出现的是一场精彩的未来战争,其中动态灯光的效果非常完美。在游戏的下方可以看到游戏的运行状态,通过实时显示的帧率（所谓帧率是指一秒内出现在屏幕上图像的个数,单位为 FPS(Frames Per Second)）,可以了解当前显卡的运行状态。可以发现场景越复杂,帧率越低;帧率越高,画面越流畅。对于同一个场景来说,性能越高的显卡帧率越高。

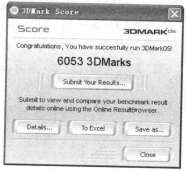

图 7.67　3DMark05 测试结果

（6）第二个游戏是在一个魔幻的森林中,萤火虫在森林中飞舞,主要是对雾气和萤火虫的光影进行渲染。第三个游戏是一艘飞船飞过海峡,与海峡的守护神发生的战斗。测试完这 3 个游戏后,将进行 CPU 测试,最后得出测试结果,如图 7.67 所示。其他的两款 3D 测试软件结果如图 7.68 和图 7.69 所示。

图 7.68　3DMark03 测试结果

图 7.69　3DMark06 测试结果

为了便于比较,下面给出一些显卡的 3D 能力测试得分图表,如图 7.70 所示。

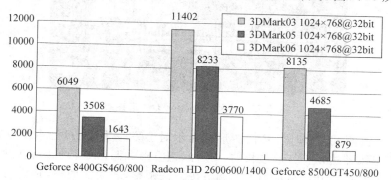

图 7.70　一些显卡的 3D 能力测试图表

活动五：CRT 显示器质量测试

在购买显示器时,对显示器测试可以帮助用户比较并及时检测出质量问题。Nokia

Monitor Test 是显示系统测试的标准软件,它使用方便,测试功能比较全面,适用类型广,无论是 CRT 还是 LCD 显示器,都可以直观地得知其性能。它主要可以用来测试亮点、暗点和坏点,这也是目前大家最关注的功能部分。另外,Nokia Monitor Test 是一款免费的绿色软件。下面简单介绍其操作。

(1) 文件下载完成后,双击 NokiaMT.exe 程序图标,即可运行 Nokia Monitor Test,运行后首先要选择语言,如图 7.71 所示。

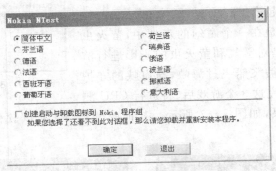

图 7.71　选择语言

(2) 单击"确定"按钮,进入 Nokia Monitor Test 的主界面,主界面中共有 15 个选项,这些测试项目都可以适用于 CRT 和 LCD,如图 7.72 所示。

图 7.72　Nokia Monitor Test 主界面

① 几何失真测试。有时候几何图形在显示时会发生失真的现象,所以在这项测试中,需要观察显示器边角正方形边长的一致性,正方形和圆形是否规则,有没有偏离。如果出现几何变形,可以利用显示器上的调节按钮来调整,若无法调整,则说明显示器已经不适合用来做图像处理和图形相关的工作。

② 亮度与对比度测试。这两项主要用来测试和设定屏幕的光线输出。显示器的灰度表现越好,显示画面时层次感和鲜艳度就越好,能表现出的细节就越多。

③ 高电压测试。这项测试主要针对的是 CRT 显示器。通过不停地切换"外黑内白"和"外白内黑"的两个图像来考验显示器,质量好的显示器两幅图形的变化不明显,质量

差的却有明显的变化。

④ 色彩测试。色彩用来检测显示器对于三原色和黑色、白色的再现能力。它提供了白、红、绿、蓝、黑的全屏显示，由于对色彩没有明确的规定，所以主要是凭肉眼观测色彩的表现，对于 LCD 显示器，在此还要注意屏幕上是否有坏点（液晶面板上不可修复的物理像素点就是坏点，简单地说，只要屏幕有固定为一种颜色不变的点就是坏点，坏点要么一直发光，要么不显示任何颜色），有些亮点要在特定纯色的背景下才明显，购买 LCD 显示器应该仔细检测此项。

⑤ 文本清晰度。顾名思义，文本清晰度就是文字显示的清晰程度，这项测试对做文字工作的用户比较有用。好的显示器文字显示锐利，清晰可辨，这跟聚焦、对比度、亮度都有关系。另外，不少显示器存在中间清晰，边脚模糊的现象，在此大家应该注意边脚文字的显示效果。

活动六：LCD 显示器性能测试

上面介绍的 Nokia Monitor Test 软件，其测试项不包括延迟时间测试（即显示器的响应时间），这是 LCD 性能的一项重要指标，这里可以用 DisplayX 来进行测试。

（1）DisplayX 同样是一款绿色软件，其大小仅为 20KB，从网上下载下来后，运行其程序，界面如图 7.73 所示。

图 7.73 DisplayX 程序界面

（2）单击"延迟时间测试"菜单，即可打开"延迟时间测试"对话框，此时可以观察小方块是否有拖影来判断显示器的延迟，如图 7.74 所示。

DisplayX 除了测试延迟时间外，还有其他一些功能，如可以评测显示器的显示能力，尤其适合于 LCD 测试。

除了上面介绍的两款显示器测试软件之外，还有 Monitors Matter CheckScreen 和 Dead Pixel Locator 等，它们都是对液晶显示器测试的软件，其中，Monitors Matter CheckScreen 可以检测液晶显示器的色彩、响应时间、文字显示效果、有无坏点、视频杂讯的程度和调节复杂度等参数。而 Dead Pixel Locator 用来测试显示器

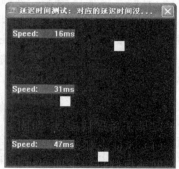

图 7.74 延迟时间测试

坏点，无其他功能。当然除了软件测试外，利用显示器的 TCO 标识也能简单地判断显示器好坏。

归纳总结

本模块主要讲解了显卡和显示器的性能指标，通过学习读者要掌握显卡和显示器的选购技巧。

模块五　机箱、电源、键盘和鼠标基础知识

任务布置

技能训练目标
掌握机箱、电源、键盘和鼠标的选购与测试技巧。

知识教学目标
了解机箱、电源、键盘和鼠标的基础知识。

任务实现

相关理论知识

机箱的作用是保护计算机主机中的硬件，而电源是计算机主机的动力源泉。机箱、电源与主板也是密不可分的，使用的主板会影响到机箱和电源的选择。

键盘和鼠标是计算机中不可缺少的设备，从基本的运行程序、复制文件到调试系统，都需要使用其操作。

1. 机箱和电源

目前，绝大部分的机箱都采用立式机箱，因为立式机箱在理论上可以提供更多的驱动器槽，而且更利于内部散热。机箱正面的前面板提供了多个光驱位置，还有 POWER、RESET、HDD-LED、POWER-LED 等按钮，此外，机箱前面板下部提供了前置 USB 接口和音频输入输出的插孔，这些插孔必须经过设置才能使用。购买机箱时，一般配有安装螺丝，有的还提供说明书。选购机箱时应从以下方面考虑。

（1）材质。目前市面上的机箱多采用镀锌、铝、镁合金钢板制造，其优点是成本低、硬度大、不易变形。另外，市场上还有一些全透明的有机玻璃机箱。

（2）是否具有散热装置。随着硬件的发展，机箱内的硬件功率越来越高，因此，"散热"是一个不可忽视的因素。

（3）内部设计是否合理。机箱的内部是否坚固，是否可以稳妥地承托机箱内部件，扩展性是否合理，主要考虑其提供的光驱的个数、硬盘位置以及 PCI 扩展卡位置。此外，要查看机箱内部是否进行折边防割处理，否则容易在安装时对人造成伤害。

（4）特色设计。为了吸引用户，不少厂商都为自己的产品添加一些特色设计，例如，加上机箱内的冷光灯以及发光的风扇，添加前置的 USB 接口和音频接口。此外，还有的

机箱内部带有温度针,并在机箱前面板上添加液晶屏来显示机箱内的实时温度,当用户超频时,可以随时查看系统温度。

电源是计算机中的能量来源,计算机内的所有部件都需要电源进行供电,因此,电源质量的好与坏直接影响计算机的使用。如果电源质量比较差,输出不稳定,不但经常会导致死机和自动重启,还可能会烧毁内部配件。

目前新电源接口因为主板的要求而更改为 24 针,它同样也向下兼容 20 针接口,一般还有一个为 CPU 供电的接头。除此之外,其他主板也有特殊的供电接头,安装时需要参照主板说明书进行。选择一个好的电源是非常重要的,用户对电源的基本要求就是电源有输出或在装机使用时没有问题,评价或选择一个好的电源,主要还是考虑以下几个因素。

(1)功率。目前常见的计算机电源功率从 $250\sim500$W 不等,但是并非电源的功率越大越好,最常用的是 300W 或 350W 的。一般要满足整台计算机的供电的需要,最好有一定的功率余量。计算机各个硬件所需要的功耗如表 7.11 所示。

表 7.11　计算机各个硬件功耗表

配件	CPU	主板	硬盘	光驱	显卡	声卡	软驱	网卡	风扇	总计
功耗/W	$60\sim90$	$20\sim25$	$15\sim30$	$20\sim25$	$20\sim50$	$5\sim10$	$5\sim10$	$5\sim10$	$5\sim10$	$160\sim265$

(2)输入技术指标。有输入电源相数、额定输入电压、电压的变化范围、频率和输入电流等。

(3)安全认证。目前,比较有名的安全认证标准是 3C 认证,它是中国国家强制性产品认证的简称,即是将 CCEE(长城认证)、CCIB(中国进口电子产品安全认证)和 EMC(电磁兼容认证)三证合一,一般的电源都要符合这个标准。

2. 键盘和鼠标

1)键盘

计算机键盘发展历史上,出现过 84 键、101 键、102 键、104 键和 107 键的键盘,目前使用的多数是 107 键的键盘。与 104 键的键盘相比,107 键键盘比 104 键多出了"睡眠"、"唤醒"和"开/关机"3 个电源管理方面的按键,这 3 个按键是用于快速开关计算机及让计算机快速进入/退出休眠模式的。此外还有一种多媒体键盘:这类键盘是在 107 键键盘的基础上额外增加了一些多媒体播放、Internet 访问、E-mail、资源管理器方面的快捷按键,这些按键通常要安装专门的驱动程序才能使用,而且这类键盘中大多数都能够通过驱动程序附带的调节程序让用户自定义这些快捷按键的功能。比如可以设定某快捷按键直接用来打开 Word、Excel 等。键盘还可以分为 PS/2 接口键盘、USB 接口键盘和无线键盘等。图 7.75 和图 7.76 分别是一款 PS/2 接口和一款 USB 接口的键盘。

2)鼠标

从内部结构和原理来分,鼠标可以分为机械式、光机式和光电式 3 大类,目前人们逐渐都使用光电鼠标。以接口类型来分,鼠标可以分为串行口、PS/2 接口、USB 接口和无

图 7.75　PS/2 接口的键盘

图 7.76　USB 接口的键盘

线鼠标这几种。PS/2 接口鼠标与主板的 PS/2 接口连接,USB 接口鼠标与 USB 接口连接,而无线鼠标需要电池供电才能使用。图 7.77 至图 7.79 分别是 PS/2 接口鼠标、USB鼠标和无线鼠标的外观。

图 7.77　PS/2 接口鼠标

图 7.78　USB 接口鼠标

图 7.79　无线鼠标

任务实施

活动一：使用 OCCT 软件测试电源品质

随着计算机的发展,CPU、显卡、硬盘等硬件的耗电量日益增加,因此对电源的要求也就越来越高,300W 的电源将成为入门级的产品。而低质量的电源容易导致计算机经常自动重启,致使硬盘出现坏道,自动重启是因为功率不足＋5V、＋3.5V或＋12V,在满负荷状态下运行出现较大电压波动。因此电源也是计算机至关重要的一个配件。

OCCT 是一款电源品质测试软件,通过其输出的测试结果曲线图,就能直观地了解电源的大概品质。不过,由于 OCCT 是通过 MBM5（Mother Board Monitor V5.0 以上版本）、SpeedFan、Everest 等软件来读取电压值的,因此在使用 OCCT 时,先要下载并安装上述几个软件。

下面以 OCCT 和 SpeedFan 为例说明 OCCT 的使用方法。

（1）从网上找到并下载 SpeedFan 软件,最好下载汉化版,并安装到系统中。

（2）启动 SpeedFan,看看程序是否检测到主板的传感器,如图 7.80 所示。注意,如果检测不到传感器,有可能无法进行后面的测试。

（3）下载并安装 OCCT,然后启动 OCCT,其主界面如图 7.81 所示。

（4）在主界面中单击█按钮,打开"设定"对话框,在"一般"选项卡中,选择界面的语

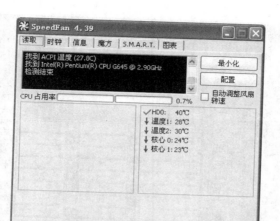

图 7.80　SpeedFan 检测到传感器

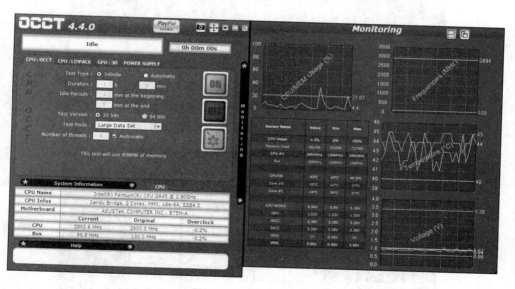

图 7.81　OCCT 主界面

言和测试选项,如图 7.82 所示。

（5）切换到"监察中"选项卡,在"软件"下拉列表中选择 SpeedFan,即前面安装的软件,如图 7.83 所示。

（6）单击 OK 按钮,返回到主界面中,单击 ON 按钮就开始进行测试了。

（7）测试要运行 30 分钟,此时 CPU 几乎是全速运转,这样主机电源也在全速运行,OCCT 会记录电压及温度的变化,在测试结束后,最终把测试结果以分析图的形式呈现给用户,图像保存到指定的位置,如图 7.84 所示。分析图包括"主板温度变化"、"CPU 温

图 7.82 选择界面的语言和测试选项

图 7.83 选择 SpeedFan 软件

度变化"、"＋3.3V 电压波动"、"＋5V 电压波动"、"＋12V 电压波动"及"CPU 电压波动"等。

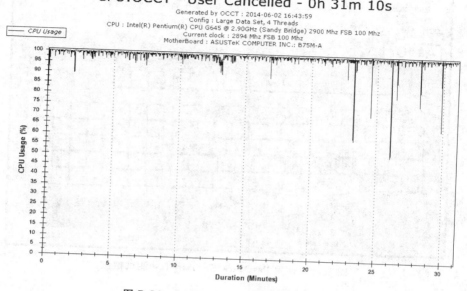

图 7.84 OCCT 记录电压及温度的变化

（8）从各电压值的变化曲线可以间接得出整机电源的品质好坏。在电源全负荷工作状态时，各电压变化越平缓，说明电源质量越好；电压变动较大，则说明电源差一些。OCCT 是根据 MBM 软件得出来的电压值，数据并不是绝对准确，但它测量的波动范围是没有问题的。

活动二：键盘测试

PassMark KeyboardTest 是一个小巧的检测键盘的软件，有了它就可以用最快的时间来检验键盘上的键位是否好用。笔记本计算机的用户非常有必要使用 PassMark KeyboardTest 测试一下键盘。它是一个绿色软件，下载后解压到一个指定文件夹中，然后双击 Keyboardtest.exe 程序图标，即可打开其主界面。测试方法非常简单，只需按键盘上的按键，程序上相应的键就会以网状标记（如果该键失灵，则不会出现网状标记），如图 7.85 所示。

但 KeyboardTest 键盘测试软件不支持 Print Screen 键，可以用 Print Screen 键截一张图，然后把它粘贴到系统的"图画"程序即可测出此键是否能用。此外，Power 键（关机键）也不能测试。

活动三：鼠标测试

使用 Mouse Rate Checker 软件可以测试鼠标的灵敏度，Mouse Rate Checker 也是绿色软件，下载后解压即可运行. 打开软件后，在主界面中移动鼠标即可观测到鼠标的灵敏

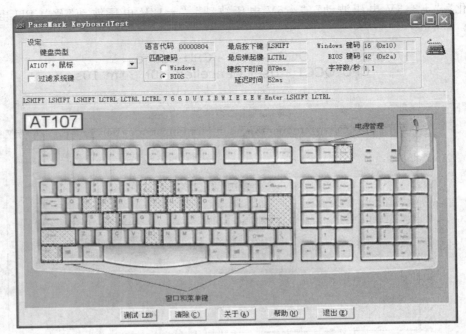

图 7.85　使用 PassMark KeyboardTest 测试键盘

性,如图 7.86 所示。

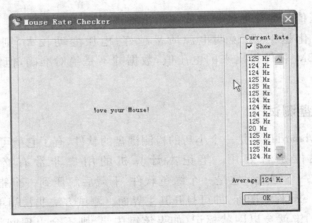

图 7.86　移动鼠标即可观测到鼠标的灵敏性

软件测试的只是理论上的值,最好的测试还是自己握着鼠标试玩一下游戏或执行其他操作进行直接体验。

归纳总结

本模块主要讲解了机箱、电源、键盘和鼠标的基础知识,通过学习读者要掌握这些设备的选购与测试技巧。

模块六　系统综合性能测试

任务布置

技能训练目标
掌握计算机综合性能的测试。

知识教学目标
了解整机性能测试软件的使用。

任务实现

相关理论知识

整体综合性能是测试系统时最重要的一个内容,它并不专门测试某一款具体的硬件,而是测试系统中各硬件配合在一起时的综合性能。综合性能测试一般包括办公及多媒体性能评测、CPU 理论及多媒体性能评测、内存及缓存的读取写入及延时评测、游戏理论性能评测以及实际游戏性能评测。

用于综合性能测试的软件很多,例如 Business Winstone 2004(用于办公软件的基准测试)、WinRAR(WinRAR 作为一款非常流行的压缩软件,其评测的结果可以有效地反映 CPU 的性能)、SiSoftware Sandra(基准评测的软件之一,包括 CPU、内存和硬盘等测试)、PCMark(FutureMark 公司推出的测试整机综合性能的测试软件)、EVEREST(内存写入读取测试)、PassMark BurnInTest Pro(一个测试系统可靠性和稳定性的软件,测试包括 CPU、硬盘、声卡、显卡(2D/3D)、打印机,内存与其他外围设备等)和 CrystalMark(可分类选择相应的测试项,包括 CPU 的 ALU 和 FPU、内存、硬盘和图形卡)等。 如果想要查看计算机信息并进行初级测试,但不方便下载和安装大型的 PCMark 和 3DMark 的话,可以用 EVEREST 配合 CrystalMark 来测试。

相关实践知识

SiSoftware Sandra 不但可以查看硬件信息,还可以测试硬件性能,包括 CPU 多媒体运算测试、CPU 浮动运算测试、内存带宽测试和硬盘读写速度测试等,目前它已经成为硬件测试的标准软件。

PCMark 系列(PCMark02、PCMark04 和 PCMark05 等)软件是系统整体综合性能评测软件,提供了系统、CPU、内存、显卡和硬盘测试。 相对来说,PCMark05 对系统的要求高些,它增强了对多线程的测试,如果评测多核系统的整体性能,PCMark05 要比 PCMark04 更加接近真实情况。 在软件方面,对于 Windows XP 来说,只需要安装 Media Encoder 9 就可以了;而对于 Windows 2000 系统来说,则需要安装 DirectX 9.0c、Internet Explorer 6.0、Media Player 10.0。 它和 3DMark 系列软件的测试方法完全一样,测试的结果分数越高,性能越好,这里不再多做介绍。

EVEREST 是 DIY 爱好者识别系统硬件的好帮手,而软件中自带一个 Memory Latency 评测功能,可以通过对内存延时的评测,直观显示出内存子系统的效能。

CrystalMark 是一款测试 CPU、硬盘、内存和显卡等性能的软件,可全面检测和测试 CPU(ALU 和 FPU)、内存、硬盘以及显卡的 2D 和 3D 性能,可以整体测试计算机性能,也可以分类选择需要测试的部分。CrystalMark 测试完成后会生成一个详细的测试报告,测试结果可以选择保存为.TXT 或.HTML 格式,目前新版本可以支持 Windows Vista 和 Windows 7 系统。

任务实施

活动一:使用 SiSoftware Sandra 进行全面测试

下面以 SiSoftware Sandra 2007 英文版为例,介绍测试整机性能的方法。

(1) 把 SiSoftware Sandra 2007 英文版下载下来后,根据向导安装程序。安装该程序后,双击桌面上的 SiSoftware Sandra 2007 图标,启动该软件。

(2) 单击 Benchmarks 选项卡,切换到"基准测试"模块,如图 7.87 所示。

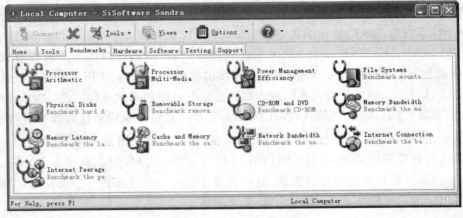

图 7.87　Benchmarks 选项卡

(3) 双击 Processor Arithmetic 图标,打开 Processor Arithmetic SiSoftware Sandra 对话框,单击 按钮(或按 F5 键),即开始测试 CPU 的数学运算能力,程序会同时进行 Dhrystone(整数和逻辑运算性能测试)和 Whetstone(浮点运算性能测试)。在实际应用中,浮点运算能力直接关系着计算机的多媒体处理能力。测试完成后,即可得到两个分数,然后可以选择其他 CPU 的分数进行比较,如图 7.88 所示。SiSoftware Sandra 2007 在原有测试原理的基础上,还加入了 SSE3 和 SSE4 指令集检测,目前 SSE3 指令集已被大多数主流 CPU 所集成。

(4) 关闭该对话框,返回主窗口中,双击 Processor Multi-Media 图标,然后用同样的方法可进行处理器多媒体能力测试,其结果如图 7.89 所示。

(5) 返回主界面后,双击 Memory Bandwidth 图标,打开 Memory Bandwidth

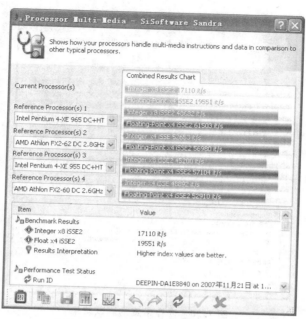

图 7.88 CPU 算术处理能力测试

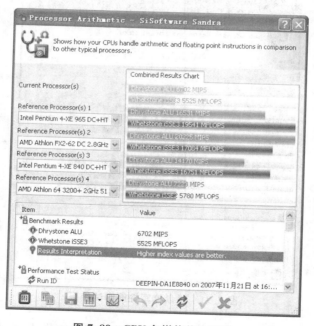

图 7.89 CPU 多媒体能力测试

SiSoftware Sandra 对话框,单击 按钮测试内存的带宽,测试结果如图 7.90 所示。

(6)返回主界面中,双击 File Systems 图标,打开 File Systems SiSoftware Sandra 对话框,单击 按钮,默认是对 C 盘进行读写性能测试,测试结果如图 7.91 所示。

图 7.90　内存带宽的测试结果

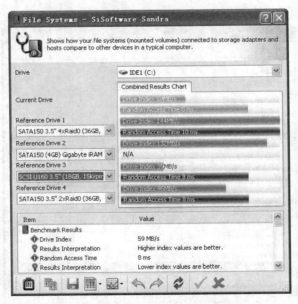

图 7.91　磁盘读写性能测试结果

（7）单击窗口右上角的关闭按钮返回主界面继续其他的测试，这里不一一介绍了。

活动二：使用 EVEREST 测试内存子系统性能

（1）打开 EVEREST Ultimate Edition，选择"性能测试"项，右击需要测试的项目，如"内存读取"项，在弹出的快捷菜单中选择"快速报告"→HTML 命令，如图 7.92 所示。

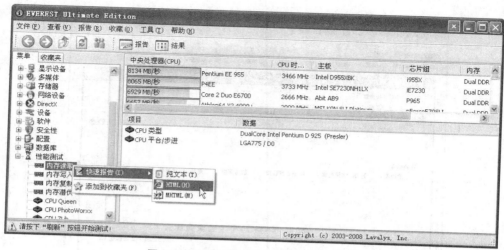

图 7.92 选择"快速报告"→HTML 命令

（2）打开"报告-EVEREST"窗口，并进行测试，最后会得出一个结果，并给出其他系统的结果进行比较，如图 7.93 所示。使用同样的方法，可以进行内存写入测试。

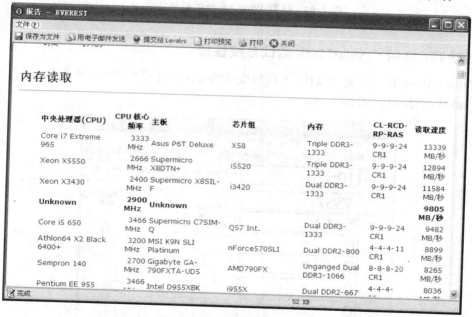

图 7.93 内存读取测试结果

活动三：使用 WinRAR 测试系统性能

WinRAR 是目前使用最广泛的压缩软件，在 WinRAR 主界面，依次选择"工具"→"性能和硬件测试"命令，可以检测硬件的整体性能，如图 7.94 所示。

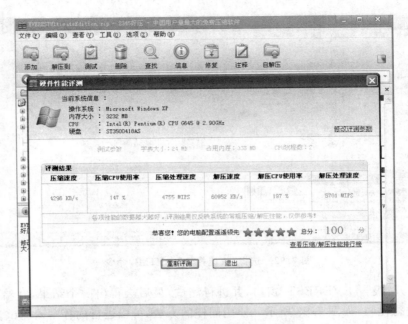

图 7.94　使用 WinRAR 测试系统性能

活动四：使用 CrystalMark 测试系统性能

CrystalMark 是一款免费软件，下载后安装并运行，打开主界面，单击 Mark 按钮即可进行测试，结果如图 7.95 所示。

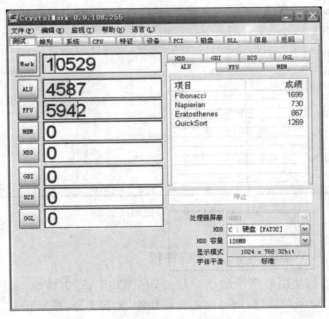

图 7.95　使用 CrystalMark 测试系统性能

归纳总结

本模块主要讲解计算机综合测试的内容,通过学习读者要掌握如何使用软件对计算机机性能进行测试。

思考练习

一、选择题(可多选)

1. 关于显卡和显示器,下列的说法错误的是_____。
   A. 显卡也叫显示卡或图形加速卡
   B. 液晶显示器可以直接接收数字信号
   C. DVI 接口是一个数字信号的接口
   D. 液晶显示器可以支持多种显示模式

2. _____是一款圆周率计算程序,可以作为判断 CPU 稳定性的依据,用它可以测试 CPU 的稳定性。
   A. CPUmark99   B. Super π   C. CPU-Z   D. WCPUID

3. 目前,主板上的内存插槽类型是_____。
   A. SIMM   B. RIMM   C. DIMM   D. ZIF

二、判断题

1. 双通道技术是一种主板芯片组所采用的新技术,与内存本身无关,因此,任何 DDR 内存都可工作在支持双通道技术的主板上。(　　)

2. 64 位处理器的计算能力是 32 位处理器的两倍。(　　)

3. 一般来说,主板芯片组分为南桥和北桥两部分,南桥是主板芯片组中起主导作用的最重要的组成部分,也称为主桥。(　　)

4. CPU 主频与外频和倍频有关,其计算公式为:外频＝主频×倍频。(　　)

5. 内存条上标有－6、－7、－8 等字样,表示的是存取速度,以 ns(纳秒)为单位,该数值越小,内存速度越慢。(　　)

6. 硬盘的容量以兆字节(MB)或千兆字节(GB)为单位。硬盘厂商在标称硬盘容量时通常取 1GB＝1000MB,但实际可用的容量是进行格式化后的容量,因此在 BIOS 中看到的容量比厂家的标称值大。(　　)

三、综合题

1. 计算机的硬盘接口类型主要分为哪 4 种?

2. Core 2 Duo 是英特尔公司推出的新一代基于 Core 微架构的产品体系的统称,在台式机类中,Conroe 核心处理器分为哪两个版本?

3. 请计算 DDR 400 的内存带宽。

4. 请使用英特尔处理器标识实用程序或 CrystalCPUID 来检测当前计算机的 CPU 型号,并辨别 CPU 是否真实。

5. 使用 HD Tune 查看当前计算机的硬盘使用时间。

6. 使用 EVEREST 检测当前计算机的芯片组名称、声卡和显卡型号。

7. 使用 3DMark05 或 3DMark06 测试显卡性能，然后在老师的指导下，使用 PowerStrip 对显卡进行超频，再使用 3DMark05 或 3DMark06 进行测试，最后对比超频前后的结果。

8. 使用 DisplayX 对显示器进行全面的测试。

9. 使用 SiSoftware Sandra 对多台计算机进行 CPU 运算能力、内存带宽和硬盘读取等性能的测试，然后进行比较。

项目八

project 8

系统优化、维护与维修

项 目 描 述

使用计算机时,会不断在计算机中安装应用程序,然后又删除一些应用程序和过时的文件,这就会导致系统中产生一些垃圾文件,因此就需要对计算机系统进行优化。计算机使用时间长了,如果不进行清理的话,机箱内外肯定充满灰尘,因此,要养成良好的使用习惯,这样不但可以延长计算机的使用寿命,还可以在使用过程中有一个良好的工作环境,提高工作效率。而作为计算机组装和维修的专业人员,要掌握常见死机情况和一般计算机故障的处理,在处理故障时,需要先判断软件还是硬件故障等。

项目知识结构图

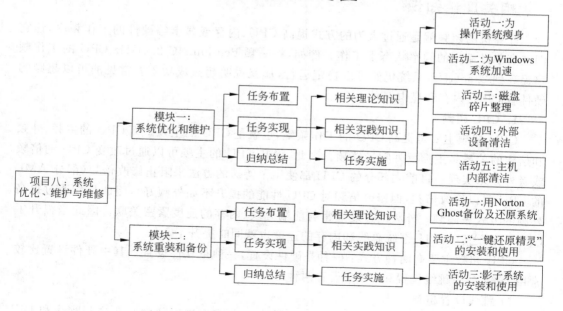

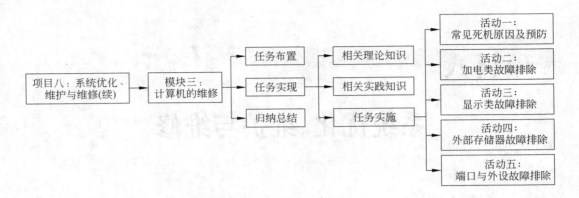

模块一　系统优化和维护

任务布置

技能训练目标
掌握优化、维护计算机的基本知识。

知识教学目标
了解常用优化、维护计算机的方法。

任务实现

相关理论知识

计算机的超频就是通过人为的方式提高 CPU、内存或显卡等硬件的工作频率,让它们在高于其额定的频率状态下工作。例如,将一颗 Pentium 4C 2.4GHz CPU 的工作频率提高到 2.66GHz,系统仍然可以稳定运行,那就说明超频成功了。常见的可以超频的硬件有 CPU、内存和显卡 3 种。

1. CPU 超频

CPU 超频主要是提高 CPU 的工作频率,也就是 CPU 的主频。而 CPU 的主频、外频和倍频的关系是主频＝外频×倍频。因此,提升 CPU 的主频可以通过改变 CPU 的倍频或者外频来实现。目前大部分的 CPU 都使用了特殊的方法来阻止修改倍频(部分 AMD 的 CPU 可以修改倍频,但修改倍频对 CPU 性能的提升不如外频好),因此只能通过提高外频的方式来超频。外频的速度通常与前端总线、内存的速度紧密关联。因此当提升了 CPU 外频之后,CPU、系统总线和内存的速度也就同时提升了。

CPU 超频主要有两种方式:一种是硬件设置,一种是软件设置。其中硬件设置比较常用,它又分为跳线设置和 BIOS 设置两种。

1) 跳线设置超频

早期的主板多数采用跳线或 DIP 开关设定的方式来进行超频。在这些跳线和 DIP 开关的附近,主板上往往印有一些表格,记载的就是跳线和 DIP 开关组合定义的功能。在关机状态下,可以按照表格中的频率进行设定,重新开机后,如果计算机正常启动并可稳定运行就说明超频成功。具体跳线方法要参看主板使用说明书,不过这种方法目前已经很少见。

2)BIOS 设置超频

目前主流的主板基本上都放弃了 DIP 开关的方式更改 CPU 的倍频和外频,而是使用 BIOS 设置来更改。进入 BIOS 后,一般可在 CPU 参数设定的项目中进行 CPU 的倍频和外频的设定。如果遇到超频后计算机无法正常启动的状况,只要关机并按住 INS 或 HOME 键重新开机,计算机就会自动恢复为 CPU 默认的工作状态,所以在 BIOS 中超频比较好。首先启动计算机,按 DEL 键进入主板的 BIOS 设定界面。进入界面后,找到与 CPU 超频有关的设置项,一般是 CPU Host Frequency、CPU/Clock 或 External Clock 等,虽然不同主板的 BIOS 不完全相同(或者版本相同而某些选项的名称不同),但它们的实质是一样的,找到这些选项就可用来设定 CPU 外频或 FSB 频率(具体方法参看前面的相应模块)。

例如,Intel Pentium E 2140 处理器频率为 1.6GHz,它的倍频是 8,外频是 200MHz,那么它的频率是 200×8=1600MHz。但由于 Intel 处理器都锁住了倍频,因此只能超外频。一般进入该功能后,会看到系统自动识别的 CPU 型号。要在该项处按 Enter 键,将默认识别的型号改为 User Define(手动设定)模式,原有灰色不可选的 CPU 外频和倍频就变成了可选状态。这里有很多外频可供调节,例如,可以把它设为 266MHz 的频率选项上,这样,CPU 的主频就是 266MHz×8=2128MHz。

不过,由于升高外频会使系统总线频率提高,影响其他设备工作的稳定性,因此一定要采用锁定 PCI 频率的办法。

3)用软件实现超频

用软件来超频的方法更简单,它的特点是设定的频率在关机或重新启动计算机后会复原,如果不敢一次实现硬件设置超频,可以先用软件超频试验一下超频效果。最常见的超频软件有 SoftFSB、SpeedFan、ClockGen 和各主板厂商自己开发的软件(例如微星的 CoreCenter),它们的原理都大同小异,都是通过控制时钟发生器的频率来达到超频的目的。

SoftFSB 是通过软件的方式直接控制主板的时钟发生器的状态达到超频目的,而且是"即超即用"。如果遇到超频故障,只要重启就可以了,不需要拔线或者清除 BIOS 等,操作十分方便。SoftFSB 软件超频的界面如图 8.1 所示。

SpeedFan 是一个免费且功能强大的硬件监控软件,除了常见的 CPU 温度、硬盘温度及风扇速度监测外,它还具有调节风扇转速的功能,并且可以对 CPU 进行软超频。SpeedFan 软件超频的界面如图 8.2 所示。

ClockGen 是一款在 Windows 下对 CPU、内存、PCI 总线、PCI-E 总线或 AGP 总线的工作频率进行动态调节的工具,另外它还提供了系统监控功能。ClockGen 超频的原理和在 BIOS 里修改参数的原理是一样,都是通过向 PLL 芯片发送指令来改变系统总线的频率。对于在 BIOS 里面无法调节频率的主板,如果上面的频率发生器是 ClockGen 或者 SetFSB 支持的 PLL 芯片,那么仍然可以通过软件来进行超频。图 8.3 是 ClockGen 软件超频和监控的几个窗口。

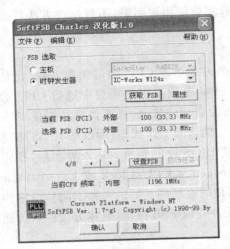

图 8.1　SoftFSB 软件超频界面

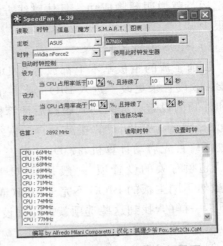

图 8.2　SpeedFan 软件超频界面

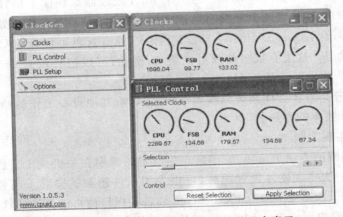

图 8.3　ClockGen 软件超频和监控的几个窗口

上面介绍了 3 种超频的方法,目前使用第 1 种超频方法应该是少之又少的了,而第 3 种软件超频不太实用,因为软件更新永远没有硬件更新快,对于大多数的主板不能认出来,所以较新硬件一般无法实现超频,软件超频只用来尝试性地超频,通用的方法还是利用 BIOS 设置超频来实现。而超频的成功与否,与下面的条件有很大关系。

(1) 与 CPU 身的关系。同一个型号的 CPU 在不同周期生产的可超性不同,这些可以从处理器编号上体现出来。此外,倍频低的 CPU 比较容易超一点。

(2) 制作工艺越先进越容易超频。制作工艺越先进的 CPU,在超频时越能达到更高的频率。

(3) 温度对超频有决定性影响,因此必须配备一个好的散热系统。另外,在 CPU 核心上涂抹薄薄一层硅脂也很重要,可以帮助 CPU 散热。

(4) 适当增加电压可提高超频的成功率。增加电压可增加超频后的稳定性,并且要一点一点地加,但增加电压带有更高的危险性,所以一般不采用。

（5）主板是超频的利器，所以要选择一块适合超频的主板。

超频后，应该经得起严格的测试才算成功，例如系统正常运行，软件运行稳定，一般可用各种软件（如 PCMark2005、SiSoftware Sandra 等）进行测试，如运行稳定，无故障出现，即算超频成功，否则就要降低一档次来超。

就目前的主板和 CPU 来说，所有的 CPU 或多或少都能进行超频，所以超频一般不会导致硬件报废，但过量超频肯定会缩短硬件的寿命，因此超频要适当。

2. 提升内存和显卡性能

从理论上讲，内存超频并不需要特别的操作，因为内存的工作频率与 CPU 的外频是密不可分的。一般情况下，在超 CPU 外频时，也就完成了内存的超频。

更改内存的 CL、tRCD 和 tRP 性能参数，也可以达到提高系统性能的目的。CL、tRCD 和 tRP 的参数值一般都可以在 BIOS 中设置，它们的值越小越好（但也不全是这样，要根据实际情况而定），调节的优化顺序是 CL→tRCD→tRP。

此外，组建双通道内存可以提升 10% 的性能。双通道内存技术在前面的项目中已经介绍过，如要确认主板是否已开启双通道，可以在开机自检时查看，如看到 Dual Channel，表示已开启双通道。此外，也可用 EVEREST 或 CPU-Z 等软件查看。

显卡主要由显示芯片、显存、输出接口、散热系统和显卡 BIOS 组成，如果要超频，就要从这些方面下手。显卡超频一般就是提高显示芯片核心频率和显存频率。显存频率一般和显存的时钟周期有关，越低的时钟周期可达到的频率越高。

显卡超频可以使用 PowerStrip 来实现，其方法非常简单易懂，在前面已经详细介绍过了。但使用超频软件会占用系统资源，故可以使用 nVIDIA BIOS Editor 把显卡的芯片和显存工作频率直接改成需要的值，然后保存，再在 DOS 下刷新显卡的 BIOS，这样就永远写入显卡 BIOS 中了，不过这需要一定的知识才能实现，有兴趣的读者可以在网上查找更多的资料来慢慢研究，这里就不详细介绍了。

3. 优化 Windows 系统

为了让系统更快地运行，需要对系统进行合理优化。Windows 系统（以 Windows XP 为例）都自带一些优化程序，例如垃圾文件清理和磁盘碎片整理等。

4. 计算机的日常保养

计算机硬件是运行各种软件的基础，一旦出现故障便会影响正常的工作。而长时间使用计算机后，灰尘、碎屑等污物会在机身内、外部积淀，这些都危害到计算机的正常运行，所以，在平时或者每隔一段时间对计算机进行清理是非常必要的。

相关实践知识

1. 整理磁盘碎片

Windows 操作系统在使用一段时间之后，会比以前的运行速度慢，其实这极可能是因为系统运行过程中产生的垃圾文件和磁盘碎片太多造成的。针对这些垃圾文件，各个版本的 Windows 均向用户提供了专门的磁盘清理和磁盘碎片整理工具，经常用它们打扫磁盘，可以有效地提高系统的执行效率，并节约磁盘空间。不过，在进行磁盘碎片整理之前，需要注意以下一些事项。

（1）不宜频繁整理。磁盘碎片整理不同于别的计算机操作，整理碎片时硬盘会连续高速旋转，如果频繁进行磁盘碎片整理，可能导致硬盘寿命下降，因此建议一个月左右整理一次。

（2）最好在安全模式下进行碎片整理。由于在 Windows 正常启动时，系统会加载一些自动启动程序，而有时这些自动启动程序会对磁盘进行读、写操作，从而影响磁盘碎片整理程序的运行。在安全模式环境下运行磁盘碎片整理程序，整理过程将不受任何干扰。进入安全模式的方法是启动 Windows 时按 F8 键，然后选择"安全模式"启动。

（3）整理期间不要进行数据读、写。磁盘碎片整理是个很漫长的工作，不能在整理的同时听歌、打游戏，这是很危险的，因为磁盘碎片整理时硬盘在高速旋转，这个时候进行数据的读、写，很可能导致计算机死机，甚至硬盘损坏。

（4）在整理磁盘碎片前做好准备工作。在整理磁盘碎片前应该先对驱动器进行"磁盘错误扫描"，这样可以防止系统将某些文件误认为逻辑错误而造成文件丢失。

（5）双系统下不要交叉整理。对于安装有两个双操作系统的计算机，交叉进行磁盘碎片整理可能会造成文件移位、混乱甚至系统崩溃。

2. 计算机清洁注意事项

在进行操作前要先洗手，接触接地的金属物体以释放身上的静电，最好能使用防静电手套。在质保期内的品牌机，建议不要自行打开机箱进行清洁，因为这样就意味着失去了保修的权利。在质保期内的品牌机可以拿到维修点请专业人员进行内部除尘。

如果插槽内金属接脚有油污，可用脱脂棉球沾一些专用清洁剂或无水乙醇清除。

1）准备清洁工具

计算机的维护不需要很复杂的工具，一般的除尘维护只需要准备十字螺丝刀、平口螺丝刀、油漆刷（或者油画笔，普通毛笔容易脱毛，不宜使用）。如果要清洗软驱、光驱的内部，还需要准备镜头拭纸、电吹风、无水酒精、脱脂棉、镊子、吹气囊、缝纫机油、黄油等。其中油漆刷和吹气囊是除尘较为重要的工具，不能缺少，如图 8.4 所示。

图 8.4　油漆刷和吹气囊

2）注意事项

（1）打开机箱之前要确认计算机的各个配件的质保期。

（2）动手时一定要轻拿轻放，特别是对于硬盘，如果失手掉到地上很容易将其摔坏。

（3）拆卸时要注意各插接线的方位，如硬盘线、软驱线和电源线等，以便正确还原。

提示：可以先将这些接线的方位记录下来，以免还原时出错而导致计算机不能正常启动。

（4）用螺丝固定各部件时，应首先对准部件的位置，然后再上紧螺丝。尤其是主板，因为位置略有偏差就可能导致插卡接触不良。主板安装不平可能导致内存条、适配卡接触不良，造成短路，甚至可能会使其发生形变导致故障发生。

（5）由于计算机板卡上的集成电路器件多采用 MOS 技术制造，这种半导体器件对静电高压很敏感。当带静电的人或物触及这些器件时，就会产生静电释放，而释放的静电高压将损坏这些器件，因此在维护计算机时要特别注意静电防护。

准备好工具，了解了操作时的注意事项后，就可以开始为计算机做清洁了。

3. 计算机使用注意事项

计算机在日常使用时，应注意以下事项。

（1）在执行可能造成文件破坏或丢失的操作时，一定要格外小心。

（2）系统非正常退出或意外断电后，应尽快进行硬盘扫描，及时修复错误。

（3）计算机开机时，要注意对病毒的防御，尽量使用病毒防火墙。

（4）开机时先开启显示器、打印机等外设，最后开启主机。关机时先关闭主机，后关闭显示器。

（5）下班时应关机。如果长时间不使用计算机，要关闭总电源开关。

（6）条件许可时，计算机机房一定要安装空调，相对湿度应为 30％～80％。

（7）计算机主机/显示器最好不要长时间（如 1～3 个月）不通电使用。

（8）不可以频繁开、关计算机。两次开机时间间隔至少应为 10 秒，最好不小于 60 秒。

（9）正在对硬盘读/写时不能关掉电源（可以根据硬盘的红灯是否发光来判断），关机后等待约 30 秒后才可移动计算机。

（10）不能在使用时搬动计算机。

（11）注意防尘，保持计算机的密封性，保持使用环境的清洁卫生。

（12）要避免强光直接照射到显示器屏幕上，而且不要靠近强磁场。

（13）要保持显示器屏幕的洁净，擦屏幕时尽量使用干的软布。

（14）不要将水、食物等流体弄到键盘、屏幕上，击键要轻而快。

（15）不要用力拉鼠标线和键盘线。

（16）合理组织磁盘的目录结构，经常备份硬盘上的重要数据。

任务实施

活动一：为操作系统瘦身

为操作系统瘦身适合于 Windows 2000/XP 系统，以 Windows XP 为主。如果硬盘不是很大，或在分区时系统盘分得不够理想，在各种软硬件安装完成之后，发觉 C 盘空间已经不多了，可以使用下面的方法进行瘦身。

1. 查看系统文件和隐藏文件

在释放空间之前，先想办法查看系统文件和隐藏文件，其操作如下。

（1）打开"我的电脑"窗口，选择"工具"→"文件夹选项"命令，打开"文件夹选项"对话框。

（2）切换到"查看"选项卡，清除"隐藏受保护的操作系统文件"复选框，选中"显示系统文件夹的内容"复选框（此时会打开"警告"对话框，如图 8.5 所示）。

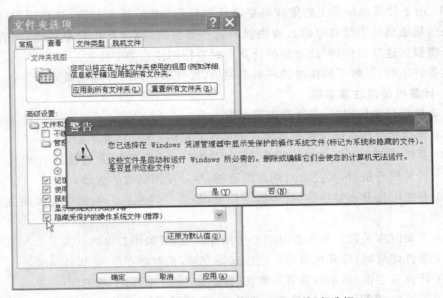

图 8.5 清除"隐藏受保护的操作系统文件"复选框

（3）单击"是"按钮返回，再单击"确定"按钮，返回到"我的电脑"窗口中，就可以查看隐藏在系统中的任何文件和文件夹了。

2. 删除系统中无多大用途的文件

以下文件夹中的所有文件可以删除。

（1）C:\Documents and Settings\用户名\Cookies\（保留 index 文件）。

（2）C:\Documents and Settings\用户名\Local Settings\Temp。

（3）C:\Documents and Settings\用户名\Local Settings\Temporary Internet Files。

（4）C:\Documents and Settings\用户名\Local Settings\History。

（5）C:\Documents and Settings\用户名\Recent。

（6）C:\WINDOWS\Temp。

（7）C:\WINDOWS\ServicePackFiles。

（8）C:\WINDOWS\SoftwareDistribution\Download。

（9）如果对系统进行过升级，那么可以删除 C:\WINDOWS\ 目录下以 $（例如 $ NtUninstallQ311889 $）开头的隐藏文件。

（10）系统备份文件，方法是单击"开始"按钮，选择"运行"命令，在"运行"对话框中，输入 sfc.exe/purgecache，按 Enter 键（该命令是立即清除 Windows 目录中的高速缓存，以释放出其所占据的空间）。

（11）C:\WINDOWS\system32\dllcache 下的.dll 文件，这是备用的.dll 文件。

（12）备份的驱动程序，文件位于 C:\WINDOWS\driver cache\i386 目录下，名称为driver.cab，直接将它删除就可以了。

（13）不用的输入法，如 IMJP8_1 日文输入法、IMKR6_1 韩文输入法，这些输入法如果不用，可以将其删除。输入法位于 C:\WINDOWS\ime 文件夹中。

（14）预读文件，Windows XP 的预读设置虽然可以提高系统速度，但是使用一段时间后，预读文件夹里的文件数量会变得相当庞大，导致系统搜索花费的时间变长，而且有些应用程序会产生死链接文件，更加重了系统搜索的负担，所以，应该定期删除这些预读文件。预读文件存放在 C:\WINDOWS\Prefetch 文件夹中，该文件夹下的所有文件均可删除。

3. 编写批处理文件自动清理系统垃圾

目前网上流行一种编写批处理文件自动清理系统垃圾的方法，其操作是，在记事本中编写如下的批处理文件并保存下来。

```
@ echo off echo 正在清除系统垃圾文件,请稍等……
del/f/s/q %systemdrive%\*.tmp
del/f/s/q %systemdrive%\*._mp
del/f/s/q %systemdrive%\*.log
del/f/s/q %systemdrive%\*.chk
del/f/s/q %systemdrive%\*.old
del/f/s/q %systemdrive%\recycled\*.*
del/f/s/q %windir%\*.bak
del/f/s/q %windir%\prefetch\*.*
rd/s/q %windir%\temp & md %windir%\temp
del/f/q %userprofile%\COOKIES s\*.*
del/f/q %userprofile%\recent\*.*
del/f/s/q "%userprofile%\Local Settings\Temporary Internet Files\*.*"
del/f/s/q "%userprofile%\Local Settings\Temp\*.*"
del/f/s/q "%userprofile%\recent\*.*"
sfc/purgecache                      '清理系统盘无用文件
defrag %systemdrive%-b              '优化预读信息
echo 清除系统垃圾完成!
echo. & exit
```

然后把文件另存为.bat 文件即可，也可以直接把文件的后缀名改为.bat。需要清理系统中的垃圾时，只需双击该批处理文件，即可自动清理系统中的垃圾文件，非常方便。

4. 关闭"休眠"功能

关闭"休眠"功能，可以节省 500MB 以上的硬盘空间，其操作方法如下。

（1）单击"开始"按钮，选择"设置"→"控制面板"命令，打开"控制面板"窗口。

（2）切换到经典视图，双击"显示"图标，打开"显示属性"对话框，切换到"屏幕保护程序"选项卡，如图 8.6 所示。

（3）单击"电源"按钮，打开"电源选项属性"对话框。

（4）切换到"休眠"选项卡，清除"启用休眠"复选框，如图 8.7 所示。

（5）连续单击"确定"按钮。

5. 改变虚拟内存的位置

在系统分区中，最大的可移动文件就是虚拟内存，它通常是系统物理内存的 1.5 倍。

图 8.6 "屏幕保护程序"选项卡

图 8.7 清除"启用休眠"复选框

下面介绍在 Windows 2000/XP 中改变虚拟内存位置的方法。

（1）右击桌面上"我的电脑"图标，选择"属性"选项，打开"系统属性"对话框。

（2）切换到"高级"选项卡，单击"设置"按钮，打开"性能选项"对话框。

（3）切换到"高级"选项卡，单击"更改"按钮，打开"虚拟内存"对话框，如图 8.8 所示。

（4）当前设置的虚拟内存在 C 盘，所以选中"无分页文件"单选按钮，单击"设置"按钮。

（5）选中"D:"项，然后选中"自定义大小"单选按钮，在"初始大小"和"最大值"文本框中分别输入 500 和 1500（数值可根据需要输入），如图 8.9 所示。

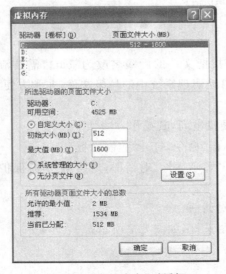

图 8.8 "虚拟内存"对话框

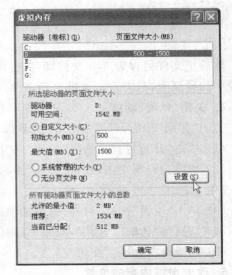

图 8.9 输入 500 和 1500

（6）单击"设置"按钮，此时分页文件就被设置到了 D 盘。

（7）单击"确定"按钮，打开"系统控制面板小程序"对话框，然后连续单击"确定"按钮，并重新启动计算机即可。

注意：系统允许多个分区同时存在虚拟内存，因此，改变虚拟内存位置后，一定要选择虚拟内存原来所在的分区，再选择"无分页文件"单选按钮，最后单击"设置"按钮。改变系统虚拟内存后，需要重新启动计算机才能生效。此外，除了 Windows 虚拟内存可以改变保存位置外，IE 缓存文件、"我的文档"和电子邮件等这些由应用程序产生的文件也可以移动其保存位置，这里就不一一介绍了。

活动二：为 Windows 系统加速

Windows XP 比以前的 Windows 系统具有更多华丽的界面，然而这华丽的界面却牺牲了不少的系统性能，为了让 Windows XP 运行得更快，更稳定，可以对 Windows XP 进行优化。下面介绍一些优化技巧，希望用户在使用 Windows XP 操作系统过程中能得到帮助。

注意：使用 Windows XP SP2 系统时，总是发现任务栏中显示一个红色的盾牌。这是因为微软公司加入了"安全中心"控制台，它主要是检测系统中病毒防护、防火墙、自动更新的状态。如果不想出现这样的提示，可以单击该盾牌图标，打开"Windows 安全中心"对话框，单击"病毒防护"右边的"建议"按钮，打开"建议"对话框，选中"我已经安装了防病毒程序并将自己监视其状态"复选框，然后单击"确定"按钮即可。

1. 使用经典菜单

Windows XP 使用了独特的"开始"菜单（如图 8.10 所示），但许多用户习惯了经典的"开始"菜单，可以使用下面的方法切换为经典"开始"菜单。

（1）单击"开始"按钮，选择"设置"→"任务栏和开始菜单"命令，打开"任务栏和「开始」菜单属性"对话框。

（2）切换到"「开始」菜单"选项卡，选中"经典「开始」菜单"单选按钮，如图 8.11 所示，最后单击"确定"按钮即可。

2. 禁用系统还原

Windows XP 的系统还原是一个很少用的功能，并且该功能会消耗一些系统资源，因此可以关闭这项功能，其操作方法是如下。

（1）右击"我的电脑"图标，选择"属性"命令，打开"系统属性"对话框。

（2）切换到"系统还原"选项卡，选中"在所有驱动器上关闭系统还原"复选框，如图 8.12 所示。

（3）单击"应用"按钮即可。

3. 禁用错误汇报和禁止发送管理警报

禁用错误汇报、禁止发送管理警报的操作方法如下。

（1）在"系统属性"对话框中，切换到"高级"选项卡，如图 8.13 所示。

图 8.10　独特的"开始"菜单

图 8.11　"「开始」菜单"选项卡

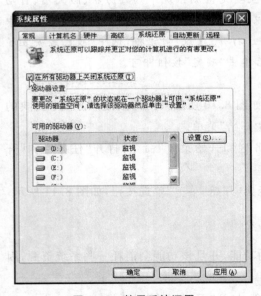

图 8.12　禁用系统还原

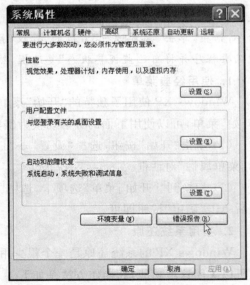

图 8.13　"高级"选项卡

（2）单击"错误报告"按钮，打开"错误汇报"对话框，选择"禁用错误汇报"单选按钮，如图 8.14 所示。

（3）单击"确定"按钮，返回到"高级"选项卡，单击"启动和故障恢复"选项区中的"设置"按钮。打开"启动和故障恢复"对话框，在"系统失败"选项组中，取消"发送管理警报"等复选框，如图 8.15 所示。

图 8.14 "错误汇报"对话框图

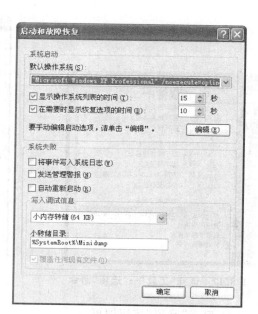

8.15 "启动和故障恢复"对话框

（4）单击"确定"按钮。

4. 取消相应的显示效果

不论哪种系统,取消华而不实的界面都是追求性能的用户的首选,建议 Windows XP 的用户选择最佳性能,这样效果明显。下面介绍一些取消华丽显示效果的操作。

（1）打开"系统属性"对话框,切换到"高级"选项卡。

（2）单击"性能"选项组右边的"设置"按钮,打开"性能选项"对话框。

（3）选中"调整为最佳性能"单选按钮,或根据需要手动选择想要的视觉效果,如图 8.16 所示。

（4）连续单击"确定"按钮。

5. 禁止 Windows Messenger 开机时启动

Windows Messenger 是 Windows XP 自带的一款即时通信工具,但是该工具需要下载新版本才能使用,因此可以禁止它每次开机时启动。

（1）双击任务栏中的 Windows Messenger 图标,打开 Windows Messenger 主窗口,选择"工具"→"选项"命令,如图 8.17 所示。

（2）打开"选项"对话框,并切换到"首选项"选项卡,清除"在 Windows 启动时运行 Windows Messenger"复选框,如图 8.18 所示。

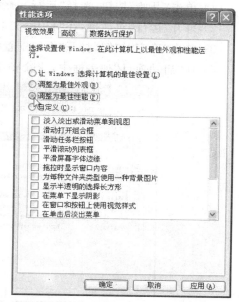

图 8.16 "性能选项"对话框

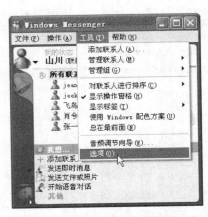

图 8.17　选择"工具"→"选项"命令

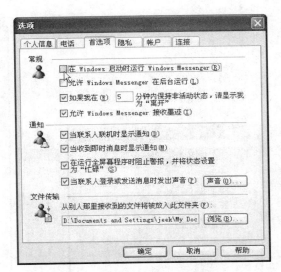

图 8.18　"首选项"选项卡

（3）单击"确定"按钮即可。

6. 减少启动项目

Windows 2000/XP 有一个"系统配置实用程序"，利用该程序可以有选择地禁止某些项目的启动，或者全部关闭。因为关闭所有项目后，输入法会在下次自动打开，小喇叭可以在"控制面板"中打开，防火墙也是一样。这样会减少系统进入桌面的等待时间，而且很多进入桌面缓慢甚至死机的原因就是这里出的问题。

下面还是以禁止 Windows Messenger 启动为例，介绍系统配置实用程序的用法。

（1）单击"开始"按钮，选择"运行"命令。

（2）打开"运行"对话框，在"打开"文本框中，输入 msconfig 命令。

（3）单击"确定"按钮，打开"系统配置实用程序"对话框，切换到"启动"选项卡。

（4）在"启动项目"列表框中，清除 msmsgs.exe 项，如图 8.19 所示。

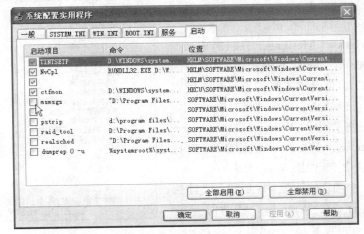

图 8.19　"系统配置实用程序"对话框

（5）单击"确定"按钮，打开"系统配置"对话框，如图 8.20 所示。

图 8.20 "系统配置"对话框

（6）单击"重新启动"按钮，重启计算机即可。

活动三：磁盘碎片整理

（1）在"我的电脑"窗口中，右击需要整理的驱动器（如 D:），选择"属性"命令，打开"本地磁盘(D:)属性"对话框。

（2）切换到"工具"选项卡，单击"开始整理"按钮，如图 8.21 所示。

（3）打开"磁盘碎片整理程序"对话框，如图 8.22 所示。

（4）单击"分析"按钮，开始分析磁盘是否需要整理，分析完成后，打开"已完成分析"提示对话框，如图 8.23 所示。

（5）单击"碎片整理"按钮，开始整理磁盘碎片，如图 8.24 所示。这个过程需要花费较长的时间。

（6）磁盘碎片整理完成后，打开"已完成碎片整理"提示对话框，如图 8.25 所示。

（7）单击"关闭"按钮，返回"磁盘碎片整理程序"对话框，继续整理其他驱动器。

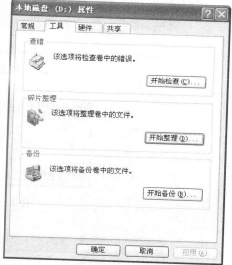

图 8.21 切换到"工具"选项卡

提示：除了 Windows XP 自带的磁盘碎片整理程序外，磁盘碎片整理程序还有 DiskKeeper、VOptXP、O&O Defrag Professional、Perfect Disk 和 UltimateDefrag 等。其中，DisKeeper 其实是 Windows 2000 中自带的磁盘整理工具，此程序的 CPU 占有率很高，不推荐使用。VoptXP 是一款老牌的磁盘碎片整理程序，操作简便，其整理速度看起来很快，只是一个假象而已，整理后磁盘中很多文件都没有经过优化，而程序本身的稳定性也不佳，因此也不推荐使用。如果想快速整理磁盘碎片，又想有很好的效果，这里推荐使用 Perfect Disk 或 UltimateDefrag。其中 UltimateDefrag 是目前速度最快的磁盘碎片整理程序之一，其体积小巧，而且无须安装，使用也很简单，只要单击"开始"按钮即可。UltimateDefrag 程序界面如图 8.26 所示。

活动四：外部设备清洁

外部设备清洁工作是很容易做到的。

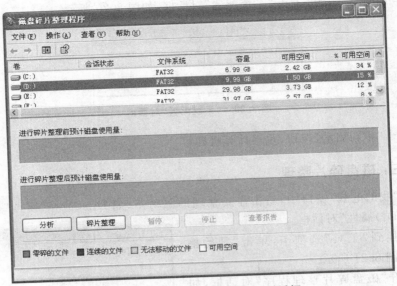

图 8.22 "磁盘碎片整理程序"对话框

图 8.23 已完成分析

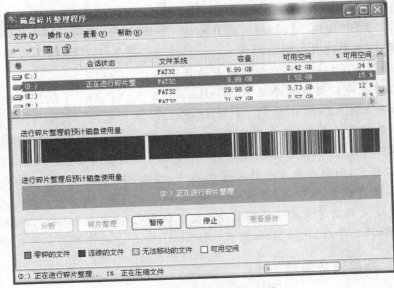

图 8.24 正在整理磁盘碎片

图 8.25 已完成碎片整理

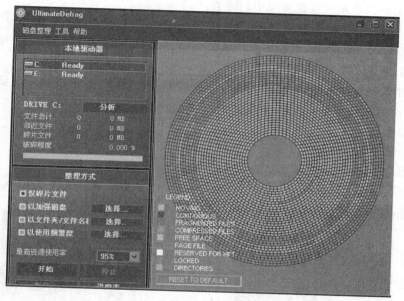

图 8.26 **UltimateDefrag** 程序界面

1. 清洁显示器

长时间使用显示器后,其表面会出现一些污垢,可以拔掉电源,用湿抹布轻轻擦拭显示屏。显示器的清洁分为外壳和显示屏两部分,如果显示屏上有油污,可以采用少量的开水湿润镜头纸来清洁。如果是液晶显示器,在清洁时可以先用毛刷或抹布轻轻地刷掉屏幕表层的灰尘,然后再用清洁相机镜头的专用镜头纸来擦拭。抹布最好不要用化纤布料的,要用棉布。

(1)外壳变黑变黄的主要原因是灰尘和室内烟尘的污染,可用专门的清洁剂来擦拭。

(2)用软毛刷来清理散热孔缝隙处的灰尘,顺着缝隙的方向轻轻扫动,并辅助使用吹气皮囊吹掉这些灰尘。

(3)对显示屏的清洁略微麻烦,由于显示屏都带有保护涂层,所以在清洁时不能对其使用任何溶剂型清洁剂,可以采用眼镜布或镜头纸擦拭。擦拭方向应顺着一个方向进行,并多次更换擦拭布面,防止已经沾有污垢的布面划伤涂层。

2. 清洁鼠标和键盘

长时间使用鼠标后,会出现不听指挥的情况,这时就需要对其进行除尘处理。一般来说,机械鼠标只需要清理其中的滚动球和滚动轴即可。

(1) 将鼠标底部的螺丝拧下来,打开鼠标。

(2) 利用清洁剂清除鼠标滚动球和滚动轴上的污垢,然后将鼠标装好即可。

提示:如果鼠标还处于质保期,请不要拆卸鼠标,否则会失去质保。

由于光电鼠标多采用密封设计,所以灰尘和污垢不会进入内部。平时在使用鼠标时,最好使用鼠标垫,以防止灰尘和污垢进入鼠标。

为了避免碎屑进入键盘,对键盘的日常清洁非常重要,可以用柔软干净的湿布擦拭键盘,用小毛刷扫除掉进键盘缝隙中的碎屑。

(1) 将键盘倒置,轻拍键盘,将键盘中的碎屑拍出键盘。

(2) 使用中性清洁剂或计算机专用清洁剂清除键盘上难以清除的污渍,用湿布擦洗并晾干键盘,再用棉签清洁键盘缝隙内的污垢。

所有的清洁工作都不要用医用酒精,以免腐蚀塑料部件,清洁过程一定要在关机状态下进行,使用的湿布不要过湿,以免水进入键盘内部。

下面以实例的形式,介绍如何清理计算机部件中最容易受污染的键盘。

(1) 把键盘从计算机的主板接口上拔下来。

(2) 用一字螺丝刀,把键盘上的键撬开,如图 8.27 所示。

(3) 把取下来的键放进一个盘子,加上适量的水和洗衣粉进行清洗,如图 8.28 所示。

图 8.27　把键盘上的键取下来

图 8.28　清洗键盘上的键

(4) 清洗好键盘的键后,用风扇吹干或拿到太阳光下晒干,如图 8.29 所示。

(5) 晒干的过程需要一些时间,此时可用刷子清理键盘板上的污物,如图 8.30 所示。

图 8.29　晒干键盘键

图 8.30　清理键盘板污物

(6) 把键重新安装到键盘上,如果没记住键位的位置,可拿另外的键盘对着安装,如图 8.31 所示。这样即可得到一个崭新的键盘。

3. 机箱外壳的清洁

由于机箱通常都是放在计算机桌下面,平时不太注意清洁卫生,机箱外壳上很容易附着灰尘和污垢。可以先用干布将浮尘清除掉,然后用沾了清洗剂的布蘸水将一些顽渍擦掉,然后用毛刷轻轻刷掉机箱后部各种接口表层的灰尘即可。

活动五:主机内部清洁

由于机箱并不是密封的,所以一段时间后机箱内部就会积聚很多灰尘,这样对计算机硬件的运行非常不利,过多的灰尘非常容易引起计算机故障,甚至造成烧毁硬件的严重后果,所以对主机内部的除尘非常重要,而且需要定期执行,一般 3 个月清理一次即可。

此外,平常打扫卫生的时候可以简单地清理计算机的外壳。例如,可使用自行车打气的气枪来清理机箱内的灰尘,此方法最好每月进行一次,下面具体介绍清洁方法。

拆卸主机前,先关闭计算机的所有电源,再放掉身上的静电或者戴上防静电手套。

(1)转到机箱的背面,拔下机箱的所有外设连线,如图 8.32 所示。

图 8.31　把键重新安装到键位上

图 8.32　拔下机箱的所有外设连线

(2)用螺丝刀拧下机箱后侧的几颗螺丝,取下机箱盖,如图 8.33 所示。

(3)将主机卧放,接着将硬盘、光驱电源插头沿水平方向向外拔出,数据线的拔出方式与电源线相同。拧下各种插卡的螺丝,然后取下插卡,如图 8.34 所示。

图 8.33　取下机箱盖

图 8.34　取出各种接口卡

(4)拔下插在主板上的电源插头和机箱信号线,如图 8.35 所示。由于主板上这些插头比较复杂,建议在拔下这些插头前做好记录,如插接线的颜色、插座的位置、插座插针的排列等,以方便除尘完毕后正确还原。

(5)卸掉主板上的固定螺丝,将主板从主机箱中拿出来,如图8.36所示。

图8.35   拔下插在主板上的电源插头和   图8.36   卸掉主板上的固定螺丝并
机箱信号线   取出主板

(6)拆卸CPU散热器。先拔掉CPU电源插头,再用十字螺丝刀拧松散热器的四颗固定螺丝,然后把CPU风扇取下,可以看到CPU散热器上已经积了很多灰尘,如图8.37所示。

(7)再把散热器从CPU上拿开,如图8.38所示。

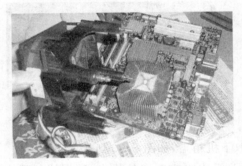

图8.37   拆下CPU散热器   图8.38   把散热器从CPU上拿走

(8)用毛刷将CPU附近的表面和散热器表面的灰尘清理干净,如图8.39所示。也可以用吹气囊或者电吹风吹掉灰尘。

图8.39   清洁主板和散热器

（9）清洁主板和散热器后，接着清洁其他的配件（包括各种插卡、光驱和电源等）和机箱内部。其他地方的清理都比较容易，这里就不一一说明了。

（10）完成所有的清洁工作后，接下来将这些部件还原即可，还原时如果有不懂的地方，可以参考前面装机的过程。

归纳总结

通过本模块学习，掌握一些优化计算机的基本知识，优化包括硬件超频优化和软件系统优化。本模块还介绍了外部设备和主机内部清洁的方法。

模块二　系统重装和备份

任务布置

技能训练目标
掌握系统重装和备份的方法。

知识教学目标
了解常用的备份软件。

任务实现

相关理论知识

所谓"重装"，是指重新安装操作系统，从目前的实际情况来看，普通用户都是重新安装 Windows XP 或 Windows 7 操作系统，不会选择 Linux、OS/2、UNIX 等另类操作系统安装。重装操作系统时，会涉及全新安装、升级安装、在 Windows 下安装、DOS 下安装等安装方式。其中全新安装是指把原有系统盘格式化后重装安装，或在原有的操作系统之外再安装一个操作系统；升级安装是指对原有操作系统进行升级，例如从 Windows XP 升级到 Windows 7，该方式的好处是原有程序、数据、设置都不会发生什么变化。

一般来说，需要重装系统的原因主要有以下两种。

（1）被动重装。由于用户误操作或病毒、木马程序的破坏，系统中的重要文件受损导致错误甚至崩溃，无法启动，此时不得不重装系统。重装系统是一个比较大的工程，根据笔者的经验，从分区、格式化、安装系统到安装驱动程序和常用软件等这些环节，至少也需要 2 个小时。在没有必要的情况下，尽量不要重装系统，如需要重装系统，也要使用更有效的方法来快速重装系统，这就是本节需要讲的重点。为了减少重装系统带来的麻烦，这里给出一个技巧，如果 Windows XP 在启动时出现蓝屏，并且使用安全模式也无法启动时，可以使用光盘启动计算机，或把硬盘挂在别的计算机上，打开无法启动的 Windows 所在的驱动器，删除该系统的页面文件，即 pagefile.sys 文件，再把硬盘挂回原来的计算机，一般可以解决无法登录 Windows XP 的问题。

（2）主动重装。一些喜欢计算机的 DIY 爱好者，即使系统运行正常，也会定期重装系统,目的是为了对臃肿不堪的系统进行减肥,同时可以让系统在最优状态下工作。

不管是主动重装还是被动重装,均又可以分为覆盖式重装和全新重装两种,前者是在原操作系统的基础上进行重装,优点是可以保留原系统的设置,缺点是无法彻底解决系统中存在的问题;后者则是对操作系统所在的分区进行重新格式化,在这个基础上重装的操作系统,不仅可以解决系统中原有的错误,而且可以彻底杀灭可能存在的病毒,因此强烈推荐采用此种重装方式。

相关实践知识

无论操作系统多么稳定,也会由于各种误操作而造成系统崩溃。系统崩溃或产生了重大错误以后,一般是比较难以修复了,此时最好的办法就是重装系统,但是,在重装之前,应该做些备份的工作。下面这些准备工作是必不可少的。

(1) 备份驱动程序。重装 Windows XP/Windows 7 后,需要安装各种硬件的驱动程序,而查找、安装显卡、声卡的驱动也不容易,因此就需要提前备份它们。怎么备份呢?"驱动程序备份工具"就具有这个功能(此外,Windows 优化大师也具有这个功能),它可以快速检测计算机中的所有硬件设备,提取并备份硬件设备的驱动程序。"驱动程序备份工具"的操作非常简单,只需在其主界面中选择某个或多个硬件设备后,单击"备份"按钮,再指定备份文件的存放路径及文件名,单击"开始"按钮即可,如图 8.40 所示。

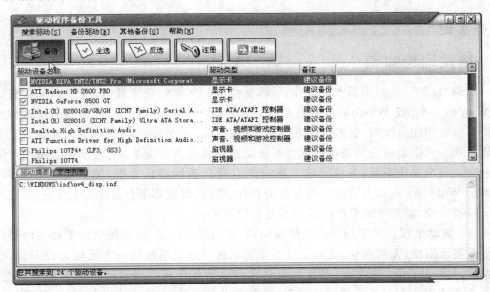

图 8.40　驱动程序备份工具

(2) 备份重要的数据。系统中的重要数据一般是电子邮件的账户配置/地址簿、QQ好友名单/聊天记录、MSN Messenger 联系人列表、收藏夹列表和个人文档等。备份这些资料时,可以手工备份,也可以使用第三方工具软件逐个备份。如使用的是 Windows XP系统,可以使用系统内置的"文件和设置转移向导",这是一个非常有用的备份工具,可以从"开始"→"所有程序"→"附件"→"系统工具"中找到。此外,对于 Outlook Express 有多个邮件账号,应该将 C:\Documents and Settings\用户名\Local Settings\Application Data\Identities\{数字串}\Microsoft\Outlook Express\目录中的"收件箱.dbx"和"发件箱.dbx"备份到其他地方。

(3)备份 IE 收藏夹和桌面快捷方式。Internet Explorer 收藏夹中存放在 C:\Documents and Settings\用户名\Favorites\目录中的许多 URL 链接,把它们复制出来即可完成备份工作,而当重新安装好系统后再将其复制到原来的目录下,即可完成恢复。对于一些常用的绿色软件来说,它们不需要安装,只需在桌面上建立快捷方式就可以方便地使用,可以把桌面上的这些快捷方式备份起来,重装系统后,再把它移到桌面上就能使用(需要原程序的文件路径不变)。

(4)备份病毒库。一般情况下,卡巴斯基反病毒 6.0 个人版的病毒库文件在 C:\Documentsand Settings\All Users\Application Data\Kaspersky Lab 目录下(注意 Application Data 是隐藏文件夹,要修改文件夹选项才能找到),要备份到其他驱动器,在还原或重装后,把该文件覆盖到这个目录下就可以了。

(5)备份 Windows XP 升级补丁。虽然 Windows XP 号称有史以来"最安全的操作系统",但是 Windows XP 还是有着各种各样的漏洞,微软公司每隔一段时间就发布其相应的漏洞补丁。比较有名的 2003 年的冲击波和 2004 年的震荡波病毒,给全世界的 Windows 用户造成了相当大的损失。已经安装了的这些补丁一般保存在 Windows 目录下,其文件名一般以 $ 开头,并以 $ 结尾,如图 8.41 所示。此外,使用 360 安全卫士更新的补丁,则保存在其安装目录下的\hotfix 文件下,如图 8.42 所示,把它们备份下来,重装系统后,直接双击这些补丁文件,即可进行安装。

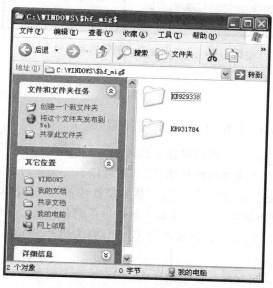

图 8.41　Windows 目录下的补丁

(6)备份 Windows XP 的 CD-Key。重装 Windows XP 后,必须进行重新激活。实际上在第一次激活 Windows XP 时,激活文件已经备份下来,它保存在 Windows\system32

目录中,文件名为 wpa.dbl。在重装 Windows XP 前需备份该文件,重装后,只需复制该文件到其相应的文件夹即可。检验 Windows XP 操作系统是否激活的方法是,单击"开始"按钮,选择"运行"命令,在弹出的对话框中输入 oobe/msoobe /a,按 Enter 键。这种激活只适合于重新安装 Windows XP,不适合硬件等条件改变的情况。

(7) 备份系统分区。备份系统分区,这就是本节重点要讲的内容。可以用 Ghost 备份整个系统盘,另外一个方法是使用 Windows XP 自带的"系统还原"功能来备份。下节将重点讲用 Norton Ghost 备份系统的方法。

图 8.42　360 安全卫士更新的系统补丁

任务实施

活动一:用 Norton Ghost 备份及还原系统

重新安装一次操作系统需要花费较多的时间,因此,可以把当前操作系统备份起来,在需要时将备份的操作系统进行恢复即可,这样可以节省很多时间。

Ghost 是有名的磁盘镜像工具,它是一款共享软件,目前已经集成在很多系统维护光盘中,用户很容易就能得到它。在使用 Ghost 备份系统分区前,应注意以下问题。

(1) 使用新版本。建议使用新版本的 Ghost,因为低版本的 Ghost 无法备份 NTFS分区。

(2) 转移或删除页面文件。备份前先在 DOS 系统下删除系统的页面文件(pagefile. sys,该文件一般在 1GB 以上),否则会影响镜像文件的大小和备份时间。

(3) 关闭休眠和系统还原功能。休眠功能要求和物理内存相当的空间,而且不能指定存放分区,所以必须关闭。这些功能可以在备份结束后再次打开。

(4) 删除不需要的临时文件。建议删除 Windows 临时文件夹、IE 临时文件夹和回收站中的文件,否则浪费储存空间和备份时间。

（5）备份前检查磁盘和整理磁盘碎片。在用 Ghost 备份 Windows XP 前一定要检查磁盘,保证该分区上没有交叉链接和磁盘错误。

注意：若更换了主要硬件（特别是主板），不能使用旧的 Ghos 文件来还原,否则系统会发生严重错误以致崩溃。

具体的操作内容及步骤请参考项目五模块二"操作系统的特殊安装"中的活动二"使用 Ghost 安装和恢复系统"。

活动二："一键还原精灵"的安装和使用

系统还原工具除了 Ghost 以外,较常用的还有一键还原精灵和 PowerShadow（影子系统）等。并且大部分品牌计算机都有"一键还原"功能,利用该功能可以轻松地恢复系统。组装机没有这个功能,一般需要用 Ghost 来备份系统。而"一键还原精灵"则可以让组装机也拥有同样的功能。使用"一键还原精灵"备份或恢复系统最大的特点是,不用光盘或软盘启动盘,只需在开机时按 F11 键即可。下面简单介绍"一键还原精灵"的用法。

（1）在 Window 系统下,启动"一键还原精灵"安装程序,如图 8.43 所示。

10秒钟后自动安装, 按[Esc]键取消并进入高级模式界面

注意：安装可能需要几分钟或更长时间,请耐心等候…

图 8.43　启动"一键还原精灵"安装程序

（2）按照向导提示进行安装,在此过程中会捆绑安装百度搜索及中文上网,建议不要安装它们,安装完成后,程序直接启动计算机,重新启动后,就会在 DOS 下启动"一键还原精灵"安装程序,当前提示"是否使用高级模式界面",如图 8.44 所示。

（3）使用默认的自动安装,稍等一会,"一键还原精灵"开始安装到计算机中,这个过程需要等待一段时间,如图 8.45 所示。备份 C 盘数据之前,一定要检查好磁盘剩余空间是否小于备份文件的大小。

（4）安装完成后,提示重新启动计算机,并首次备份系统,如图 8.46 所示。

（5）单击"确定"按钮重新启动计算机,此后,在开机的时候可以按 F11 键,进入"一键还原精灵"的主界面。单击"还原系统"按钮或按 F5 键,即可还原 C 盘系统,而单击"备份系统"按钮或按 F8 键即可备份 C 盘系统。

图 8.44　提示"是否使用高级模式界面"

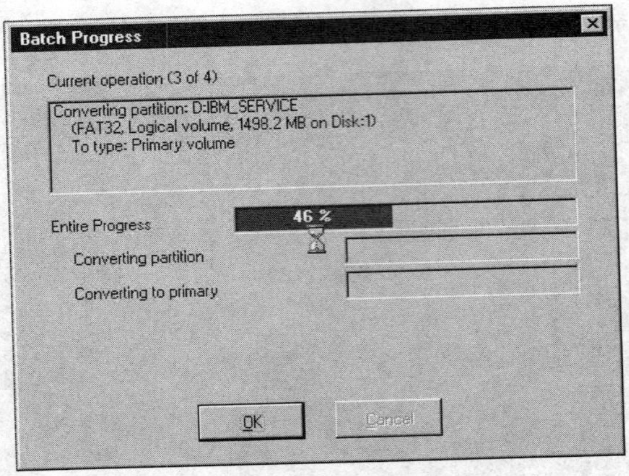

Batch Progress

Current operation (3 of 4)

Converting partition: D:IBM_SERVICE
(FAT32, Logical volume, 1498.2 MB on Disk:1)
To type: Primary volume

Entire Progress　46 %

Converting partition

Converting to primary

OK　　Cancel

图 8.45　正在安装"一键还原精灵"

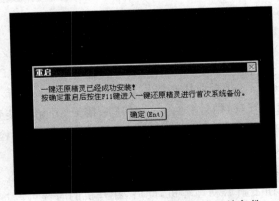

图 8.46　提示重新启动计算机首次系统备份

活动三：影子系统的安装和使用

影子系统（PowerShadow）就是用户可以任意"摧残"的系统（如可以删改文件、安装测试各种软件包括流氓软件、病毒等），最后使用"影子系统"可以恢复到原来的样子，不留任何痕迹。

（1）PowerShadow 可以在网上找到，下载后运行其安装程序，如图 8.47 所示。

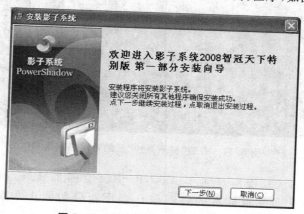

图 8.47 启动"影子系统"安装向导

（2）按照向导提示，一步步安装，直到完成，完成后会要求重新启动计算机，如图 8.48 所示。

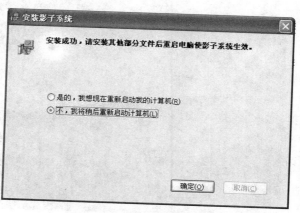

图 8.48 "影子系统"安装完成

（3）重新启动后，软件就开始发挥作用了，此时，会看到多了两个启动菜单，如图 8.49 所示。这里可以选择保护不同的分区，有单一影子模式与完全影子模式之分，单一影子就是只保护 C 盘，完全影子则保护整个硬盘所有的驱动器。

（4）选择一种保护模式后，启动 Windows XP，系统处于保护状态，如图 8.50 所示。此时可以在系统中删除文件（例如删改了 C 盘的系统文件，包括文档数据、程序文件、Windows 下的 dll 文件、system32 下的系统文件），或安装风险软件

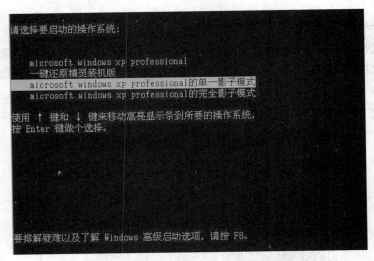

图 8.49　安装"影子系统"后的系统启动菜单

（例如安装 Yahoo 助手、搜狗直通车、CNNIC 中文上网工具条），以及打开病毒文件（例如打开了含有大量病毒样本的病毒包），当重新启动回正常模式时，系统就会恢复到正常状态，毫发无损。

图 8.50　系统处于保护状态

归纳总结

本模块主要系统备份和重装的基本知识，通过本模块的学习，应熟练掌握防系统的重装操作。

模块三 计算机的维修

任务布置

技能训练目标
掌握计算机维护的基本方法。

知识教学目标
了解计算机维护的基本知识。

任务实现

相关理论知识

计算机故障分为硬件故障和软件故障,维修的基本原则是判断故障的基础,需要认真学习并理解。

如果在系统运行当中出现死机,一般是软件的问题居多,而在开机时出现问题,则是硬件的故障。在处理故障时,需要判断是软件故障还是硬件故障。

1. 常见的软件故障

软件故障指软件的安装不当、计算机病毒破坏、操作系统的版本不对和应用软件执行不正确等故障,常见软件故障如下。

(1) 死机。在系统的启动过程中或应用软件的执行过程中,软件停在某一处不动,即不接收键盘输入,只有按 Reset 按钮或 Alt+Ctrl+Del 组合键位才能重新启动机器。

(2) 软件运行过程中,出现莫明其妙的结果,如屏幕显示乱码等。

(3) 软件不能执行,提示如内存不足或机器运行速度变慢。

软件故障产生的原因归结为如下几种。

(1) 软件的版本与系统的要求不符。比如,在较低版本系统下,安装 Windows NT 显卡的驱动程序时出现死机,这就是驱动程序的版本不对所造成的。

(2) 病毒感染。机器系统受病毒感染后,会出现许多莫名其妙的现象,如速度变慢,提示内存不足,双击盘符后列出的文件名还是上一次的内容等多种现象。

(3) 系统文件丢失。用户在安装某个程序时,由于操作上的失误,覆盖了操作系统中的某个文件。当用户启动计算机时,系统运行到该处,会提示缺少某个文件,造成系统停止,要求用户处理。

(4) 注册表损坏。在 Windows 系统中,通过注册表管理系统的软、硬件和系统资源。而注册表本身的安全保护措施又比较差,有时由于计算机病毒、黑客的攻击和用户操作不当等原因,造成注册表被改变,使系统运行不正常。

(5) 软件本身存在漏洞或者使用测试版的软件。当然正版的软件也会存在漏洞。

2. 硬件故障

计算机出现问题,往往是不能正常开机,即初装的机器无法启动显示器,可以根据

BIOS 的不同自检铃声来判断硬件的问题,这样就可以查找出原因。

1) 硬件故障类型

常见硬件故障的原因类型如下。

(1) 机械故障。如打印机的打印头部分、软盘驱动器和硬盘驱动器的机械部分等。

(2) 电路故障。如主机板、软驱和硬驱等电路芯片损坏,驱动能力下降,电阻开路和电容断路等。

(3) 接触不良。主要是扩展槽与接口卡的接触部分,信号电缆插头与插座的接触部分,这类故障很多。

(4) 介质故障。主要是软盘、硬盘的磁道有划痕,光盘上有油污等。软盘使用一段时间后应当更换,要使用系统维护工具软件经常对硬盘进行维护。

2) 硬件故障产生的原因

计算机中任何一个部件出了故障,都会影响计算机的正常运行。硬件故障产生的原因主要来自 CPU、存储器、输入输出系统以及外部设备等硬件设备的接触不良、静电损坏、操作不当和机械部分磨损等。

硬件故障产生的具体原因很复杂,归纳起来大致有如下几点。

(1) 灰尘太多。计算机由于长期使用,在电路板上、软驱内、CPU 及电源的风扇内会积满灰尘,阻止元器件散热,局部温度太高,烧坏元器件。

(2) 温度过高。在炎热夏季,计算机长期开机使用,如果环境温度超过 30℃,机内的温度则会达到 50℃ 以上,这样的高温很容易损坏机器。

(3) 计算机的大部分芯片都使用 CMOS 电路,周围环境静电太高,很容易损坏内部芯片。

(4) 操作不当。使用者带电移动计算机内部的连接电缆或带电插拔机内的插件板,这样很容易烧坏计算机。

如果计算机加电后,屏幕无任何显示,电源指示灯也不亮,检查这类故障的流程应逐步进行。用户在排除故障时,要根据列出的软、硬件故障原因,逐步找出故障来进行处理。

相关实践知识

1. 计算机维修的基本原则

有些计算机故障,往往是由于机内灰尘较多引起的,这就要求在维修过程中注意观察故障机内、外部是否有较多的灰尘,如果是,应该先进行除尘,再做后续的判断维修。

1) 观察

(1) 观察周围环境。观察电源环境、其他高功率电器、电磁场状况、机器的布局、网络硬件环境、温湿度以及环境的洁净程度;观察安放计算机的台面是否稳固;观察周边设备是否存在变形、变色、异味等异常现象。

(2) 观察硬件环境。观察机箱内的清洁度、温湿度,部件上的跳接线设置、颜色、形状和气味等,部件或设备间的连接是否正确;观察有无错误或错接、缺针或断针等现象;观察计算机内部的环境情况——灰尘、连接、器件的颜色、部件的形状和指示灯的状态等;

观察一切可能与计算机运行有关的其他硬件设施。

（3）观察软件环境。包括系统中加载了何种软件，它们与其他软、硬件间是否有冲突或不匹配的地方；除标配软件及设置外，要观察设备、主板及系统等的驱动程序，补丁是否已安装，是否合适，要处理的故障是否为业内公认的漏洞或兼容问题；观察计算机的软、硬件配置——安装了何种硬件，资源的使用情况，使用的是何种操作系统，其上又安装了何种应用软件，硬件的设置以及驱动程序版本等。

2）先想后做

从简单的事情做起，有利于集中精力，进行故障的判断与定位。注意，必须通过认真的观察，才可进行判断与维修。先想后做，包括以下几个方面。

（1）先想好怎样做，从何处入手，再实际动手。也可以说是先分析判断，再进行维修。

（2）对于所观察到的现象，尽可能地先查阅相关的资料，看有无相应的技术要求、使用特点等，然后根据查阅到的资料，结合下面谈到的内容，再着手维修。

（3）在分析判断的过程中，根据已有的知识经验来进行判断，对于自己不太了解或根本不了解的，要向有经验的同事或技术人员咨询，寻求帮助。

3）先软后硬

在大多数的计算机维修判断中，必须"先软后硬"。即从整个维修判断的过程看，总是先判断是否为软件故障，先检查软件问题，判断软件环境是否正常。如果故障不能消除，再从硬件方面着手检查。在调整软件时，可以考虑以下的内容。

（1）设置 BIOS 为出厂状态（注意 BIOS 开关位置）。

（2）查杀病毒。

（3）调整电源管理。

（4）必要时做磁盘整理，包括磁盘碎片整理、无用文件的清理及介质检查。

（5）确认有无用户自装的软硬件，如果有，确认其性能的完好性及兼容性。

（6）与无故障的计算机对比。这种对比方法是，在一台配置与故障机相同的无故障计算机上，逐个插入故障机中的部件，查看无故障机的变化。当插入某部件后，无故障机出现了与故障机类似的现象，则表明该部件有故障。在进行对比时要彻底，以防漏掉由两种部件引起同一故障的情况。

4）分清主次

在维修过程中要分清主次，即"抓主要矛盾"。在复现故障现象时，有时可能会看到一台故障机不止有一个故障现象，而是有两个或两个以上的故障现象（如启动过程中无显示，但计算机也在启动，同时启动完后有死机的现象等），此时，应该先判断维修主要的故障，再维修次要故障，有时主要故障排除了，次要故障现象也消失了。

2. 计算机维修的基本方法

计算机维修不是一天两天就能学会的，就算背熟长篇的维修理论，没有实践过也是纸上谈兵。实践经验才是最重要的，此外还要熟悉常见硬件的参数和基本工作原理，没有基础谈维修也是不实际的。

1）观察法

观察法是维修判断过程中第一要点，贯穿于整个维修过程中，通过观察可能就会发现故障的原因。观察时不仅要认真,而且要全面,要观察的内容包括如下几点。

(1) 观察周围的环境。

(2) 观察硬件环境,包括接插头、插座和插槽等。

(3) 观察软件环境。

(4) 观察用户操作的习惯及过程。

2) 最小系统法

最小系统是指从维修判断的角度能使计算机开机或运行的最基本的硬件和软件环境,最小系统有两种形式。

(1) 硬件最小系统。由电源、主板和 CPU 组成。在这个系统中,没有任何信号线的连接,只有电源到主板的电源连接。在判断过程中通过声音来判断这一核心组成部分是否可正常工作。

(2) 软件最小系统。由电源、主板、CPU、内存、显卡/显示器、键盘和硬盘组成。这个最小系统主要用来判断系统是否可完成正常的启动与运行。

对于软件最小环境,有以下几点要说明。

(1) 保留着原先的软件环境,在分析判断时,根据需要进行隔离,如卸载、屏蔽等。保留原有的软件环境,主要是用来分析判断软件方面的问题。

(2) 只留有一个基本的操作系统(可能要卸载所有的应用程序,或是重新安装一个干净的操作系统),然后根据分析判断的需要,加载需要的应用。使用一个干净的操作系统环境,可以方便地判断是否系统问题、软件冲突或软硬件间的冲突问题。

(3) 在软件最小系统下,可根据需要添加或更改适当的硬件。如在判断启动故障时,由于硬盘不能启动,这时,可在软件最小系统下用光驱替换硬盘来检查。又如在判断音、视频方面的故障时,需要在最小系统中安装声卡。在判断网络问题时,应在最小系统中安装网卡。

(4) 先判断在最基本的软、硬件环境中,系统是否正常工作。如果不能正常工作,即可判定最基本的软、硬件部件有故障,从而应先隔离故障。

(5) 最小系统法与逐步添加法结合,能快速定位软件的故障,提高维修效率。

3) 逐步添加/去除法

逐步添加法,即以最小系统为基础,每次只向系统中添加一个部件、设备或软件,来检查故障现象是否消失或发生变化,以此来判断并定位故障部位。

(1) 逐步去除法正好与逐步添加法的操作相反。

(2) 逐步添加/去除法一般要与替换法配合,才能准确地定位故障部位。

4) 隔离法

隔离法是将可能妨碍故障判断的硬件或软件屏蔽。对于软件来说,屏蔽即停止其运行,或者将其卸载。对于硬件来说,屏蔽是在设备管理器中禁用、卸载其驱动,或将硬件拆除。

5) 替换法

替换法是用好的部件去代替可能出现故障的部件,以判断故障现象是否消失的一种维修方法。好的部件可以是同型号的,也可以是不同型号的,替换的顺序一般如下。

（1）根据故障的现象考虑需要进行替换的部件或设备。

（2）按先简单后复杂的顺序进行替换。如先替换内存、CPU，后替换主板；又如要判断打印故障时，先考虑打印驱动程序是否有问题，再考虑电缆是否有故障，最后考虑打印机或并口是否有故障等。

（3）最先考查怀疑与故障的部件相连接的连接线、信号线等，然后替换有可能出现故障的部件，再替换供电部件，最后替换与之相关的其他部件。

（4）从部件的故障率高低来考虑最先替换的部件，先替换故障率高的部件。

6）比较法

比较法与替换法类似，即用好的部件与可能出现故障的部件进行外观、配置、运行现象等方面的比较，也可在两台计算机间进行比较，以判断故障计算机在环境设置和硬件配置方面的不同，从而找出故障部位。

7）软件调试法

软件调试的方法和建议如下。

（1）操作系统方面。主要的调整内容是操作系统的启动文件、系统配置参数、组件文件和病毒等。例如，对于 Windows 9x 系统，可用 SYS 命令来修复系统文件，但在修复之前应确定分区参数是正确的。对于 Windows 2000/XP 系统来说，有两种修复启动文件的方法，一种是使用 fixboot 命令，修复主引导记录，另一种是使用 fixmbr 命令修复。此外，还可以通过添加/删除程序、重新安装、从.cab 文件中提取、从好的计算机上复制覆盖等方法来修复.dll、.vxd 等组件文件。

（2）使用 Msconfig（系统配置实用程序）有选择地加载启动项目，可以查找问题所在。虽然在 Windows 2000 中没有这个命令，但可以把 Windows XP 系统中的 Msconfig 文件复制到 Windows 2000 的 system32 目录下使用。

（3）设备驱动程序安装与配置方面。主要调试设备驱动程序是否与设备匹配、版本是否合适、相应的设备在驱动程序的作用下能否正常响应。例如，在更新驱动程序时，如直接升级有问题，就应先卸载原驱动程序再进行更新。

（4）磁盘状况方面。检查磁盘上的分区是否能被访问、介质是否被损坏、保存的文件是否完整等。

（5）应用软件方面。如应用软件是否与操作系统或其他应用软件存在兼容性的问题，软件的使用与配置是否与说明手册中所述的相符，应用软件的相关程序、数据等是否完整。

（6）BIOS 设置方面。在必要时应先恢复到最优状态。建议在维修时先把 BIOS 恢复到最优状态（一般是出厂时的状态），然后根据应用的需要，逐步设置到合适值。此外，也要考虑升级 BIOS。

（7）重装系统。在硬件配置正确，并得到用户许可时，可通过重建系统来判断操作系统类的软件故障，在用户同意的情况下，建议使用自带的硬盘，进行重建系统的操作。在这种情况下，最好重建系统，然后逐步复原到用户原硬盘的状态，以便判断故障点。重建系统须以恢复安装为主，然后再完全重新安装。

3. 计算机维修的基本步骤

对计算机进行维修,应遵循一些步骤,对于自己不熟悉的应用或设备,应在认真阅读用户使用手册或其他相关文档后,再动手操作。如果要通过比较法、替换法进行故障判断,则应先征得用户的同意。如操作可能影响到用户所存储的数据,则要在做好备份或保护措施,并征得用户同意后,才可继续进行。对于随机性死机、随机性报错、随机性出现的不稳定现象,处理思路应该是以软件调整为主。如果一定要更换硬件,最好在维修站内进行硬件更换操作。下面是一些维修的基本步骤,仅供参考。

(1) 了解情况。即在服务前与用户沟通,了解故障发生前后的情况,进行初步的判断。了解用户的故障与技术标准是否有冲突。如果能了解到故障发生前后的详细的情况,将提高现场维修效率及判断的准确性。向用户了解情况,应借助相关的分析判断方法,与用户交流,这样不仅能初步判断故障部位,也对准备相应的维修备件有帮助。

(2) 复现故障。即在与用户充分沟通的情况下,确认用户所报修故障现象是否存在,并对所见现象进行初步的判断,确定是否还存在其他故障。

(3) 判断维修。即对所见的故障现象进行判断、定位,找出故障产生的原因,并进行修复。

(4) 检验结果。维修后必须进行检验,确认所复现或发现的故障现象被解决,且用户的计算机不存在其他可见的故障。按照"维修检验确认单"所列内容,进行整机验机,尽可能消除用户未发现的故障。

任务实施

活动一:常见死机原因及预防

计算机系统是由硬件系统和软件系统组成的,死机的原因也离不开这两大因素。从硬件上讲,硬件质量故障或其他不稳定的因素使得系统检测不到相应的设备,从而造成空的输入响应而形成死循环就会造成死机;从软件上讲,系统在调用 DLL(动态链接数据库)文件时出现问题,即 DLL 文件找不到预先指定的输出设备,或者该 DLL 文件不能被装载到指定的内存位置时也可能造成死机。

引起死机的原因主要有以下几点。

(1) 散热不良。电子元件的主要成分是硅,这是一种工作状态受温度影响很大的元素,在温度升高的时候,其表面将发生电子迁移现象,从而改变当前工作状态。显示器、电源和 CPU 在工作中发热量非常大,因此要保持良好的通风。

(2) 灰尘。机内灰尘过多也会引起死机故障。

(3) 移动不当。是指计算机在移动过程中受到很大震动从而导致接触不良,引起计算机死机。

(4) 设备不匹配。如果主板主频和 CPU 主频不匹配,可能就不能保证运行的稳定性。

(5) 软硬件不兼容。对于一些特殊软件,可能存在软、硬件兼容方面的问题。

(6) CPU 超频。超频提高了 CPU 的工作频率,同时,也可能造成其性能不稳定。

（7）内存条故障。主要由内存条松动、虚焊或内存芯片本身质量所致。

（8）硬盘故障。主要是硬盘老化或由于使用不当造成坏道、坏扇区。

（9）设置不当。这里说的设置包括 BIOS 中对硬件的设置和系统中的软件设置。每种硬件有自己默认或特定的工作环境，不能随便超越它的工作权限进行设置，否则就会因为硬件达不到设置要求而造成死机。此时将 BIOS 设置为默认值一般可以解决问题。

（10）软件或硬件冲突。冲突通常包括硬件冲突和软件冲突两方面。硬件冲突主要指中断冲突，最常见的是声卡和网卡的冲突。同样，软件也存在这个情况，当一次运行多个软件的时候，很容易发生同时调用同一个 DLL 或同一段物理地址，从而发生冲突。此时系统无法判断该优先处理哪个请求，从而造成紊乱而导致死机。

（11）硬件故障及漏洞。由于目前硬件质量良莠不齐，一些小品牌的产品往往没经过合格的检验程序就投放市场，经常造成死机。这种质量问题有时候是非常隐蔽的，不容易看出。还有的硬件故障是因为使用时间太久而产生的，一般来说，内存条、CPU 和硬盘等在超过 3 年后可能出现隐蔽死机的问题。另外，硬件本身的漏洞是造成死机的另一个重要原因。

（12）错误操作。对于初级用户而言，一些错误的操作也会造成死机，如热插拔硬件、在计算机运行过程中发生较大震动、随意删除文件、安装了超过基本硬件设置的软件等都可能造成死机。

（13）系统文件被破坏。这里说的系统文件主要是指对系统启动或运行起关键性支撑作用的文件，缺少了它们，整个系统将无法正常运行，死机也就在所难免。造成系统文件被破坏的原因可能是病毒和黑客程序破坏或初级用户误删除等。

（14）动态链接库文件（DLL）丢失。在 Windows 系统中，动态链接库文件相当重要，对于一个 DLL 文件，可能会有多个软件在运行时需要调用它。删除一个应用软件的时候，该软件的反安装程序会记录它曾经安装过的文件，并准备将其逐一删去，这时就容易出现被删掉的动态链接库文件同时还会被其他软件用到的情形。如果丢失的链接库文件是比较重要的核心链接文件，那么就会出现死机，甚至系统崩溃。一般可以用工具软件，如"超级兔仔"对无用的 DLL 文件进行删除，以避免误删除。

（15）病毒及黑客程序的破坏。病毒的破坏作用不必多说，安装病毒防火墙并保证病毒库最新是基本的保证手段；黑客程序也是严重危害系统安全的软件，所以也需要安装网络防火墙软件，防止被黑客攻击。

（16）资源耗尽。分两种情形，一是执行了错误的程序或代码，使系统形成了死循环，于是有限的资源被投入到无穷无尽的重复运算中，最后由于运算过大而导致资源耗尽死机；二是在操作系统中运行了太多的程序，也会造成因资源耗尽而死机。

（17）其他。如电压波动过大，光驱读盘能力下降，光盘质量不良，网络速度慢而又想一次复制过大的文件等都会造成死机。

虽然死机的原因很多，但是从原理上分析，无外乎硬件和软件两大因素。预防主要是正确安装各种系统补丁。对于 Intel 的主板来说，要安装 Intel Chipset Software Installation Utility 芯片组驱动程序、Intel UltraATA 磁盘驱动程序和 Intel Application Accelerator 应用程序加速软件，使主板和硬盘完美地结合在一起。对于 VIA 主板，最好安装 VIA 的四合一驱动包和 VIA Bus Master PCI IDE Device Driver 这两个工具,再加上一些系统设置,才能正确识别和使用最新的硬盘。此外,一般在使用 Windows 系统时,打开大型程序或同时打开了很多窗口都容易发生因为虚拟内存不足而使系统资源耗尽的情况,因此需要正确设置虚拟内存,以促使系统稳定。具体方法是:打开"控制面板"窗口,双击"系统"图标,打开"系统属性"对话框,选择"高级"选项卡,单击"性能"右边的"设置"按钮,打开"虚拟内存"对话框,先在"驱动器"列表中选择虚拟内存所在分区,再选中"自定义大小"单选按钮,同时在"初始大小"和"最大值"文本框中输入需要的数值,初始值一般为物理内存的 1.5 倍以上,如图 8.51 所示。

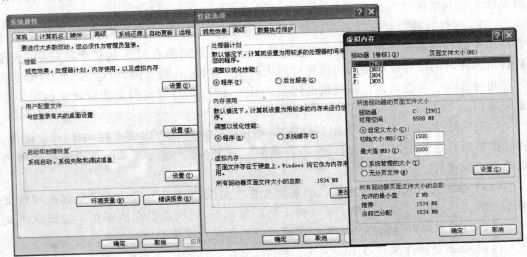

图 8.51 自定义虚拟内存的大小

活动二:加电类故障排除

加电类故障是指从通电(或复位)到自检完成这一段过程中计算机所发生的故障。

1. 故障现象及涉及部件

故障现象表现如下。

(1) 主机不通电(如电源风扇不转或转一下即停等),有时不能加电,开机掉闸,机箱金属部分带电等。

(2) 开机无显示,开机报警。

(3) 自检报错或死机,自检过程中所显示的配置与实际不符等。

(4) 反复重启。

(5) 不能进入 BIOS,刷新 BIOS 后死机或报错,CMOS 掉电,系统时钟不准。

(6) 机器噪声大,自动(定时)开机,电源设备问题等。

可能涉及的环境或部件有:市交流电;电源、主板、CPU、内存和显卡、其他板卡;BIOS 中的设置;开关、开关线、复位按钮及接线等。

2. 判断故障

对于专业的维修人员,判断时需要使用到一些专业的设备,如 POST 卡、万用表、试电笔等。此外,在判断过程中,如果涉及其他类故障,可转入相应故障的判断过程。加电类故障判断流程如图 8.52 所示。

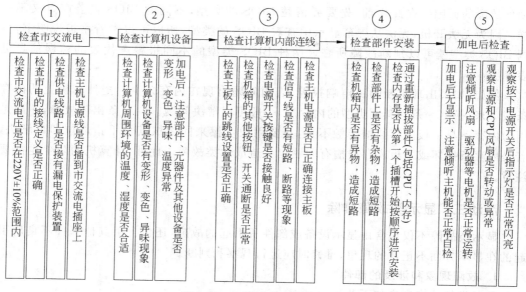

图 8.52　加电类故障判断流程

3. 故障判断要点

下面给出一些故障判断要点。

(1) 用万用表检查输出的各路电压值是否在规定范围内。

(2) 对于电源一加电即停止工作的情况,应首先判断电源空载或接在其他计算机上是否能正常工作。

(3) 如果计算机的供电不是直接从市电来,而是通过稳压设备获得,要注意用户所用的稳压设备是否完好或是否与产品的电源兼容。

(4) 在接有负载的情况下,用万用表检查输出电源的波动范围是否超出允许范围。

(5) 在开机无显示时,用 POST 卡检查硬件最小系统中的部件是否正常。对于 POST 卡所显示的代码,应检查与之相关的所有部件。如显示的代码与内存有关,就应检查主板和内存。POST 显示的代码的定义需要参考其他相关书籍。

(6) 在硬件最小系统下,检查有无报警声音。若无,检查的重点应在最小系统中的部件上。检查中还应注意,当硬件最小系统有报警声时,要求插入无故障的内存和显卡(集成显卡除外);若此时没有报警声且有显示或自检完成的声音,证明硬件最小系统中的部件基本无故障,应主要检查主板。所谓最小系统,就是只保留主板、CPU、内存和显卡等最基本的部件、然后开机观察,如果仍有故障,那么故障应来自现有的硬件中。

(7) 硬件最小系统中的部件经 POST 卡检查正常后,再逐步加入其他的板卡及设备,以检查其中哪个部件或设备有问题。

(8) 检查 BIOS 设置,通过 CMOS 检查故障是否消失,例如 BIOS 中的设置是否与实际的配置不相符(如磁盘参数、内存类型、CPU 参数、显示类型和温度设置等)或根据需要更新 BIOS。

例如,一台计算机,一开机就出现不断的长声响,那么可以根据 BIOS 的报警声判断硬件故障的原因。在此之前,先要弄清楚 BIOS 的类型,不同的 BIOS 报警声意义不一样。因为无法开机,无法从屏幕显示中查看 BIOS 的类型,所以可以参看主板说明书,根据 BIOS 类型就可以判断故障所在。两种 BIOS 类型的不同报警声代表的错误信息见表 3.1。

例如,如果出现不断的长声响报警,表明问题出现在内存条上。把计算机上的内存条拔下来,换上一条与其同类型的内存后,一般可以解决问题。内存条出现故障,一般是因为内存条与主板内存插槽接触不良,只要用橡皮擦来回擦拭其金手指部位即可解决,若是内存条损坏或主板内存插槽有问题也会造成此类故障。此外,计算机的防尘也需要注意。

活动三:显示类故障排除

显示类故障不仅包含由显示设备或部件所引起的故障,还包含由其他部件不良所引起的在显示方面不正常的现象,维修时应进行观察和判断。

1. 故障现象和涉及的部件

显示类故障表现有如下几种。

(1) 开机无显示,显示器有时或经常不能加电。

(2) 显示器异味或有声音。

(3) 在某种应用或配置下花屏、发暗(甚至黑屏)、重影、死机等。

(4) 显示偏色、抖动或滚动、发虚、花屏等。

(5) 屏幕参数不能设置或修改。

(6) 休眠唤醒后显示异常。

(7) 亮度或对比度不可调节或可调范围小,屏幕大小或位置不可调节或可调范围较小。

可能涉及的部件有显示器、显卡及其设置、主板、内存、电源及其他相关部件。特别要注意计算机周边其他设备及地磁对计算机的干扰。

2. 判断故障

维修前应首先检查显卡驱动程序,要么安装最新的驱动程序,要么使用显卡附带的光盘安装驱动程序,此类现象有可能是驱动程序不兼容引起的。

显示类故障判断流程如图 8.53 所示。

3. 要点

(1) 通过调节显示器的 OSD 选项,回到出厂状态来检查故障是否消失。

(2) 显示器发出异常声响或异常气味,检查是否超出了显示器技术规格的要求(如刚用新显示器时,会有异常的气味;刚加电时由于消磁的原因而引起的响声、屏幕抖动等,但这些都属正常现象)。

(3) 显卡的规格是否可用在该主板上(如 AGP 2.0 显卡不能用于 AGP 8.0 插槽)。

(4) BIOS 中的设置是否与当前使用的显卡类型或显示器连接的位置匹配(即是用板

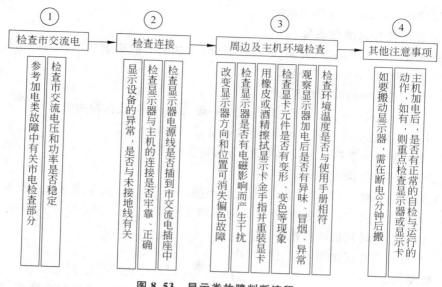

图 8.53 显示类故障判断流程

载显卡还是外接显卡,是 AGP 显卡还是 PCI 显卡),对于不支持自动分配显示内存的板载显卡,需检查 BIOS 中显示内存的大小是否符合。

(5)在软件最小系统下,检查显示器和显示卡的驱动程序是否与显示设备匹配。

(6)显示器的驱动程序是否正确,最好使用厂家提供的驱动程序。

(7)使用 Dxdiag.exe 命令检查显示系统是否有故障,该程序还可对声卡设备进行检查。

(8)在设备管理器中检查是否有其他设备与显卡有资源冲突,或是否存在其他软、硬件冲突。如有,先除去这些冲突的设备。

(9)显示属性的设置是否恰当(如不正确的监视器类型、刷新速率、分辨率和颜色深度等,会引起重影、模糊、花屏、抖动甚至黑屏)。

(10)显卡的技术规格或显示驱动程序的功能是否支持应用的需要。

(11)通过更换不同型号的显卡或显示器,检查它们之间是否存在匹配问题。

(12)通过更换相应的硬件检查是否由于硬件故障引起显示不正常,显示调整正常后,再逐个添加其他部件,以检查是哪个部件引起显示不正常。

例如,有一台计算机设置新分辨率和颜色后,要求重新启动。但启动后,一个屏幕变成了 4 个屏幕,鼠标也有 4 个指针,每个屏幕上都有许多白色的竖线,很难看清楚屏幕上的内容。这是一个显卡驱动程序的故障。新的显卡驱动程序大多有一个预览过程,即先显示修改后的效果,然后询问是否保留新的修改,这样就基本上避免了上述现象的发生。

解决方法,在开机要进入 Windows 时按 F8 键,选择 Safe Mode,进入安全模式重新设置分辨率即可。

活动四:外部存储器故障排除

外部存储器包括硬盘、光驱、软驱及其介质等,而主板、内存等也可以因对硬盘、光驱、软驱访问而引起这些部件的故障。

1. 涉及的部件及故障现象

可能涉及的部件有硬盘、光驱、软驱及其介质，主板上的磁盘接口、电源、信号线。故障现象也比较复杂，下面分开介绍。

硬盘驱动器部分的故障表现如下。

(1) 不能分区或格式化，硬盘容量不正确，硬盘有坏道，数据损失等。

(2) BIOS 不能正确地识别硬盘，硬盘指示灯常亮或不亮。

(3) 逻辑驱动器盘符丢失或被更改，访问硬盘时报错。

光盘驱动器的故障表现如下。

(1) 光驱噪声较大，光驱划盘，光驱托盘不能弹出或关闭，光驱读盘能力差等。

(2) 光驱盘符丢失或被更改，系统检测不到光驱等。

(3) 访问光驱时死机或报错等。

(4) 光盘介质造成光驱不能正常工作。

2. 故障判断

磁盘类故障不难维修，一般大部分故障都是由病毒引起的，因此在维修前，需要准备有效的杀毒软件、磁盘检测软件和数据线等。不同的外部存储器，其故障判断不一样，硬盘故障判断流程如图 8.54 所示。

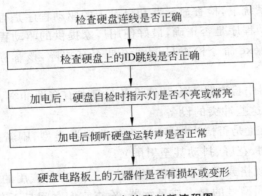

图 8.54　硬盘故障判断流程图

提示：

(1) 在软件最小系统下进行检查，并判断故障现象是否消失，这样做可排除其他驱动器或部件对硬盘访问的影响。

(2) 要了解硬盘能否被系统正确识别，可将 BIOS 中 IDE 通道的传输模式设为"自动"。

(3) 显示的硬盘容量是否与实际相符、格式化容量是否与实际相符（注意硬盘的标称容量是按 1000 为单位标注的，而 BIOS 中及格式化后的容量是按 1024 为单位显示的，而格式化后的容量一般会小于 BIOS 中显示的容量）。

(4) 检查当前主板的技术规格是否支持所用硬盘的技术规格，如对于大于 8GB 硬盘的支持、对高传输速率的支持等。

（5）检查磁盘上的分区是否正常，是否被激活，是否被格式化，系统文件是否存在或是否存在隐藏分区等。

（6）对于不能被分区、格式化操作的硬盘，在无病毒的情况下，应更换硬盘。更换仍无效的，应检查软件最小系统下的硬件部件是否有故障。

（7）必要时进行修复或初始化操作，或重新安装操作系统。

（8）注意检查系统中是否存在病毒，特别是引导型病毒，用杀毒软件进行查杀。

（9）是否开启了不恰当的服务。在这里要注意的是，ATA 驱动程序在有些应用下可能会出现异常，建议将其卸载后查看异常现象是否消除。

（10）当加电后，如果硬盘声音异常，根本不工作或工作不正常，应检查电源是否有问题，数据线是否有故障，BIOS 设置是否正确等，然后再考虑硬盘是否有故障。

（11）应使用相应硬盘厂商提供的硬盘检测程序检查硬盘是否有坏道或其他故障。

（12）关于硬盘保护卡所引起的问题，应安装硬盘保护卡，注意将 CMOS 中的病毒警告关闭，将 CMOS 中的映射地址设为不使用（disable），将 CMOS 中的第一启动设备设为 LAN，光驱和硬盘应接在不同的 IDE 或 STA 数据线上。

（13）在某个引导盘下，看不到某些数据盘时，要检查这些数据盘是否为该引导盘专属的数据盘；分区类型是否被引导盘的操作系统识别；在大于 8GB 的硬盘上，是否建立了属于该引导盘的 FAT16 分区（当然引导盘支持 FAT16 文件系统）；该引导盘的专属分区是否多于 3 个。光盘驱动器故障判断流程如图 8.55 所示。

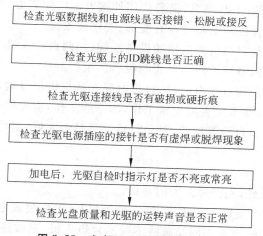

图 8.55 光盘驱动器故障判断流程

提示：

（1）光驱的检查。用光驱替换软件最小系统中的硬盘进行检查判断，且在必要时，移出机箱外进行检查。检查时，用可启动的光盘来启动，以初步检查光驱的故障。

（2）对于光驱读盘能力差的故障，先考虑防病毒软件的影响，然后用随机光盘进行读盘检测，如故障一样，则要求经销商更换同品牌光驱，或送维修站维修。

（3）设备管理器中的设置是否正确，IDE 通道的设置是否正确。必要时卸载光驱驱动并重启计算机，以便操作系统可以重新识别。

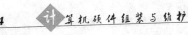
活动五：端口与外设故障排除

端口与外设故障主要涉及串并口、USB端口、键盘和鼠标等设备的故障。

1. 故障现象和涉及的部件

端口与外设类故障现象表现如下。

(1) 键盘工作不正常,功能键不起作用。

(2) 鼠标工作不正常。

(3) 不能打印或不能在某种操作系统下打印。

(4) 外部设备工作不正常。

(5) 串口通信错误(如传输数据报错、丢数据、串口设备识别不到等)。

(6) 使用USB设备不正常(如无法识别USB存储设备,不能连接多个USB设备等)。

可能涉及的部件有主板、电源、连接电缆、BIOS中的设置。判断故障前,需要准备相应端口的短路环测试工具以及测试程序QA、AMI等,这些程序要求在DOS下运行。此外应准备相应端口使用的电缆线,如并口线、打印机线、串口线和USB线等。

2. 判断故障流程

判断故障流程如下。

(1) 检查设备数据电缆接口是否与主机连接良好,针脚是否弯曲、短接等。

(2) 对于一些品牌的USB硬盘,需要使用外接电源以使其更好地工作。

(3) 连接端口及相关控制电路是否有变形、变色现象。

(4) 连接用的电缆是否与所要连接的设备匹配(如两台计算机通过串口相连)。

(5) 查看外接设备的电源适配器是否与设备匹配。

(6) 检查外接设备是否可加电(包括自带电源和从主机信号端口取电)。

(7) 检测其在纯DOS下是否可正常工作,如不能工作,应先检查线缆或更换外设。

(8) 如果外接设备有自检等功能,可先行检验其是否完好,也可将外接设备接至其他机器检测。

3. 要点

(1) 尽可能简化系统,先去掉无关的外设。

(2) 检查主板BIOS设置是否正确,端口是否打开,工作模式是否正确。

(3) 通过更新BIOS、更换不同品牌或不同芯片组主板,测试是否存在兼容性问题。

(4) 检查系统中相应端口是否有资源冲突。接在端口上的外设驱动是否已安装,其设备属性是否与外接设备相适应。

(5) 检查端口是否可在DOS环境下使用,可通过接一个外设或用端口检测工具检查。

(6) 对于串、并口等端口,需使用相应端口的专用短路环,配以相应的检测程序(推荐使用AMI)进行检查。如果检测出有错误,则应更换相应的硬件。

(7) 检查设备及驱动程序是否正确安装,安装时优先使用设备自带的驱动程序。

(8) USB设备、驱动程序和应用软件的安装顺序要严格按照使用说明进行操作。

（9）外设的驱动程序最好使用较新的版本，可到厂商的网站上进行升级。

归纳总结

本模块主要介绍了计算机维修的原则、基本方法和步骤，以及计算机故障的分类排除，通过本模块的学习，能对计算机出现的故障做出初步判断。

思 考 练 习

一、选择题（可多选）

1. 下面不属于 CPU 超频软件的是_____。
    A. SoftFSBB　　　　B. SpeedFan　　　　C. ClockGen　　　　D. PowerStrip

2. 常见的硬件故障类型有_____。
    A. 机械故障　　　　B. 电路故障　　　　C. 接触不良　　　　D. 介质故障

3. 硬件故障产生的原因主要有_____。
    A. 灰尘太多　　　　B. 温度过高　　　　C. 静电损坏　　　　D. 操作不当

4. 对磁盘进行碎片整理时，下面的_____操作是不恰当的。
    A. 最好在安全模式下整理　　　　　　B. 最好使用双系统交叉整理
    C. 不要频繁整理　　　　　　　　　　D. 整理期间不要进行数据读

二、判断题

1. 计算机常见故障分为硬件故障和软件故障，在处理故障时，首先需要判断是软件故障还是硬件故障。（　　）

2. 最小系统是指从维修判断的角度能使计算机开机或运行的最基本的硬件和软件环境。最小系统有两种形式，即硬件最小系统和软件最小系统。（　　）

3. 一般情况下，在超 CPU 外频时，也就完成了内存的超频。（　　）

三、综合题

1. 使用 UltimateDefrag 整理磁盘碎片。

2. 制作一个自动清理系统垃圾的批处理文件，并使用它清理系统的垃圾文件。

3. 加电类故障可能涉及的部件有哪些？

4. 安装一个影子系统（PowerShadow）程序，并启用系统保护模式，然后在计算机中进行删除文件、运行病毒程序、安装风险软件等操作，最后切换回正常系统下查看影子系统的效果。

5. 把键盘所有的键拆下来进行清理，然后再安装回去。